LES

TERRES RARES

MINÉRALOGIE — PROPRIÉTÉS
ANALYSE

PAR

P. TRUCHOT
Ingénieur-Chimiste.

PARIS,
GAUTHIER-VILLARS, IMPRIMEUR-LIBRAIRE
DU BUREAU DES LONGITUDES, DE L'ÉCOLE POLYTECHNIQUE,
Quai des Grands-Augustins, 55.

—

1898

BIBLIOTHÈQUE GÉNÉRALE DES SCIENCES

LES TERRES RARES

PRÉFACE

On désigne sous le nom de « Terres Rares », un certain nombre de sesquioxydes difficilement réductibles et dont les propriétés chimiques et physiques diffèrent extrêmement peu. On les trouve accumulés dans un certain nombre de minéraux peu communs, tels que la cérite, la gadolinite, la samarskite, l'euxénite, la xénotime, la monazite, le zircon, la thorite, etc.

Dans ces dernières années, un certain nombre de gisements très importants de ces trois derniers minéraux ont été découverts dans les deux Amériques ; la monazite sous forme de « sables monazités », aux États-Unis et au Brésil ; la xénotime, par M. Gorceix, dans la province de Minas-Geraes ; ainsi qu'un gisement considérable de zircon, à la Nouvelle-Zélande.

Ces oxydes rares tendent donc à devenir de plus en plus communs et ils semblent assez répandus dans la nature. On les a trouvés en petite quantité un peu partout, dans la scheelite, dans le marbre de Carrare, dans les granits norvégiens, dans les os et jusque dans l'urine humaine. Il est à prévoir que les découvertes de gisements un peu importants iront en se multipliant, si l'on remarque que les principaux d'entre eux, en particulier, en ce qui concerne la monazite, le zircon et la xénotime, se trouvent toujours, ou presque toujours dans les gîtes aurifères ou diamantifères, provenant de la désagrégation des roches primitives. Les gisements de la Caroline du Nord, de l'Idaho et de Minas-Geraes en sont un exemple frappant.

Aux métaux des Terres rares proprement dites, cérium, lanthane, didyme, yttrium, ytterbium, etc., viendra s'ajouter dans cet ouvrage la description du glucinium, du zirconium et du thorium, que l'on trouve presque invariablement associés aux premiers, dans les minéraux dont nous avons parlé.

Le germanium, récemment découvert par M. Winkler dans l'argyrodite de Freyberg, fera l'objet d'une description spéciale.

La chimie des métaux des Terres rares, devenant de plus en plus complexe, le nombre des éléments découverts allant toujours en croissant, il nous a paru intéressant de fixer le détail des connaissances physiques et chimiques que nous possédons actuellement sur ces métaux.

Ce n'est que dans ces quinze dernières années que la liste de ces corps s'est notablement accrue. Pour certains d'entre eux, on n'est pas encore parvenu à démontrer d'une façon probante leur vrai caractère de simplicité.

Non seulement cette démonstration n'a pas toujours été faite pour les nouveaux éléments découverts, mais les travaux récents de M. Schützenberger, notre regretté maître, de M. Boudouard et de M. Brauner tendent à détruire l'idée simpliste que l'on se faisait des plus anciennement connus, le cérium et le lanthane. Le cérium aurait été ainsi dédoublé en trois nouveaux cériums à poids atomiques différents. Ces conclusions ont été attaquées par MM. Wyrouboff et Verneuil.

Malgré ces critiques, il n'en est pas moins vrai qu'un élément que l'on avait toujours considéré comme simple, le didyme, a été dédoublé par M. Auer de Welsbach, en deux nouveaux métaux, le néodyme et le praséodyme. M. Crookes, s'appuyant sur la présence dans le spectre d'absorption de l'ancien didyme de bandes ne figurant ni dans le spectre d'absorption du praséodyme, ni dans celui du néodyme, suppose qu'il existe un troisième corps distinct à qui appartiennent ces bandes et qu'il nomme D α.

Krüss et Nilson (1), allant plus loin encore, disent avoir scindé le didyme en neuf éléments différents : Di α Di β, Di γ, Di δ, etc. Le nouvel erbium, de même, a été dédoublé par Crookes en deux nouveaux corps caractérisés par leurs bandes d'absorption. L'holmium a été scindé par M. Lecoq de Boisbaudran en holmium vrai et dysprosium, après un travail de recherches extrêmement long et difficile. On suppose que le thulium et le samarium seraient aussi dédoublables. On peut donc juger, d'après ce qui précède, que la Chimie des oxydes rares est appelée encore à subir de fréquentes fluctuations et de nombreux changements.

Tous ces dédoublements reposent en presque totalité sur l'examen des spectres d'étincelles ou d'absorption fournis par les solutions salines des métaux rares.

---

(1) M. G. Urbain a déduit, de récents résultats obtenus à l'aide d'une nouvelle méthode de fractionnement, qu'au moins six des éléments hypothétiques de MM. Krüss et Nilson ne devaient pas exister.

Les travaux dans ce genre de recherches sont extrêmement difficiles, et de grandes précautions doivent être prises dans les conclusions à tirer de l'examen d'un spectre, surtout lorsqu'il n'est pas appuyé sur des résultats chimiques.

MM. Lecoq de Boisbaudran, Crookes, Cleve, Soret, Krüss et Nilson, Brauner, Thalen, Demarçay, etc., se sont surtout occupés de ces recherches basées sur l'étude des spectres d'absorption.

Les nouvelles découvertes résultent donc de l'application de nouvelles méthodes de séparation, combinées avec une étude très sérieuse des variations des caractères spectroscopiques, en particulier des spectres d'absorption de certains de ces métaux. Ces questions seront développées et étudiées dans cet ouvrage qui se divise en trois grandes parties :

1° La partie minéralogique, comportant un tableau des minéraux des terres rares, l'étude détaillée des principaux d'entre eux, en particulier des sables monazités qui sont actuellement exclusivement employés à la fabrication des manchons incandescents, et enfin un aperçu sur la situation géographique des principaux gisements.

2° La partie générale, dans laquelle se trouve la description de chacun des métaux rares, et de leurs sels à acides minéraux et organiques. Les dernières découvertes scientifiques sont relatées ; en particulier les travaux remarquables de MM. Moissan, Etard, Langfeld, Lebeau, sur les carbures des Terres rares, de M. Delafontaine sur le philippium, de M. G. Urbain et de M. Boudouard sur le néodyme et la praséodyme, etc.

3° La partie analytique comprenant tout ce que l'on

sait actuellement sur les différentes méthodes de fractionnement et de séparation, les caractères analytiques des différents métaux rares, et enfin les divers procédés d'analyse de produits commerciaux, nitrate de thorium, précipité de thorium, sables monazités, manchons à incandescence, etc.

Les applications des Terres rares, qui feront l'objet d'un autre ouvrage, n'ont donc pas été traitées dans celui-ci.

En résumé, nous pensons que cet ouvrage sera utile aux chimistes et à tous ceux qu'intéressent ces recherches et ces nouvelles découvertes, et qu'ils y trouveront tous les documents nécessaires et tous les renseignements connus actuellement sur l'état de cette partie de la chimie.

P. Truchot.

PREMIÈRE PARTIE

MINÉRALOGIE

CHAPITRE PREMIER

Composition et caractères des minéraux des Terres rares.

TABLEAU I

Composition et caractères des minéraux des terres rares.

NOM DU MINÉRAL	COMPOSITION ET CARACTÈRES EXTÉRIEURS	DENSITÉ	DURETÉ	FORME CRISTALLINE	FUSIBILITÉ	SOLUBILITÉ	GISEMENTS
Æschynite	TiO_2 (Nb, Zr, Ce, Fe, Y, La, Ca) + F, — Tl, J foncé, éclat résineux	4,9 — 5,14	5 — 6	III. mm = 127°,19 e¹e¹.	»	»	Miask (Oural).
Allanite	Silicate de Ce, Y, Mg, Fe, Ca, Al — Br foncé.	3,90 — 4,20	5 — 6	IV. mmph¹	F	»	Groenland, Norvège.
Alvite	Variété de zircon	»	»	»	»	»	»
Anatase	TiO_2 — Br, Bl, métallique; parfois Tp; V.	3,8 — 3,95	5,5 — 6	II. b¹p.	»	»	Oisans, Brésil.
Annerödite	Niobate d'uranyle + O (Th, Y, Ce, Pb, Fe, Ca) + 5/2 K_2O + 5/4 SiO_2	»	»	»	»	•	»
Archéisite	Silicotantalate et niobate d'Y et d'Er — R.	»	»	»	•	»	Ytterby.
Argyrodite	Ag^6, Ge, S^4 = 3 Ag_2S, Ge S_2 — Métallique, Gr, R	»	»	»	»	AzO_3H	Himmelsfürst près Freyberg.
Arrhénite	Silicotitanate de Zr, Fe, Ce, Er + Aq.	3,68	»	»	»	»	Ytterby.
Auerbachite	ZrO_2, SiO_2, plus riche en SiO_2 que le zircon.	»	»	»	»	»	»
Auerlite	Mélange de xénotime et de thorite — J. or, éclat gras	»	»	II	»	»	Cté d'Anderson (Etats-Unis).
Bagrationite	Variété d'orthite	»	»	»	»	»	»
Bastnasite	Syn. d'hamartite	»	»	»	»	»	»
Bertrandite	2 SiO_4 Gl_2,H_2O	2,57	5,5	III	»	»	»
Brôggerite	Sorte de pechblende renfermant Th, terres rares et Hélium	»	»	»	»	»	»
Brookite	TiO_2 — Tl ou Op, Br, vif éclat	4,12 — 4,17	5,5 — 6	III. mb¹.	I	I	»
Calciothorite	5 SiO_4Th, 2 SiO_4Ca, 10H_2O, masses jaunâtres	4,1:4	4,5	»	»	•	Iles Laven et Arö (Norvège).
Cappelénite	SiO_3 (Ce, Gl, Ba) BoO_3Y — Tp ou Tl: Br, V.	4,404	»	VI. a : c = 1 : 0,4301, mb1/2 b1/6 p.	»	»	Arö.
Caryocérite	Renferme SiO_2, BoO_3, Ta, F, ThO_2 (13 p. 100) (Ce, La, Di, Y) O — Br clair, friable, cassure écailleuse	4,295	»	VI. a : c = 1,1845 a¹.	»	»	Arö.
Castelnaudite	Syn. de Xénotime	»	»	»	»	»	»
Canfieldite	AgS, GeS_2	»	»	»	»	»	Bolivie.
Cérérite ou cérite	SiO_2, 2 (Ce, La, Di) O.H_2O — Tl, Sub; Br. R. éclat résineux	4,9 — 5	5,5	I (?)	I	S. gél.	Bœstnaes (Suède).
Carbocérine	Variété de lanthanite	»	»	»	•	»	»
Chrysobéryl	GlO, Al_2O_3 — J. V — Trichroïsme marqué.	3,8 — 3,65	8,5	VI. b1/2b1/2, e¹e¹	I	I	»
Clévéite	Sorte de pechblende, riche en terres rares et Hélium	7,49	5,5	»	»	»	Garto, près Arendal.
Colombite	Fe, (Nb, Ta)$_2O_6$ — N. Br, éclat imparfait. Métallique	»	»	»	-	»	Bavière, Grœnland, Miask.
Cymophane	Syn. de chrysobéryl	»	»	»	-	»	
Emeraude	Al_2O_3. 3GlO. 6SiO_2, Tp, Tl: V, Gr, Bl, J, rose	2,67 — 2,75	7,5 — 8	VI. mp.	5,5	I	Limoges.
Erdmannite	Variété ferreuse de zircon	»	»	»	»	»	»
Euclase	2GlO.Al_2O_3,2SiO_2,H_2O — Tp. Tl: I, V. Bl.	3,1	7,5	IV. mb¹g¹.	5,5	I	Brésil, Oural.
Eucolyte ou eudyalite	Silico-zirconate de CaO.FeO,MnO, contient Ta, La, Ce, Cl. — Rose, Br. R	2,9 — 3,01	5,5	VI. clivage a¹p.	»	S. Gél. HCl	Groenland, Norvège.
Euxénite	Niobo-titanate d'Y et Ur, contient (Al, Th, Mg,Ca) O — N. éclat vitreux.	4,6 — 4,9	6,5	III	»	I	»
Fergusonite	Niobate d'Y, Ce, Pp, Er avec ZrO, Sn, Fe, Tu, He — Br. N., lames minces	5,8	5,5 — 6	II. mb¹ps.	I	»	Cap Farewell, Brewig, Ytterby, Etats-Unis.
Fluocérine	Fluorure de Ce + un peu Y — R brique, J; op ou Tl, Sub	4,7	4,5	VI.	-	•	Finbo.
Gadolinite	3 (Y, La, Fe, Gl)O, SiO_2 — N, V: Tp, éclat vitreux ou résineux	4,2 — 4,35	6,5 — 7	IV. pm.	I	S. Gél HCl	Ytterby, Brewig
Grothite	Variété de sphène yttrifère	»	•	»	»	»	Dresde.
Hamartite	$Ce_2(La_2)$ $(CO_3)_2$ / F_2 Masses clivables, J. Éclat gras	4,93	4	»	»	»	Bastnaës (Suède).
Helvine	MnS 3 (2 RO.SiO_2) R = Fe, Mn, Gl. Jaune miel.	3,1 — 3,3	6 — 6,5	I	F	S	Saxe.
Ilménite	(Fe,Zr) O,TiO_2 — N. brillant semi-métallique	5,48	5 — 5,5	VI.r	I	Dif. S	Monts Ilmen. Idaho.

TABLEAU II

NOM DU MINÉRAL	COMPOSITION ET CARACTÈRES EXTÉRIEURS	DENSITÉ	DURETÉ	FORME CRISTALLINE	FUSIBILITÉ	SOLUBILITÉ	GISEMENTS
Katapléjite	ZrO, 2SiO²; NaO, SiO², 2H²O — J	2,8	6	VI. pb¹, clivage *m*.	F	S	»
Keilhauite	Silico-titanate de CaO, contenant (Y, Fe, Al)O — N. Br. Tl.	3,52—3,73	6—7	IV. mm, ph¹	»	S. diff. HCl	Norvège.
Kischtinite	Fluocarbonate de Ce, La + H²O — J. Br. — Tl, éclat vitreux.	»	»	»	»	S	Rivière Borrowka (Oural).
Lanthanite	LaCO³,3H²O — Bl, Rose, J; éclat perlé	2,6—2,66	2,5—3	III, mm-mb¹, clivage nacré.	»	S	Norvège.
Leucophane	2NaF, 3GlO, 3CaO, 5SiO² — Bl. V.	2,96—2,98	3,5—4,0	III. mp. b1/2	3F	S	»
Malacon	Zircon altéré renfermant 3 p. 100, 5H²O	3,90—4,04	6	»	»	»	Hitteroe.
Mélinophane	Même composition que leucophane, lamelles J. Tr.	3,018	5	»	F	S	»
Mengite	Syn. de ilménite.	»	»	»	»	»	»
Michaelsonite	Silico-aluminate Fe, Zr, Gl, Ce, La, Di, Y, Mg, Ca — Tp ou Tl	3,44	4—5	»	»	»	»
Monazite	3(Ce, La, Th) (PO⁴)² avec Hélium	4,9—5,2	5—5,5	IV *ph*¹m	I	S. diff. HCl	Carolines du Nord, Brésil.
Mosandrite	Silicate hydraté Ce, La, Di, Ca avec TiO², Na²O, Fe²O³ — Tl. éclat vitreux ou résineux. — Br. R. J., V.	2,93—3,03	4,00	III. 117°,16 clivage g¹	»	S. HCl	Brewig.
Muromontite	Composition de l'allanite avec plus d'Y.	4,26	7,00	»	»	»	Mauersberg. (Saxe).
Orangite	SiO⁴Th, 2H²O — J. Or. Variété de thorite (70-71 p. 100 ThO²)	5,4—5,9	»	»	»	»	Brewig.
Orthite	iO² (Al, Fe, Ce, Y, Ca, Mn) — Br. foncé	3,28—3,65	»	»	»	»	Arendal (Norvège).
Parisite	3RCO³ + RF² — R = Ce, La, Di, Ca — J. miel, éclat vitreux, nacré	4,35	4,5	VI. b¹b¹.	»	S. HCl	Muso (Nouvelle-Grenade).
Phénacite	2GlO, SiO² — Tp. Tl. I. J. Br. R.	2,96—3	7,5—8	VI. rd¹e².	I	I	»
Polycrase	Titanotantalate d'U. Zr. Fe. Y. Ce. Al, C, Mag	5—5,15	5—6	III. mmb¹b¹	»	»	Hitteroë.
Polymignite	Titanate de Zr, Fe, Ca. N. Op. Eclat mét.	4,77—4,85	6,5	III. mmb1/2b1/2	»	»	Frederichswarm
Samarskite	8[2Y²O³,3Nb²O⁵] (2Y²O³,5UO³) avec Fe, Th, Ce, La, Ta, He — N. Br.	5,614—5,76	5—6	III. pb²a1/25	F	diff. S.	Miask. Caroline du Nord.
Sipylite	Niobate hydraté d'Er, Y (48-66 p. 100, Nb²O⁵; 27,94 Er²O³; 2 p. 100, ZrO²; 3,92 La²O³.	»	»	»	»	»	Monts Little-Friar (Virginie)
Tengérite	Enduit mince à la surface de la gadolinite d'Ytterby Y²CO³.	»	»	»	»	»	Ytterby.
Thorite	SiO⁴Th + 2H²O, un peu [Fe, Mn, Ca, U, Mg, Pb, He]O — Or, Br. N; éclat résineux ou Tp — 50-55 p. 100, ThO²	5—5,4	4,5—5	I *mb*¹	»	S. Gel. HCl	
Tritomite	Silicate de [Ce, La] avec [Y, Fe, Mn, Al, Ca]O	3,9—4,66	3,5	»	»	S	Brewig, Langesundfjord.
Tschewkinite	ROSiO² + ROTiO² — R = Ce.Fe avec [Ca, Mn, Al]O — N. Op.	4,51—4,55	5	»	»	»	Lamo, près Brewig.
Wœhlerite	9RSiO² + 3RZrO³ R = Ca, Na. — J	3,41	5,6	VI. mm, b¹m	F	S	Monts Ilmen.
Yttrocérite	[Ce Y. Ca]. F². Masses terreuses. — Bl. gr. clair, br. éclat vitreux	3,4—3,44	3,45	»	»	»	»
Yttrotantalite	Tantalate d'Y, Ca, Fe, U. He — N. Br. J.	5,4—5,9	5,—5,5	III. mpg¹	I	I	Brodbo, Finbo (Suède).
Yttrotitanite	Titanate d'Y, Ce, contient 8 à 12 p. 100 d'oxydes rares.	»	»	»	»	»	Massachusett, Finbo, Brodbo.
Xénotime	(PO⁴)²Y³ + Er. Br. j. Éclat résineux, Op	4,56	4—5	II	I	I	Norvège. Hitteroë, Ytterby, Minas-Geraës.
Zircon ou Jargon	ZrO, SiO². — Tp, Tl, Op, R. Br. J. I.	4,05—4,75	7,5	II. *m*ph¹b 1/2	I	I	Miask, Carolines
Zirkélite	ZrO²TiO² + FeO, CaO, MgO (ZrO² + TiO² = 79-79 p. 100)	4,706	5,5	»	»	»	Epailly, Tasmanie, Jacupiranga (Brésil).

Formules dualistiques. — Tp = transparent; Tl = translucide; N = noir; I = incolore; R = rouge; Bl = bleu; Br = brun; J = jaune; Or = orange; Gr = gris; V = vert.

L'échelle de dureté comprend 10 termes dont chacun raye tous les précédents, ce sont : 1, talc; 2, gypse; 3, calcite; 4, fluorine; 5, apatite; 6, orthose; 7, quartz; 8, topaze; 9, corindon; 10, diamant.

Notation des formes cristallines. — I. cubique; II, quadratique; III, orthorhombique; IV, clinorhombique; V, anorthique; VI, rhomboédrique ou hexagonal. — Les faces en italique sont les faces de clivage.

CHAPITRE II

Description des principaux minéraux.

Aeschynite. — Analysée par Hartwall, Hermann. Renferme de l'acide titanique, du niobium, zirconium, cérium, yttrium, lanthane, peut contenir jusqu'à 22,91 d'oxyde de thorium. Prismes orthorhombiques, presque noirs, translucides, à éclat résineux. Se trouve dans une roche granitoïde à Miask (Oural) et en Norvège.

Caractères. — Dans le matras, donne de l'eau, traces de fluor. Sur le charbon, se gonfle et prend une couleur jaune sans fondre. Donne un verre jaune foncé avec le borax, incolore à froid, rouge au feu de réduction, en présence d'étain. Par la calcination, dégage des gaz [H, CO, CO^2, hélium (0,24 c^3)] et augmente de densité.

Dureté, 5 à 6. Poussière gris ou brun jaunâtre.

Densité, 4,9 à 5,14.

Densité, 5,23

Acide niobique / Acide titanique	51,45
Oxydes d'yttrium et d'erbium	1,12
— de cérium	18,49
— de thorium	15,75
— de didyme et de lanthane	5,60
— d'étain	0,18
— de fer	3,17
Chaux	2,75
Eau	1,07
	99,58

Cérite ou cérérite. — Ce minéral est un silicate hydraté de cérium, lanthane et didyme, dans lequel les rapports de l'oxygène, de la silice des bases et de l'eau est 2 : 2 : 1 ; contient de petites quantités de fer et de chaux.

Elle se présente sous forme de masses amorphes, grenues, à cassure inégale, translucide sur les bords, d'un éclat faiblement résineux, d'un brun rouge ou d'un rose sale. Se trouve en quantités assez considérables dans le gneiss à Bœstnaes (Suède). Souvent pénétrée de pyrite, d'actinote, de galène, mica, amphibole, etc.

Caractères. — Se dissout dans l'acide chlorhydrique en formant gelée. Dans le tube, donne de l'eau. Ne fond pas au chalumeau. Avec le borax, donne un verre jaune foncé à chaud, au feu d'oxydation; opaque et blanc d'émail, au feu de réduction. Sa forme cristalline est probablement cubique.

Densité, 4,9 à 5.

Dureté, 5,5.

TABLEAU III

Analyses de cérite. (Rivot.)

	I	II
Silice	18	22,15
Oxyde de cérium	68,59	64,30
— de fer	2	2,55
— de manganèse	»	1,25
Chaux	1,25	3,50
Eau	9,60	5,25
Acide carbonique	»	»

M. Tchernik a dernièrement analysé un minéral cériteux de la région de Batoum, de couleur foncée. Sa composition est la suivante (moyenne de 3 analyses).

Eau	3,43
Silice (SiO^2)	6,57
Oxyde de cérium (CeO) (1)	34,20
— de lanthane LaO	6,73
— de didyme DiO	2,27
— d'yttrium Yo	6,97
— d'erbium ErO	0,67
— de zirconium ZrO^2	11,67
Acide titanique TiO^2	14,73
Oxyde de thorium ThO^2	0,73
— d'uranium UO	0,03
Acide phosphorique P^2O^5	3,30
Chaux CaO	2,33
Oxyde de fer FeO	3,70
— de cuivre CuO	0,67
Acide sulfurique SO^3	0,97

Ce minéral serait donc principalement composé par un titanate d'oxyde de cérium.

La couleur de ce minéral est presque noire, avec un reflet rouge brun remarquable. Éclat gras. Cassure inégale et écailleuse.

Dureté, entre 5 et 6.

Densité, 5,08.

N'est pas transparent, même sur les bords les plus minces; la masse est homogène, mais en certains points on y trouve des amas de cristaux de chalcopyrite.

Voici deux analyses de cérite, d'après Hermann et Lindström :

---

[1] Notations de l'auteur.

TABLEAU IV

Analyses de cérite. (HERMANN et LINDSTRÖM)

	FORMULES	HERMANN	LINDSTRÖM
Densité.	—	—	4,86
Silice	SiO^2	21,35	22,79
Oxyde de cérium	Ce^2O^3	60,99	24,06
— de didyme	Di^2O^3	3,51	35,37
— de lanthane	La^2O^3	3,90	
Protoxyde de fer	FeO	1,46	—
Alumine	Al^2O^3	—	3,92
Chaux	CaO	1.65	1,26
Eau	H^2O	6,31	4,35
Acide carbonique	CO^2	0,83	3,44
Insoluble.	—	—	4,33
		100	99,52

Émeraude. — Silicate d'alumine et de glucine. Al^2O^3, $3GlO$, $6SiO^2$. Elle contient un peu de fer ou de chrome. Prismes hexagonaux ou masses cristallines transparentes, translucides ou opaques, tantôt incolores, ou d'un vert pur (*émeraude noble*), ou d'un vert bleuâtre (*aigue-marine*), ou bleues, jaunes, roses. Se trouve dans les granits, les schistes et dans un calcaire néocomien bitumineux, à Muso (Nouvelle-Grenade). Cassure conchoïdale. Inattaquable aux acides. Fond difficilement.

Dureté, 7,5 à 8.

Densité, 2,67 à 2,75.

Forme cristalline. — Prisme hexagonal (*mm*) avec la base (*p*) et modifications assez nombreuses.

Clivage *p* assez faible. Double réfraction faible à un axe négatif.

L'émeraude, le béryl et l'aigue-marine ont à peu près même composition chimique. Ces trois minéraux sont employés depuis très longtemps comme parures. L'émeraude, quand elle possède une teinte verte, de belle nuance et qu'elle est entièrement hyaline, constitue une pierre extrêmement rare et précieuse. Au contraire, à l'état de cristaux semi-transparents et d'une couleur vert d'eau, elle est assez commune. On en trouve en Bretagne, en Vendée, en Auvergne et dans le Limousin. Cette dernière province fournit des émeraudes de dimensions très considérables. La coloration de l'émeraude est due à une quantité assez notable de chrome.

Pendant longtemps, on a cru que les émeraudes se trouvaient dans les terrains granitiques. Mais en 1848, M. Lewy, en explorant la Nouvelle-Grenade, en a trouvé à la mine de Monza, de superbes échantillons qu'il a rencontrés dans les terrains secondaires, exactement dans l'étage néocomien des terrains crétacés. Depuis, MM. Nicaise et Montigny ont découvert dans la vallée de l'Harrach, à 15 kilomètres de Blidah, un gisement d'émeraudes appartenant aux terrains crétacés. Le *béryl* et l'*aigue-marine* offrent une coloration beaucoup plus faible et plus limpide que celle de l'émeraude vraie, due en général à un peu d'oxyde de fer.

Pour les lapidaires et les commerçants en pierreries, le béryl et l'aigue-marine constituent un groupe bien défini, distinct de l'émeraude, et dont le béryl est l'espèce orientale, et l'aigue-marine l'espèce occidentale.

Le béryl fut d'abord trouvé aux Indes, puis en Arabie, puis à Bérésow, en Russie.

L'*aigue-marine*, actuellement, a une valeur extrêmement faible et n'est presque plus employée en bijouterie et en joaillerie. Cependant la qualité qu'elle possède de ne rien perdre aux lumières, aurait dû l'empêcher de disparaître d'une manière aussi complète. Tandis qu'un beau saphir bleu perdra ses qualités à la lumière, une modeste aigue-marine semblera augmenter d'éclat. Les Anglais estiment l'aigue-marine et la recherchent, comme les Espagnols, la topaze.

La plus grande partie des aigues-marines commerciales proviennent du Brésil, le pays des pierres précieuses par excellence.

On la trouve en Sibérie, dans les monts Ourals, et dans les monts Altaï.

Le plus beau béryl connu est celui de M. Hope, il pèse 184 grammes et a coûté 12 500 francs. Il vient de la mine de Cangayum (Indes Orientales). Vient ensuite celui qui surmonte le globe de la couronne royale d'Angleterre; il est parfaitement limpide et d'une couleur magnifique. Taillé en forme ovale, il a 55 millimètres de long, 40 de large et 30 d'épaisseur.

Une aigue-marine célèbre est celle qui ornait la tiare du pape Jules II et qui avait 55 millimètres de longueur.

Un nombre considérable de gravures anciennes et modernes ont été exécutées sur aigue-marine. On peut en admirer une, à la Bibliothèque Nationale, qui représente Julie, fille de Titus, et qui porte la signature du graveur Evodus.

La *cymophane*, employée aussi comme parure, est un aluminate de glucine. Les lapidaires la nomment *chrysopale* ou *chrysobéryl*. C'est une pierre remarquable par son éclat vif, son poli analogue à celui du saphir. Sa plus curieuse propriété est celle qu'elle possède, d'offrir à l'œil des reflets bleuâtres, avec une teinte laiteuse, qui semble flotter à l'intérieur. Ce fut cette singulière propriété qui lui fit donner par Haüy, le nom de *cymophane*, qui signifie lumière flottante. Se trouve dans les terrains d'alluvion, à Ceylan, au Brésil, avec la topaze, le corindon, dans le Connecticut et dans l'Oural.

L'émeraude de Limoges, triée avec soin et pulvérisée, a fourni, dans une analyse exécutée par M. Lebeau, les résultats suivants :

TABLEAU V

Analyse de l'émeraude. (LEBEAU.)

	I	II
Perte au rouge	1,46	1,41
Silice	66,06	65,80
Alumine	16,10	16,40
Glucine	14,33	14,21
Oxyde de fer Fe^2O^3	1,20	0,90
— de manganèse Mn^3O^4	0,43	0,11
Magnésie	0,55	0,31
Chaux	0,17	0,14
Acide phosphorique	0,11	0,09
Alcalis (sulfates, 0,16)	»	»
Acide titanique	traces.	traces.

Eucolyte ou eudialyte. — Silico-zirconate de chaux, de protoxyde de fer et de manganèse, renfermant du tantale, du lanthane et du cérium.

Se trouve en cristaux ou en masses réniformes, d'une couleur rose ou rouge-brun; au Groënland, dans une roche renfermant de la sodalithe et du feldspath blanc compact; et en Norvège, dans la syénite zirconienne.

Caractères. — Fait gelée avec l'acide chlorhydrique. Dans le tube fermé donne de l'eau. Au chalumeau, fond faiblement en donnant un verre opaque vert clair, et colore la flamme en jaune. Avec les flux, réactions du fer et du manganèse.

Dureté, 5,5. Poussière incolore.

Densité, 2,9 à 3,01.

Forme cristalline. — Rhomboèdres de 126°,25 souvent basés, avec clivage basal a^1 parfait, clivage p imparfait.

Fergusonite ou tyrite ou bragite. — Niobate d'yttria, cérium, avec zircone, étain, fer, tungstène. Petits cristaux ou grains cristallins, brun-noir; d'un brun-roux, en lames minces, fragiles, à cassure conchoïdale. Découverte par Hartwall. Se trouvent engagés dans du quartz, au cap Farewell (Groënland), dans une roche feldspathique, à Brewik et à Ytterby (Norvège).

Caractères. — Chauffé avec l'acide sulfurique à l'ébullition, donne un résidu blanc, qui, traité par HCl et Zn, donne une coloration vert bleuâtre.

Infusible au chalumeau, sur le charbon devient jaune pâle. Se dissout lentement dans le sel de phosphore, en donnant un résidu blanc. Au feu d'oxydation, la perle devient jaune. Avec le carbonate de soude, sur la baguette de charbon, donne un globule d'étain.

Dureté, 5,5 à 6. Poussière brun pâle.

Densité, 5,8. Chauffée entre 500 et 600° C., elle devient incandescente en dégageant beaucoup d'hélium (1 cm³), en même temps, sa densité diminue.

Forme cristalline. — Octaèdres quadratiques avec faces hémièdres.

$$mb^1 = 169^{\circ},17 \quad ps = 115^{\circ},46 \quad s = (h^1\ b^{1/2}\ b^{1/3})$$

Les faces *s* sont hémièdres à faces parallèles.

Fluocérine, ou flucérine, ou fluorécite. — Fluorure de cérium, avec un peu d'yttria.

Cristaux prismatiques ou tabulaires, ou masses compactes, d'un rouge brique foncé ou jaune, trouvés à Finbo et à Brodbo, dans une gangue de quartz et d'albite. Opaque ou subtranslucide.

Caractères. — Dans le tube fermé donne un peu d'eau en attaquant et corrodant le verre; en même temps devient blanc. Infusible au chalumeau, devient plus foncé. Les acides concentrés l'attaquent.

Dureté, 4 à 5. Poussière blanche ou jaunâtre.

Densité, 4,70.

Forme cristalline. — Prisme hexagonal avec clivages basiques.

Les analyses publiées donnent :

Oxyde de cérium	75 à 82	p. 100
Acide fluorhydrique	10 à 16,24	—

Euxénite. — Découvert en 1840, par Scheerer.

Niobo-titanate d'yttrium et d'uranium, renfermant de l'alumine, du thorium, de la magnésie, des traces de germanium, etc. Substance compacte, noir brillant, éclat vitreux prononcé, cassure conchoïde.

Caractères. — Inattaquable par l'acide chlorhydrique, infusible au chalumeau. Avec borax et sel de phosphore donne perle jaune à chaud, verdâtre à froid.

Dureté, 6,5. Poussière brun jaune ou brun rouge.

Densité, 4,6 à 4,9.

Le tableau suivant donne l'analyse de quelques échantillons d'euxénite d'Hitteroë :

TABLEAU VI

Analyse d'euxénite.

	FORMULES	HITTERÖE	MÖREFJAR	—
Densité.		—	4,67	—
Acide tantalique	—	—		31,59
— niobique	—	16,37	34,59	
— titanique	—	34,96	23,49	18,25
Oxyde d'yttrium	Y^2O^3	13,20	16,63	30,47
— d'erbium	Er^2O^3	—	9,06	
— de cérium	Ce^2O^3	8,43	2,26	16,01
— d'uranium	U^2O^3	7,75	8,55	—
— de thorium	ThO^2	—	—	—
— de lanthane	La^2O^3	—	—	1,23
— de didyme	Di^2O^3	—	—	1,19
— d'étain	SnO^2	—	—	—
— de fer	Fe^2O^3	2,54	3,49	
Chaux	CaO	1,63	—	1,20
Alumine	Al^2O^3	5,41	—	
Magnésie	MgO	3,92	—	—
Eau	H^2O	2,87	3,47	—
		99,08	101,54	99,94

Gadolinite. — Silicate d'yttrium, de lanthane, de fer, de glucine; contient aussi en quantités variables tous les métaux des groupes yttrique et erbique.

Contient plus de 10 p. 100 de glucine (Des Cloizeaux).

Se présente en cristaux ou en masses amorphes d'un noir verdâtre, transparents et verts d'herbe en lames minces; d'un éclat vitreux passant au résineux; cassure conchoïde.

Se trouve dans le granit et le gneiss, à Brodbo, à Finbo, à Ytterby (Suède), à Brewik (Norvège). On vient d'en découvrir d'importants gisements à Llano (Texas).

Les cristaux sont clinorhombiques et présentent les propriétés optiques des substances biréfringentes à deux axes.

TABLEAU VII

Analyses de gadolinite.

PROVENANCE		YTTERBY	LLANO	HITTERÖE	BRODBO	—
Densité.		—	4,24	—	—	—
Silice	SiO^2	22,61	23,79	25,59	24,16	24,85
Oxyde de thorium. .	ThO^2	—	0,58	—	—	—
— d'yttrium . .	Y^2O^3	34,64	41,55	44,96	45,93	51,46
— de cérium . .	Ce^2O^3	2,86	2,62	—	16,90	5,24 (Ce + La)
— de lanthane .	La^2O^3	11,59 (La + Di)	5,22 (La + Di)	6,33	—	
— de didyme. .	Di^2O^3			—	—	—
— de fer . . .	Fe^2O^3	4,73	0,96	12,13 (Fe²O³ + FeO)	11,34 (Fe²O³ + FeO)	13,01 (Fe²O³ + FeO)
Protoxyde de fer . .	FeO	9,76	12,42			
Oxyde de glucinium.	GlO	6,96	11,33	10,18	—	4,80
Chaux	CaO	0,98	0,74	0,23	—	0,50
Magnésie.	MgO	—	—	—	—	1,11
Soude	Na^2O	0,38	traces	—	—	—
Eau	H^2O	1,93	1,03	—	0,60	—
		96,44	100,26	99,42	99,93	100,97

Caractères. — Fait gelée avec l'acide chlorhydrique. S'attaque plus difficilement après calcination. Chauffée au rouge sombre, devient incandescente et se fendille en dégageant des gaz (H. CO, CO^2).

Dureté, 6,5 à 7. Poussière vert grisâtre.

Densité, 4,2 à 4,35.

Prismes clinorhombiques $mm = 116°$, $pm = 90°,27'$, $ph^1 = 90°,32'$.

Les critaux d'Hitteröe furent analysés par Scheerer, ceux de Brodbo, par Berzélius, et la dernière analyse provient d'un mélange d'échantillons, analysé par Berlin

Monazite. — Phosphate de cérium, de lanthane, de thorium, avec didyme, yttrium, erbium et autres terres de ces deux groupes.

$$(Po^4)^2 R^3 \quad R = Ce, La, Th.$$

Se dissout difficilement dans l'acide chlorhydrique. Infusible au chalumeau, devient grisâtre. Humecté d'acide sulfurique, colore la flamme en vert bleuâtre. Avec le borax, perle jaune à chaud, incolore à froid; la perle saturée devient d'un blanc laiteux au flambé. Se présente en petits cristaux isolés, d'un brun rougeâtre ou jaune miel, translucide.

Dureté, 5 à 5,5.

Densité, 4,9 à 5,2. Cristallise en prismes clinorhombiques.

Se trouve dans le granit avec un feldspath couleur chair, à Slataoust (Ilmen), près de Noterö, à Arendal (Norvège). Signalée par M. Scharizer, à Schuttenhofen et à Pisek (Bohême), par M. Penfield, à Portland (Cornouailles), à Burke (Caroline du Nord), Amelia (Virginie); par M. Gorceix, à Ouro-Preto (Brésil), à Caravellas (province de Bahia) ; à Boise-City (Idaho), à Ryfilke (Norvège), etc.

Nous décrirons plus loin les gisements considérables actuellement découverts et que l'on exploite sous le nom de *sables monazités*.

TABLEAU VIII

Analyses de monazite de différentes localités.

LOCALITÉS		COMTÉ D'AMÉLIA (Virginie)			COMTÉ D'ALEXANDER (Caroline du Nord).	COMTÉ D'OTTAWA (État de Québec).	
Anhydride phosphorique	P^2O^5	26,12	26,05	Non dosé.	29,32	26,95	26,86
Oxyde de cérium	Ce^2O^3	29,89		Non dosé.	37,26		24,80
— de lanthane	La^2O^3	26,66		—	31,60	64,45	26,41
— de didyme	Di^2O^3		73,82	—			
— d'yttrium	Y^2O^3	14,23		—	—		4,76 (Y + Er)
— de thorium	ThO^2	2,85		18,60	1,48		12,60
Silice	SiO^2	—	—	2,70	0,32	—	0,91
Alumine	Al^2O^3	—	—	—	—	5,85	—
Sesquioxyde de fer	Fe^2O^3	—	—	—	—	—	1,07
Protoxyde de fer	FeO	—	—	—	—	—	—
Oxyde de manganèse	MnO	—	—	—	—	—	—
Chaux	CaO	—	—	—	—	—	1,54
Magnésie	MgO	—	—	—	—	—	0,04
Zircone	ZrO^2	—	—	—	—	—	—
Oxyde d'étain	SnO^2	—	—	—	—	—	—
— de plomb	PbO	—	—	—	—	—	—
Fluor	F	—	—	—	—	—	—
Acide tantalique	Ta^2O^5	—	—	—	—	—	—
— titanique	TiO^2	—	—	—	—	—	—
Eau	H^2O	0,67	0,45	—	0,17	0,91	0,78
Auteurs		L. Penfield.	A. Kœnig.	P. Dunnington.	Penfield et Sperry.	C. Hoffmann.	A. Genth.

TABLEAU IX

Analyses de monazite de différentes localités.

LOCALITÉS		TURNERITE DE LUCERNE	COMTÉ DE GOUGH (Nouvelle-Galles du Sud).		ANTIOQUIA (Nouvelle-Grenade).	CARAVELLAS (Brésil).	EDWARSITE de Norwich (Connecticut).	PORTLAND (Connecticut).	COMTÉ DE BURKE Caroline du Nord.
Anhydride phosphorique	P^2O^5	28,40	25,09	24,61	29,10	28,70	26,66	28,18	29,28
Oxyde de cérium. . .	Ce^2O^3	59,10	36,64		46,14 (CeO)	31,30	56,53(CeO)	33,54	31,38
— de lanthane. .	La^2O^3	8,90	30,21		24,50	39,90	—	28,33	30,88
— de didyme . . .	Di^2O^3	—		68,08	—		—		
— d'yttrium. . . .	Y^2O^3	—	—		—	—	—	—	—
— de thorium . . .	ThO^2	—	1,23		—	—	—	8,25	6,49
Silice.	SiO^2	—	3,21	—	—	—	3,33	1,67	1,40
Alumine	Al^2O^3	—	3,11	—	—	—	4,44	—	—
Sesquioxyde de fer. . .	Fe^2O^3	—	—	—	—	—	Traces	—	—
Protoxyde de fer. . .	FeO	—	—	—	—	—	—	—	—
Oxyde de manganèse. .	MnO	—	Traces.	—	—	—	—	—	—
Chaux	CaO	—	—	—	—	—	—	—	—
Magnésie	MgO	—	Traces.	—	—	—	Traces	—	—
Zircone.	ZrO^2	—	—	—	—	—	7,77	—	—
Oxyde d'étain	SnO^2	—	—	—	—	—	—	—	—
— de plomb. . . .	PbO	—	—	—	—	—	—	—	—
Fluor.	F	—	—	—	—	—	—	—	—
Acide tantalique . . .	Ta^2O^5	—	—	—	—	—	—	—	—
— titanique	TiO^2	—	—	—	—	—	—	—	—
Eau.	H^2O	—	—	—	—	—	—	0,37	0,20
Auteurs.		F. Pisani	A. Liversidge.		Damour.	H. Gorceix.	U. Shepard	S.L. Penfield.	S.L. Penfield.

TABLEAU X

Analyses de monazite de différentes localités.

LOCALITÉS		MONTAGNES DE L'ILMEN (Sibérie).					LAC ILMEN MIASK	KARARFVET (Suède).	ARENDAL (Norvège).		JOHANNISBORG (Suède)
Anhydride phosphorique	P^2O^5	27,32	25,09	19,13	28,05	28,50	17,94	27,38	27,37	28,78	29,66
Oxyde de cérium	Ce^2O^3	31,31	34,90	22,88	37,36 (CeO)	26,00	49,35 (CeO)	67,40	73,70	27,73	
— de lanthane	La^2O^3	31,86	17,60	14,69	27,41	23,40	21,30			39,24	67,38
— de didyme	Di^2O^3	—	—	—	—	—	—	—	—		
— d'yttrium	Y^2O^3	0,52	0,43	1,71	—	—	—	—	—	—	—
— de thorium	ThO^2	5,55	17,82	16,64	—	17,95	—	—	—	—	—
Silice	SiO^2	1,37	2,90	9,67	—	—	—	—	—	1,60	—
Alumine	Al^2O^3	0,13	—	2,90	—	—	—	—	—	—	—
Sesquioxyde de fer	Fe^2O^3	0,26	0,43	—	—	—	Traces	0,32	—	1,30	2,95 (Fe^3O^4)
Protoxyde de fer	FeO	—	—	3,56	—	—	—	—	1,51	—	—
Oxyde de manganèse	MnO	—	—	4,89	—	1,86	—	—	—	—	—
Chaux	CaO	0,55	0,36	1,25	1,46	1,68	1,50	1,24	—	0,90	—
Magnésie	MgO	—	—	0,40	0,80	—	Traces.	Traces.	—	—	—
Zircone	ZrO^2	—	—	—	—	—	—	—	—	—	—
Oxyde d'étain	SnO^2	0,95	0,43	0,40	1,75	2,10	—	—	—	—	—
— de plomb	PbO	—	—	—	—	—	—	—	—	—	—
Fluor	F	—	—	—	—	—	—	4,35	—	—	—
Acide tantalique	Ta^2O^5	—	—	—	—	—	6,27	—	—	—	—
— titanique	TiO^2	—	—	—	—	Traces + K^2O	—	—	—	—	—
Eau	H^2O	0,41	0,56	0,71	—	—	1,36	Traces.	—	—	—
Auteurs		C. Blomstrand 1888.			R. Hermann.	C. Kersten.	R. Hermann.	F. Radominski.	F. Wœhler.	F. Rammelsberg	H. Watts

TABLEAU XI

Analyses de monazite de différentes localités.

LOCALITÉS		ÉCHANTILLONS PROVENANT DE VEINES DE PEGMATITE DU SUD DE LA NORVÈGE										KARARFVET (Suède).	HŒLMA (Suède).
		1	2	3	4	5	6	7	8	9	10		
Anhydride phosphorique	P^2O^5	28,62	29,41	27,07	26,37	28,27	27,99	27,55	28,94	23,85	27,28	25,56	26,59
Oxyde de cérium	Ce^2O^3	32,52	36,63	25,82	31,23	28,06	30,98	29,20	30,58	27,73	30,46	37,92	29,62
— de lanthane	La^2O^3	29,41	26,78	30,62	24,51	29,60	25,88	26,26	29,21	21,96	24,37	20,76	26,43
— de didyme	Di^2O^3	—	—	—	—	—	—	—	—	—	—	—	—
— d'yttrium	Y^2O^3	2,04	1,81	2,03	1,83	1,82	2,76	3,82	0,78	2,86	1,58	0,83	2,54
— de thorium	ThO^2	4,54	3,81	9,60	9,20	9,34	9,03	9,57	7,14	9,05	11,57	8,31	10,39
Silice	SiO^2	1,51	0,93	1,85	2,10	1,65	1,58	1,86	1,32	5,95	2,02	2,48	2,16
Alumine	Al^2O^3	0,22	0,12	0,15	—	0,16	—	—	0,18	—	—	0,41	—
Sesquioxyde de fer	Fe^2O^3	0,36	0,33	1,01	1,97	0,66	1,25	1,13	0,42	4,63	—	—	—
Protoxyde de fer	FeO	—	—	—	—	—	—	—	—	—	1,10	0,36	0,75
Oxyde de manganèse	MnO	—	—	0,08	0,28	—	—	—	—	—	0,24	—	—
Chaux	CaO	0,84	0,34	0,91	0,93	0,53	0,55	0,69	1,19	4,83	1,05	1,17	0,88
Magnésie	MgO	—	—	0,03	0,16	-	—	—	—	—	—	—	—
Zircone	ZrO^2	—	—	—	—	—	—	—	—	0,66	—	—	—
Oxyde d'étain	SnO^2	0,22	0,09	—	0,21	—	—	—	—	—	0,08	0,13	—
— de plomb	PbO	—	—	0,58	—	—	—	—	0,33	—	0,26	0,34	0,31
Fluor	F	—	—	—	—	—	—	—	—	—	—	0,33	—
Acide tantalique	Ta^2O^5	—	—	—	—	—	—	—	—	—	—	—	—
— titanique	TiO^2	—	—	—	—	—	—	—	—	—	—	—	—
Eau	H^2O	0,27	0,18	0,35	1,53	0,21	0,20	0,52	0,09	1,61	0,38	1,65	0,52
Auteurs		C. W. Blomstrand. *Geol. Foreningens. Forhandl.* Stockholm, 1887.										C. Blomstrand.	

D'après Hidden, Kerr, Genth, etc., les sables monazités de l'Amérique du Nord renfermeraient les minéraux suivants : monazite, tétradymite, brookite, quartz, chromite, anatase, émeraude, tourmaline, pyrope, zircon, épidote, fibrolite, colombite, samarskite, xenotime, montanite, fergusonite, rutherfortite, talc, trémolite, magnétite, limonite, menaacanite, hématite, asbeste, cyanite, corindon, rutile et actinolite.

D'après Drossbach, il n'y aurait que quartz, albite, chromite, magnétite, grenat, samarskite, aeschynite, et zircon.

TABLEAU XII

Analyses de monazite.

PROVENANCE		OURAL	COMTÉ AMELIA	COMTÉ BURKE	MONTAGNES BLEUES
Densité.	—	—	5,30	5,10	5,13
Anhydride phosphorique.	P^2O^5	28,50	24,04	29,28	—
Oxyde de cérium	Ce^2O^3	26	16,30	31,38	21,4
— de lanthane . . .	La^2O^3	23,40	10,30	30,88	14,0
— de didyme. . . .	Di^2O^3	-	24,40		28,8
Silice	SiO^2	—	2,70	1,40	—
Oxyde de thorium. . . .	ThO^2	17,95	18,60	6,49	8
— d'étain.	SnO^2	2,10	—	—	—
— de manganèse . .	MnO	1,86	—	—	—
Chaux	CaO	1,68	—	—	—
Oxyde de fer.	Fe^2O^3	—	0,90	—	—
Alumine	Al^2O^3	—	0,04	—	—
Perte	—	—	—	0,20	
		101,49	97,28	99,63	

Sables monazités. — Jusqu'en ces derniers temps, les différents minéraux contenant les métaux que nous étudions dans cet ouvrage étaient considérés comme extrêmement rares.

Comme nous le verrons dans le cours de cette étude, ce furent surtout les recherches des chimistes suédois et danois qui attirèrent l'attention des savants sur ces nouveaux éléments.

Les premiers gisements connus de ces minéraux furent surtout trouvés en Suède et en Norvège, jusqu'à ce que l'application de certains de ces oxydes à l'éclairage, suscitant de nouvelles recherches, on s'aperçut bientôt qu'ils se trouvaient assez abondamment répandus dans la nature.

Des gisements extrêmement importants de ces minéraux furent découverts en divers endroits du Brésil, des États-Unis et de l'Australie. La plupart d'entre eux étaient constitués en moyenne partie par de la monazite mélangée de rutiles, de grenats et de zircons formant de véritables sables, de couleur jaune, brune ou jaune brunâtre.

Ces sables contenant une certaine quantité d'oxyde de thorium, matière première des manchons incandescents Auer, Stobwasser, etc., les recherches furent poussées très vivement, en particulier au Brésil et dans la Caroline du Nord.

Jusqu'ici, ces gisements de minéraux des terres rares ont été presque toujours, chose extrêmement curieuse, découverts aux lieux d'existence de gisements aurifères ou dans leur voisinage immédiat. La véracité de cette remarque est prouvée par les gisements de la Caroline du Nord, de l'Idaho, où les sables monazités sont mélangés à l'or provenant du lavage des alluvions et des sables, comme au Brésil et à la Nouvelle-Zélande, etc.

Gisements des Etats-Unis. — Ces sables monazités ont été découverts jusqu'ici, dans les comtés de Cleveland (à Bellewood et à Shelby) de Burke, de Rutherford et de Mac Dowel, faisant partie de la Caroline du Nord ; en petite quantité dans la Caroline du Sud (Spartanburg), dernièrement (août 1897) dans l'État d'Idaho, à Boise-City, dans le comté d'Amélia (Virginie) et au Canada.

Caroline du Nord. — Les plus riches dépôts de la Caroline du Nord existent généralement près des sources de petites rivières coulant dans les vallées étroites s'étendant au pied de la chaîne des Montagnes Bleues. Ils proviennent toujours, aussi bien dans la Caroline du

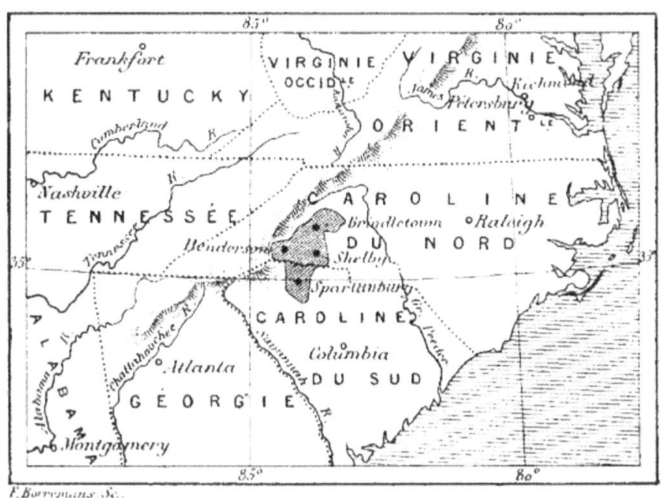

F. Borremans Sc.

Fig. 1. — Carte des gisements de la Caroline du Nord.

Nord que dans l'Idaho, de la désagrégation des roches, (granite, gneiss, biotite, diorite, etc.), sous les influences atmosphériques. Ces dépôts sont mélangés de mica, de grenats, de rutiles, de zircon, de fer titané, etc. L'épaisseur de ces dépôts, est de $0^m,30$ à $0^m,60$; leur teneur en monazite oscille entre 1 et 2 p. 100.

La monazite existe en Caroline du Nord, sous deux formes commerciales ; soit pure, ne contenant plus ni grenats, ni zircons, ni rutiles, en cristaux de toutes dimensions, jusqu'à celle d'un grain de blé ; soit comme sable monazité brut contenant les minéraux énoncés précédemment, mélangés à du sable et à d'autres impuretés. Les plus beaux cristaux sont ordinairement recueillis à la main. L'extraction se fait à la pelle et à la pioche, et l'enrichissement s'opère par des lavages dans des cuves en bois, ou dans un dispositif semblable à ceux employés dans le lavage des sables aurifères (*sluices*). Le gravier, le sable et les cailloux légers sont entraînés, tandis que la monazite, mélangée au rutile, aux grenats, aux zircons et à l'or que peuvent contenir les sables, tombe au fond des cuves et y est recueillie. Les particules de fer magnétique qui peuvent s'y trouver sont enlevées à l'aide d'un aimant.

Actuellement, la valeur de la monazite et des sables monazités dépend exclusivement de leur teneur en oxyde de thorium (ThO^2). Le sable commercial enrichi contient environ de 50 à 70 p. 100 de monazite, ce qui correspond ordinairement à une teneur en oxyde de thorium oscillant entre 1,25 et 5 pour 100 de ThO^2.

Voici d'après M. Glaser, l'analyse de quelques échantillons de sables monazités de la Caroline du Nord :

Acide titanique	4,67	p. 100.
Silice	6,40	—
Anhydride phosphorique	18,38	—
Plomb	traces.	—
Alumine	1,62	—
Chaux	1,20	—
Oxyde de cérium	32,93	—
— de didyme et de lanthane	7,93	—
— de thorium	1,43	—
— de fer	7,83	—
— de zirconium et d'yttrium	13,98	—
— de glucinium	1,25	—
Acide tantalique	0,66	—

Les deux analyses suivantes, ont été faites sur des échantillons de sables monazités, préparés par un nouveau procédé et ne contenant ni rutile ni grenats.

La couleur de ces sables était jaune miel. (Glaser.)

TABLEAU XIII

Analyses des sables monazités.

SABLES MONAZITÉS DE	SHELBY (Car. du Nord)	BELLEWOOD (Car. du Nord)
Silice	3,20	1,45
Acide titanique	0,61	1,40
Métaux du groupe cérique (en CeO)	63,80	59,09
Anhydride phosphorique	28,16	26,05
Oxyde de thorium	2,32	1,19
Oxydes de zirconium, glucinium, yttrium.	1,52	2,68
Acide tantalique	—	6,39
Manganèse	Traces.	—
Oxydes de fer et de manganèse	—	0,65
Alumine	—	0,15

Les sables les plus riches en oxyde de thorium proviennent de Brindletown (Cleveland), de Gum-Branch (Mac-Dowell) et des environs de Bellewood.

Bassin de l'Idaho. — Le bassin aurifère de l'Idaho, dans lequel on a découvert récemment des quantités considérables de sables monazités, est situé à 30 milles nord-nord-est de Boise-City, dans le terrain granitique. Il est constitué par des granites et des gneiss aurifères dont un des éléments principaux est formé par la monazite.

Un échantillon lavé des dépôts lacustres recueillis près d'Idaho-City, contenait les minéraux suivants : *Ilmenite* (titanate de fer) en petits cristaux hexagonaux ; *zircons* et 70 p. 100 d'un minéral jaune, qui, analysé par M. W. Hillebrand, a été reconnu pour de la monazite.

Un autre échantillon provenant du lavage d'alluvions aurifères de la Wolf-Creek, près de Placerville, était formé entièrement par un sable dense contenant de l'ilménite, du grenat, du zircon et une grande quantité de monazite.

Ces sables, dont la valeur est grande, pourront donc

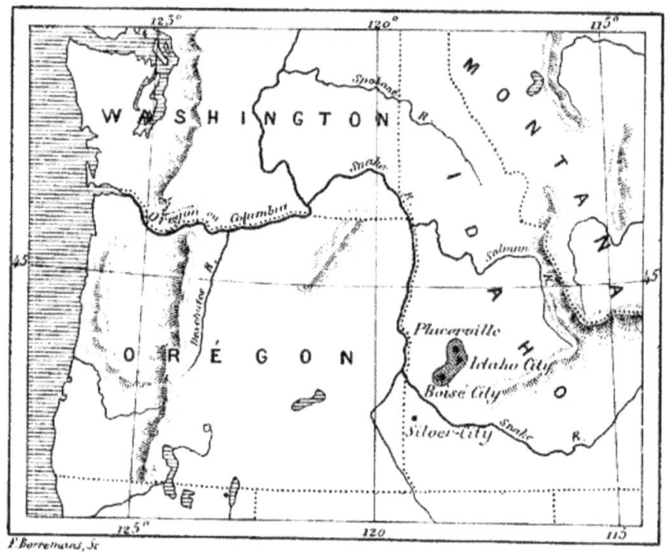

Fig. 2. — Carte des gisements de l'Idaho.

être exploités bientôt, comme sous-produit du lavage de l'or.

Canada. — La monazite est exploitée au Canada, à la mine de Villeneuve, dans le comté d'Ottava.

Gisements brésiliens. — Au Brésil, les sables monazités ont été reconnus jusqu'ici dans les états de Bahia et de Minas-Geraes. Ils furent découverts dans les gneiss et les granits de la côte du Brésil, par M. Orville A. Derby, directeur du Musée National de Rio-de-Janeiro. On les rencontre en grande quantité dans l'État de Bahia, près de la mer, à 17° latitude sud, dans une grande baie sableuse près de l'île d'Alcobaca, où l'on charge le minerai monazité à la pelle, comme du sable ordinaire. Les principaux gisements se trouvent à

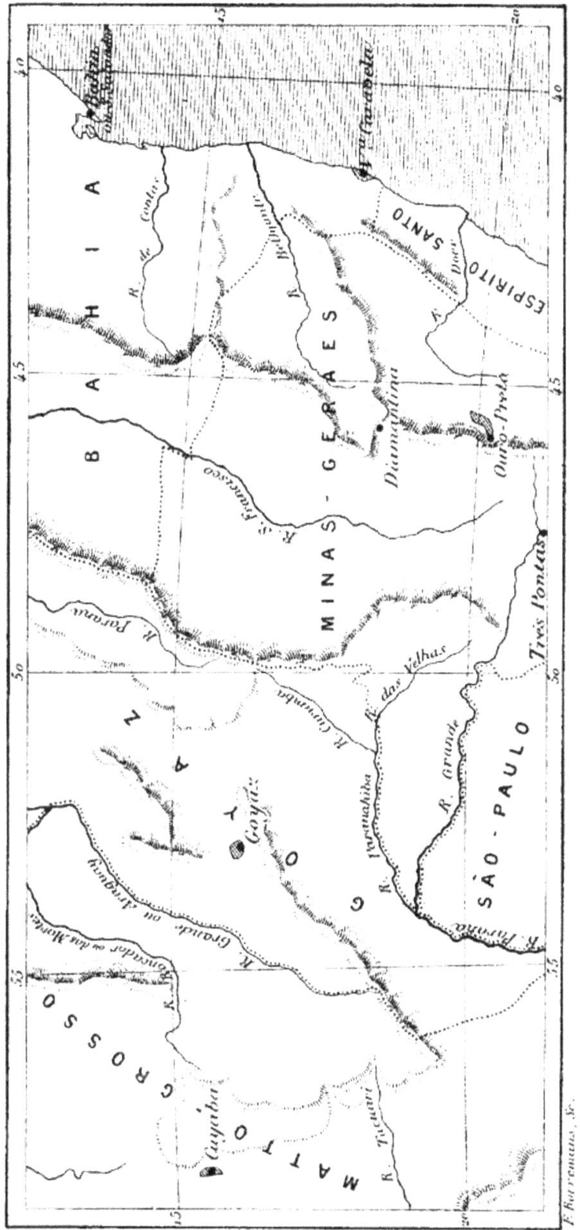

Fig. 3. — Carte des gisements brésiliens.

Bahia, Saô Pedro, Caravellas et Antioquia (États-Unis de Colombie).

Les nodules, mélangés à de la thorite et à de l'orangite, se rencontrent aux mines de diamants de Rio-Chico, Cuyaba, Goyaz, Villa-Bella, Sao-Paulo et Corumba, où ils furent signalés par M. Gorceix, directeur de l'École des Mines de Ouro-Preto.

La monazite brésilienne se présente sous forme de fragments arrondis, ressemblant à de l'ambre, ou sous forme de nodules massifs, colorés de points jaunes et brillants. Pulvérisés soigneusement et bien lavés ils contiennent en moyenne 2,75 d'oxyde de thorium et 5 p. 100 des oxydes du groupe yttrique.

Les nodules contiennent rarement moins de 5 p. 100 d'oxyde de thorium (ThO^2).

Le tableau suivant donne la quantité d'oxydes rares utilisables contenus dans 100 parties de minerais monazités de diverses provenances, après enrichissement par lévigation.

TABLEAU XIV

Analyses des sables monazités lévigés.

PROVENANCE DES MINERAIS	OXYDES du groupe cérique.	OXYDES du groupe yttrique.	OXYDE de thorium.
Canada (Québec)	50,20	4,5	1,10
Connecticut	61	—	1,40
Caroline du Nord (Shelby)	63,80	1,52	2,32
— Bellewood	59,09	2,68	1,19
Brésil (Bahia)	33	1,20	1,20
— Minas-Geraes	51	2,20	2,40
— Rio-Chico	53	3,20	4,80
— Villa-Bella	62,40	4,40	5,30
— Goyaz	64,10	5,10	7,60

Les sables monazités proviennent de la destruction des roches primitives, gneiss, granite, biotite, etc., sous l'influence d'érosions mécaniques, accompagnées souvent de phénomènes chimiques.

Leur histoire et leur géogénie semblent intimement liées à celles des gîtes aurifères, car, ainsi que nous l'avons déjà fait remarquer, les gisements de terres rares se trouvent de préférence en compagnie de ceux du précieux métal. Depuis longtemps, en Caroline du Nord, on avaît remarqué dans le lavage de l'or, ce sable brun-jaune constituant la monazite; mais, malgré sa forte densité, personne n'y avait porté attention et on le jetait purement et simplement. Le même fait se présente au Brésil, le pays par excellence des métaux et des pierres précieuses. C'est en effet dans les provinces de Bahia et de Minas-Geraes, proche les placers d'or et de diamants, que nous trouvons les gisements de terres rares.

Cette remarque curieuse vient encore dernièrement de se vérifier, par la découverte des terres rares parmi les gisements aurifères de l'État d'Idaho (États-Unis).

D'après ces faits, il semble donc qu'en étudiant à ce point de vue particulier les divers gîtes aurifères du globe, on arrive bientôt à découvrir en assez grande quantité les métaux rares pour ne plus avoir à leur appliquer ce qualificatif.

Les sables monazités, tels qu'ils sont exportés, renferment environ 70 p. 100 de monazite, le reste est formé de zircon, rutile, fer titané, magnétite, quartz, etc.

La monazite australienne contient 4 à 8 p. 100 de ThO^2.

Production et conditions du marché des sables monazités. — La production et la valeur de la monazite extraite pendant les années 1893-1894, se sont élevées pour los États-Unis à 679,5 tonnes évaluées à plus de 500.000 francs, prises sur lieu. Cet état prospère a bien vite décru, car nous voyons que la production, qui, en 1895, était aux États-Unis de 862 tonnes métriques, valant à la mine 570.000 francs, est tombée l'année suivante, en 1896, à 8 tonnes! valant 4.375 francs. Cette diminution formidable tient en grande partie à la vive concurrence que font aux sables des États-Unis les sables monazités brésiliens, qui sont beaucoup plus riches en oxyde de thorium, et en second lieu à la surproduction rapide qui a eu lieu forcément, si l'on se rend compte de la faible quantité d'oxydes mise en œuvre dans la fabrication des manchons incandescents.

Les sables monazités de la Caroline du Nord, contenant 70 p. 100 de monazite, sont livrés dans les ports de cet État à 8 cents (o fr. 40) la livre de 453 grammes.

Le prix est augmenté de 1 p. 100 pour chaque unité de monazite au-dessus de la garantie (70 p. 100) et diminué de 1 p. 100 en moins de la garantie.

On majore le prix de 5 p. 100 pour les livraisons inférieures à 5 tonnes.

La tonne de monazite américaine, rendue Hambourg, vaut 1.169 francs pour 70 p. 100 de monazite.

Le marché américain comporte aussi un produit, nommé *précipité de thorium*, qui renferme 86 à 88 p. 100 de ThO^2. Sa valeur est de 3.900 fr. le kilogr. du produit brut ou de 4.460 fr. le kilogr. d'oxyde de thorium pur.

Mosandrite. — Silicate hydraté de cérium, lanthane, didyme, calcium, avec acide titanique, soude et peroxyde de fer.

Longs prismes aplatis, paraissant être facilement altérables et traversés par de la fluorine violette ou de l'eucoline. Se trouve près de Brewik (Norvège).

Faiblement translucide. Éclat entre le vitreux et le gras sur les faces de clivage et résineux dans les cassures.

Brun rougeâtre, brun jaunâtre ou verdâtre, quand elle est altérée. Complètement attaquable par HCl, avec séparation de silice, en donnant un liquide rouge qui dégage du chlore par la chaleur. Dans le matras fermé, dégagement d'eau et devient brun-jaune. Avec le borax, donne une perle améthyste qui devient presque incolore au feu de réduction.

Avec le sel de phosphore, réaction du titane.

Dureté, 4. Poussière jaune pâle.

Densité, 2,93 à 3,03.

Forme cristalline. — Prisme orthorhombique d'environ 117°,16'.

Clivage assez net g^1.

Analyse de mosandrite.

Silice	29.90
Acide titanique	9.90
Peroxyde de fer	1,83
Oxydes de cérium, lanthane, didyme	26.60
Chaux	19.10
Magnésie	0,70
Soude	2,90
Potasse	0,50
Eau	8.90

Orthite ou Allanite. — Silicate de cérium, yttrium, avec alumine, oxyde de fer, chaux et manganèse.

TABLEAU XV

Analyses d'orthite.

PROVENANCE		GROENLAND	ALVÖ (Norvège).
Silice	SiO^2	33.78	30,54
Oxyde de thorium	ThO^2	—	2,49
Alumine	Al^2O^3	14,03	13,67
Oxyde de fer	Fe^2O^3	6,36	6,76
— de cérium	Ce^2O^3	12,63	8,08
— de didyme	Di^2O^3	5,67	3,95
— de lanthan	La^2O^3	—	8,10
— d'yttrium	Y^2O^3	—	1,92
Protoxyde de fer	FeO	13,63	12,51
Chaux	CaO	12,12	7,49
Magnésie	MgO	—	0,46
Eau	H^2O	1,78	4,44
		100	100,42

Petites masses ou cristaux aiguillés, d'une couleur variant du brun foncé au brun jaunâtre.

Se trouve en Suède, à Finbo et à Ytterby, dans l'Oural, en Saxe, et en Sibérie.

Caractères. — Attaqué facilement par l'acide chlorhydrique concentré.

Densité. — 3,28 à 3,65.

Samarskite ou Uranoniobite, ou Uranotantale, ou Yttroilménite. — Niobate d'urane, de fer et d'yttria, avec un peu d'acide tungstique. Cristaux ou grains cristallins d'un noir de velours, disséminés dans les roches granitoïdes de Miask (Sibérie) et de la Caroline du Nord.

Caractères. — Soluble complètement, mais difficilement, dans l'acide chlorhydrique en donnant une liqueur verdâtre. Se dissout assez dans l'acide sulfurique concentré, pour donner avec le zinc ou l'éther la coloration bleue caractéristique du niobium. Décomposé par fusion avec le bisulfate de potasse, donne une masse jaune, qui, traitée par l'acide chlorhydrique faible, donne de l'acide niobique blanc, et par ébullition de la liqueur avec le zinc métallique, une belle couleur bleue. Dans le tube bouché, décrépite, émet une lueur comme la gadolinite et diminue de densité. Au chalumeau, fond sur les bords en un verre noir; avec le borax, donne une perle jaune verdâtre ou rouge au feu d'oxydation, et jaune ou vert noirâtre au feu de réduction.

Avec le sel de phosphore, perle vert émeraude dans les deux feux.

Dureté, 5,5 à 6. Poussière rouge brun foncé.

Densité, 5,61 à 5,75.

Forme cristalline. — Prisme orthorhombique. Angles du prisme = 135 à 136°. Cet angle correspond à h^3 de la tantalite.

Lanthanite ou carbocerine. — Carbonate de lanthane. $LaCO^3 + 3 H^2O$.

Se trouve en enduits blancs, roses ou jaunâtres, éclat perlé ou terne. Se trouve à Bastnaës (Suède), dans les fentes de la cérite.

Caractères. — Fait effervescence avec les acides. Au chalumeau blanchit sans fondre. Avec le borax, donne un verre bleuâtre ou améthyste par le refroidissement. Avec sel de phosphore, un verre bleu, améthyste à chaud, rouge à froid.

Dureté, 2,5 à 3. Poussière blanche.

Densité, 2,6 à 2,66.

Thorite ou Orangite. $SiO^4Th. + 2H^2O$. — Silicate hydraté de thorium avec un peu d'oxyde de fer, de chaux, urane, magnésie. Contient jusqu'à 50 à 58 p. 100 d'oxyde de thorium.

Cristaux très rares, dodécaédriques, orangés, bruns ou brun-noir. Éclat résineux, cassure conchoïdale. Translucides, transparents en lames minces.

Se trouve dans la syénite à Löwö, près de Brewik (Norvège).

Caractères. — Fait gelée avec l'acide chlorhydrique, mais non après calcination. Complètement attaqué à chaud par l'acide sulfurique, même après calcination.

Difficilement fusible au chalumeau.

Perle jaune de borax, orangée à chaud, devient grisâtre à froid.

Dureté, 4,5 à 5. Poussière orangé clair ou brun foncé.

Densité, 5 à 5,4.

Forme cristalline. — Cubique.

Composition de la thorite.

	Thorite.	Orangite.
Oxyde de thorium	47.72	70,24
Oxydes du groupe du cérium	8,59	0,55
Silice	39,84	29,10
Oxyde de fer et alumine	3,70	»

Les seuls gisements de thorite et d'orangite connus actuellement sont ceux de Langesundfjord, entre Arendal et Christiania.

Le tableau suivant en représente la composition moyenne :

TABLEAU XVI

Analyses de thorite et d'orangite.

	FORMULES	ORANGITE	THORITE	THORITE
Densité.		5,19	4,8	4,38
Silice	SiO^2	17,52	18,98	17,04
Oxyde de thorium	ThO^2	71,65	57,91	50,06
— d'uranium	U^2O^3	1,13	1,58	9,78
— de plomb	PbO	0,88	0,80	1,67
— de fer	Fe^2O^3	0,59	5,79	7,60
Alumine	Al^2O^3	0,17	0,06	—
Oxyde de cérium	Ce^2O^3	—	—	1,39
Chaux	CaO	1,59	2,58	1,99
Magnésie	MgO	Traces.	0,36	0,28
Alcalis	—	0,47	0,24	—
Eau	—	6,14	9,50	9,46
Insoluble	—	—	1,70	—
		100,14	99,50	99,27

Xénotime. — Phosphate d'yttrium $(Po^4)^2Y^3$.
Contient environ 7,98 p. 100 d'oxyde de cérium.

Insoluble dans les acides. Infusible au chalumeau.

Difficilement soluble dans le sel de phosphore. Humecté d'acide sulfurique, colore la flamme en bleu verdâtre. Se présente en petits cristaux fort rares, à éclat résineux, ou d'une couleur brune ou jaunâtre, opaque, à cassure inégale.

Se trouve dans un granit à Hitteroë, à Ytterby (Suède), dans la vallée de Binnen (Saint-Gothard); et accompagne la monazite dans les environs de Diamantina (Brésil).

Dureté, 4 à 5. Poussière jaune ou brun pâle.

Densité, 4,56.

M. Gorceix, qui dès 1885 avait signalé la présence des terres rares dans les sables diamantifères du Brésil, a retrouvé la monazite en grains roulés, dans la province de Bahia, au bord de la mer, et dans les sables aurifères d'un des affluents du Rio-Doce, à 30 lieues est d'Ouro-Preto. Il a découvert un gisement important de xénotime bien cristallisée, comme formant une portion notable du lavage des graviers diamantifères auprès du bourg de Dattas, à 30 kilomètres sud de Diamantina, et en a retrouvé à São João da Chapada, affleurant les couches de schistes et de quartzites micacés. Les cristaux de Dattas proviennent de la destruction des roches diamantifères.

TABLEAU XVII

Analyses de la xénotime de Dattas (Brésil).

	1	2	3
Acide phosphorique	35,64	35,90	35,60
Oxydes d'yttrium et d'erbium .	63,75	64,10	62,60
Résidu	0,4	0,6	0,86

Zircon ou jargon, hyacinthe, ostranite. — Silicate de zircone (ZrO^2. SiO^2).

Cristallise en cristaux quadratiques, plus ou moins gros, dans les roches cristallines, granite, syénite, etc., à Friedrichwärm (Norvège), à Miask (Oural), dans les calcaires cristallins, dans les schistes talqueux, à Pfitsch (Tyrol), dans la Caroline du Nord, dans l'île de Ceylan. On vient de découvrir, en Tasmanie, un gisement unique de minerai de zircon, mélangé à d'autres pierres précieuses et terres rares (zircons, saphirs, rubis).

Ce minerai de zircon contient des quantités variables de lanthane, didyme, thorium, niobium, erbium, cérium et chrome. Il contient d'après H. Gaze, de 63 à 64 p. 100 d'oxyde de zirconium.

Ce gisement, qui couvre une superficie de 105 acres s'étend sur la côte nord-est, à mi-chemin entre Emu-Bay et Circular-Head. A 20 ou 30 centimètres de la surface, on rencontre une couche de gravier dans laquelle sont disséminés les zircons. Ce filon repose sur un lit d'argile bleue de 60 centimètres d'épaisseur, au-dessous duquel se trouve une couche de sable. Les zircons s'extraient par simple lavage.

Le zircon est une des substances minérales les plus anciennement connues. En bijouterie, le type rhomboïdal se nomme *hyacinthe* ; et *zircon* proprement dit, le type prismatique.

Les plus beaux échantillons se trouvent à Ceylan ; en Europe, près de Lisbonne ; dans le comté de Galloway ; et en France près de la ville du Puy, dans le canton d'Espailly.

Ce minéral possède un vif éclat, transparent ou translucide, jaune-gris, brun, rouge, bleu, rose, hyacinthe, quelquefois incolore.

Caractères. — Inattaquable aux acides, sauf en poudre très fine, par l'acide sulfurique concentré. Décomposé par fusion avec les carbonates alcalins ou par les bisulfates. Au chalumeau, les variétés colorées se décolorent sans fondre.

Dureté, 7,5.
Densité, 4,05 à 4,75.

Forme cristalline. — Prismes quadratique b^1 b^1 (sur *p.*)

TABLEAU XVIII

Analyses de zircon.

PROVENANCE		CEYLAN	NORVÈGE	EL PASO (Colorado.)	NOUVELLE ZÉLANDE
Silice	SiO^2	33,85	33,61	29,70	33,50
Oxyde de zirconium	ZrO^2	64,25	64,40	60,98	63,80
Oxyde de fer. . .	Fe^2O^3	1,08	0,90	9,20	2,07
Magnésie	MgO	—	—	0,30	0,12
		99,18	98,91	100,18	99,49

Des gisements assez considérables de zircon ont été trouvés dans le comté d'Henderson (Caroline du Nord).

Situation géographique des principaux gisements. — Les principaux gisements des Terres rares peuvent se diviser en quatre grands groupes :

1° Les gisements de Suède et de Norvège, relativement peu abondants, mais renfermant des espèces très variées. Ce sont les plus anciennement connus. Les gisements norvégiens se trouvent à Arendal, Krageroë, Brewik, Lowo, Hitteroë, et Langesund qui fournit actuellement la presque totalité de l'orangite et de la thorite exploitée. En Suède, on trouve les Terres rares à Bastnaës, à Ytterby près de Stockholm, etc.

2° Les gisements de l'Amérique du Nord (Caroline du Nord et du Sud, Virginie, province de l'Idaho, Texas, Colorado, etc. (Canada).

Les plus importants sont ceux de la Caroline du Nord,

dans les comtés de Burke, Cleveland, Mac-Dowell, Spartanburg, etc. La plus grande partie des sables monazités, il y a trois ans, provenait de cet état. On vient d'en découvrir à Boise-City, à Placerville, dans l'État d'Idaho. A Llanos (Texas) se trouve un gisement de gadolinite. Des quantités considérables de zircon existent dans le comté d'Henderson (Caroline du Nord).

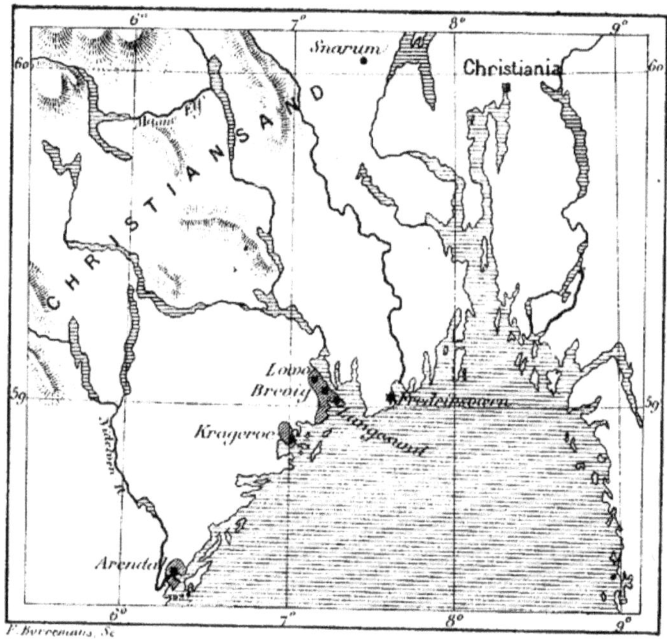

Fig. 4. — Carte des gisements norvégiens.

3° Les gisements brésiliens sont disséminés dans quatre des plus grandes provinces de cet immense empire. On a découvert des sables monazités en quantités très considérables, à Bahia et à Caravellas (province de Bahia), à Cuyaba (province de Matto-Grosso), à Goyaz, dans la province de ce nom, et enfin dans la province de Minas-Geraes, qui est un des pays les plus minéralisés que l'on connaisse actuellement. Les pierres précieuses, les diamants, l'or s'y trouvent accumulés et coïncidence curieuse, que nous avons déjà fait remarquer et que l'on avait déjà constatée dans la Caroline du Nord et dans l'État d'Idaho, c'est dans les graviers provenant du lavage des roches diamantifères et aurifères que se trouvent les minéraux des Terres rares.

Aux environs de Diamantina, M. Gorceix, comme nous l'avons dit, a découvert un gisement considérable de xénotime, ainsi qu'à São João da Chapada. Ces deux gisements proviennent de la désagrégation des roches diamantifères.

4° Les gisements de l'Oural.

La région de l'Oural qui est aussi extrêmement riche en minéraux de toutes sortes, contient à Miask, en particulier, des gisements de samarskite et de zircon assez importants.

Enfin, l'Australie, la Tasmanie possèdent aussi des gisements assez importants de minéraux des Terres rares.

DEUXIÈME PARTIE
CHIMIE GÉNÉRALE

CHAPITRE PREMIER

Constantes physiques des métaux rares.

TABLEAU XIX

Constantes physiques des métaux du groupe cérique.

	CÉRIUM	LANTHANE	DIDYME (ancien).	NÉODYME	PRASÉODYME	SAMARIUM	DÉCIPIUM
Symbole	Ce	La	Di	Nd	Pr	Sm.	De.
Poids atomique	139,9 (B) — 139,85 (S.)	138,2—138,64 Cl.	142,12 (o=16) (Cle)	140,80 (o=16) Ostwald.	143,60 (o=16) Cl.	150 Cleve.	171
Chaleur spécifique du métal	0,04479 (H.)	0,04637 (H.N.)	0,04563 (H.)	»	»	»	»
Densité spécifique du métal	6,63—6,73 (H.N.)	6,049—6,163	0,544	»	»	»	»
Oxyde principal	Ce^2O^3	La^2O^3	Di^2O^3	Nd^2O^3	Pr^2O^3	Sm^2O^3	De^2O^3
Chaleur spécifique de l'oxyde	0,0877 (CeO^2) (N. P.)	0,0749 (N.P.)	0,081	»	»	»	»
Densité spécifique de l'oxyde	6,74 (CeO^2) (N. P.)	6,48 (N.) 6,53 (Cle)	6,95	»	»	8.347	»
Couleur de l'oxyde	Blanc.	Blanc.	»	Bleu.	Brun foncé.	Blanc.	Orange.
— des sels	Blancs (Ce^2O^3) Rouge orangé CeO^2.	Blancs.	Rouge violacé.	Rouge améthyste.	Verts.	Incolores.	»
Poids spécifique de l'azotate	»	»	2,249	»	»	2,375 (Cleve).	»
Chaleur spécifique de l'azotate	»	»	»	»	»	»	»
Poids spécifique du sulf.-anhyd.	3,60 (P.)	3,60 (P.)	»	»	»	»	»
Chaleur spécifique du sulf.-anhydre	0,1168 (N.P.)	0,1182 (N.P.)	»	»	»	»	»
Poids spécifique du sulfate cristallisé	3,22—3,243 (P.)	2,856 (P.)	»	»	»	»	»
Chaleur spécifique du sulfate cristallisé	0,1999 (N.P.)	0,2083 (N.P.)	»	»	»	»	»

TABLEAU XX

Constantes physiques des métaux du groupe yttrique.

	YTTRIUM	TERBIUM	ERBIUM	YTTERBIUM	HOLMIUM	SCANDIUM
Symbole	Y	Tb	Er	Yb	Ho	Sc
Poids atomique	89,02 (Clève)	147—148,5 (M.) 160 Clarke.	166,32	172,73 (M.) 173,01 (N.)	162 (Cleve).	45 (Cl.) (44 N.)
Chaleur spécifique du métal	»	»	»	»	»	»
Densité spécifique du métal	»	»	»	»	»	»
Oxyde principal	Y^2O^3	Tb^2O^3	Er^2O^3	Yb^2O^3	Ho^2O^3	Sc^2O^3
Chaleur spécifique de l'oxyde	0,1026 (N. P.)	»	»	0,0646	»	0,1530 (N. P.)
Densité spécifique de l'oxyde	5,046	»	8,64	9,175	»	3,8 (Cl) 3,864 (N)
Couleur de l'oxyde	Blanc.	Jaune orangé.	Rose.	Blanc.	Blanc.	Blanc.
Couleur des sels	Incolores.	Incolores.	Roses.	Incolores.	Incolores.	Incolores.
Poids spécifique du sulfate anhydre	2,612	»	3,678	3,793	»	»
Chaleur spécifique du sulfate anhyd.	0,1319 (N. P.)	»	0,104	0,1039 (0° à 100°)	»	»
Poids spécifique du sulfate cristallisé	2,540	»	3,180	3,286	»	2,579
Chaleur spécifique du sulf. cristal.	0,2257	»	0,1808	0,1718	»	0,1639 (N.)

TABLEAU XXI

Constantes physiques des métaux du groupe yttrique (suite).

	THULIUM	DYSPROSIUM	GADOLINIUM	PHILIPPIUM	MÉTAL Σ
Symbole	Thu	Dys	Gd	Pp	Σ
Poids atomique	170,4 Cleve.	»	156,76(Clarke).	120 (Del)	»
Chaleur spécifique du métal	»	»	»	»	»
Densité spécifique du métal	»	»	»	»	»
Oxyde principal	Thu^2O^3	Dys^2O^3	Gd^2O^3	Pp^2O^3	Σ^2O^3
Chaleur spécifique de l'oxyde	»	»	»	»	»
Densité spécifique de l'oxyde	»	»	»	»	»
Couleur de l'oxyde	Blanc ou rose.	»	Blanc ou jaune pâle.	Blanc.	Incolore.
— des sels	Incolores.	»	Incolores.	Incolores. Pp^2O^3	Incolores.

Abréviations employées : (B) Brauner ; (Cl) Clarke ; (Cle) Cleve ; (Del) Delafontaine ; (H) Hillebrand. (H et N) Hillebrand et Norton ; (M) Marignac ; (N) Nilson ; (N et P) Nilson et Petersson ; (P) Petersson.

TABLEAU XXII

Constantes physiques des métaux du groupe thorique.

	ZIRCONIUM	THORIUM	GERMANIUM
Symbole	Zr	Th	Ge
Poids atomique	90 — 90,40 Clarke.	232,63 (o = 16) Clarke. 231,99 (N).	72,32 (Winkler), 72,48 (Clarke).
Chaleur spécifique du métal	0,066 (de 0° à 100°) (M et D).	0,02787 (N).	0,0737 — 0,0757 (de 100 à 440° C.)
Densité du métal	4,15 (T) 4,25 (M).	10,92 (N).	5,469 (20°,4)
Oxyde principal	ZrO^2	ThO^2.	GeO^2.
Chaleur spécifique de l'oxyde	0,1076 (N et P).	0,0548 (N).	»
Densité de l'oxyde	5,628 — 5,850	10,22	4,703 (18° C.)
Couleur de l'oxyde	Blanc.	Blanc.	Blanc.
— des sels	Incolores.	Incolores.	Incolores.
Poids spécifique du sulfate anhydre	»	4,053	—
Chaleur spécifique du sulfate anhydre	»	0,0972 (N et P)	—
Poids spécifique du sulfate cristallisé	»	2,767 ($9H^2O$) (Topsoë).	—
Chaleur spécifique du sulfate cristallisé	»	»	—

CHAPITRE II

Métaux diatomiques.

GLUCINIUM

Constantes physiques. — Poids atomique. Gl ou Be = 9,08 (GlO) = 13,68 (Gl^2O^3). *Chaleur spécifique* = (100°C) 0,4702, (200°) 0,540, (500°) 0,6206.

Poids spécifique à 20°, après compression = 1,85 (Humpidge). 1,64 (Nilson et Petersson).

Volume spécifique = 4,92.

Historique. — Découvert par Vauquelin en 1797 dans l'émeraude de Limoges. Ce savant donna à l'oxyde nouveau le nom de *glucine*, à cause de la saveur sucrée de ses sels (de γλυκυς). On lui donne aussi en Allemagne, Angleterre, etc., le nom de *beryllium* (Be).

Etat naturel. — Se trouve presque toujours dans la nature, sous forme de combinaisons oxygénées, comme dans le *chrysobéryl* ou cymophane (aluminate de glucine). On rencontre la glucine principalement dans quelques silicates naturels (émeraude, euclase, phénacite, gadolinite (6,96 p. 100), leucophane, erdmannite, arrhénite, muromontite et helvine).

Poids atomique et classification. — Un grand nombre de chimistes se sont occupés de déterminer exactement la valence du glucinium, et malgré toutes les recherches exécutées sur ce sujet, un accord complet n'en est pas résulté ; les uns défendant la première hypothèse de Berzélius, les autres adoptant pour la glucine la formule GlO, qui fait du glucinium un métal diatomique.

Berzélius, d'après ses recherches, le range dans la famille de l'aluminium, c'est-à-dire en fait un métal trivalent. Son poids atomique est donc le triple de son équivalent et la formule de la glucine est donc Gl^2O^3.

Cette formule fut adoptée par Schaffgotsch en 1840, par H. Rose en 1849, par Ebelmen, Ordway, Humpidge et par MM. Nilson et Petersson en 1879.

Les arguments en faveur de cette première formule de la glucine Gl^2O^3 et du glucinium trivalent, sont les suivants :

1° Berzélius se basait sur les analogies apparentes qui existent entre les oxydes et les hydrates de glucinium et d'aluminium, ainsi qu'entre leurs chlorures ; et sur l'idée que la glucine pouvait remplacer l'alumine dans certains minéraux, ce qu'a démontré depuis M. Hautefeuille (*C. R.*, t. CVII, p. 784).

2° Ordway conclut que la glucine est comparable à l'alumine, à cause de la propriété que possèdent les sels de glucine comme ceux d'aluminium de donner des combinaisons basiques.

3° M. Wyrouboff (*Bull. Soc. Chim.* (3), t. XI, p. 1106), en s'appuyant sur les propriétés et les caractères des silicotungstates de glucinium, d'aluminium et de magnésium, propose de reprendre la vieille formule de Berzélius, Gl^2O^3. Les silicotungstates d'Al et de Gl ont même nombre de molécules d'eau, les cristaux affectent la même forme. Ils sont isomorphes, contrairement à ceux de la série magnésienne qui ne le sont jamais.

4° M. Lebeau, à la suite de ses travaux sur le carbure de glucinium, attribue la même formule à la glucine (Gl^2O^3) en se fondant sur la décomposition semblable qu'éprouvent les carbures de Gl et d'Al en présence de l'eau. Dans les deux cas il se dégage du méthane.

Cependant, depuis les travaux de Debray, la plupart des auteurs s'étaient ralliés à la formule GlO (Gl = 9) pour la glucine. Le glucinium étant alors un élément bivalent.

1° Debray s'appuyait pour repousser la formule Gl^2O^3 (Gl = 13,8) sur ce que le chlorure de glucinium ne donnait pas comme le chlorure d'aluminium Al^2Cl^6, des sels doubles de la forme $Gl^2Cl^6 + 2MCl$, analogues à la formule des spinelles chlorés, $Al^2Cl^6 + 2MCl$ ou MCl^2.

2° M. L. Meyer (*Deutsch. chem. Gesellsch.*, 1878-1880) et Brauner (*ibid.*, 1880) s'appuient sur l'impossibilité de faire rentrer le glucinium avec le poids atomique de 13,8 dans la classification périodique de Mendeleef. Ce dernier savant s'est rallié de même à la formule GlO. MM. Meyer et Brauner supposent que le glucinium, comme le bore et le carbone, n'obéit à la loi de Dulong et Petit qu'à une température suffisamment élevée.

D'autres raisons qui font rejeter la formule Gl^2O^3 pour la glucine, sont :

1° L'absence d'un alun de glucinium ;

2° L'existence d'un phosphate double de glucinium analogue au phosphate ammoniaco-magnésien ;

3° La densité de vapeur du chlorure, qui à température suffisamment élevée correspond à la formule $GlCl^2$.

4° Combes, en se servant de la méthode élégante qu'il avait déjà utilisée, dans la démonstration de la trivalence de l'aluminium, est arrivé aussi heureusement à résoudre la question du poids atomique et de la valence du glucinium. Comme le disait M. Friedel, les expériences de A. Combes sont si nettes, que l'on ne voit pas quelles objections pourraient leur être faites.

Combes prépara donc l'acétylacétonate de glucinium, composé parfaitement défini, obtenu par l'action de l'acétylacétone sur une solution d'acétate de glucinium.

Il en prit la densité de vapeur, et les expériences exécutées, l'une à la température d'ébullition de la diphénylamine, l'autre à la température d'ébullition du mercure, ont donné les nombres 7,21 et 7,12.

Or, la densité calculée pour la formule $Gl (C^5H^7O^2)^2$ ($Gl = 9$) a pour valeur 7,16, tandis qu'avec $Gl (C^5H^7O^2)^3$ ($Gl = 13,5$) on obtient le nombre 10,75.

MM. A. Rosenheim et P. Woge viennent d'apporter récemment un certain nombre d'arguments en faveur du glucinium bivalent (*Zeits. anorg. Chem.*, t. XV, p. 283). Ils étudient quelques composés de ce métal avec l'acide oxalique, l'acide tartrique. Ils ont déterminé le poids moléculaire du chlorure de glucinium, par la méthode d'ébullition, en prenant la pyridine comme dissolvant. Le nombre trouvé correspond à la formule $Gl Cl^2$.

Il en résulte donc que l'on doit considérer le glucinium comme bivalent et que son poids atomique est 9. La formule de la glucine s'écrirait donc GlO.

Ce fut Awdejew en 1842, qui proposa cette formule, laquelle depuis fut adoptée et défendue par MM. Klatzo (1868), Mendeleef, Reynolds, Lothar Meyer, Brauner, Hartley, Scheffer, Combes, etc.

Dans les pages suivantes, nous donnerons, pour chacun des sels, les deux notations.

Préparation et propriétés du glucinium. — 1° Wohler fut le premier qui, en 1827, réussit à isoler le glucinium. Il l'obtint en réduisant dans un creuset de platine le chlorure de glucinium par du potassium.

2° Debray introduisait dans un large tube de verre, traversé par un courant d'hydrogène, plusieurs nacelles formées d'une pâte d'alumine et de chaux, les unes contenant du chlorure de glucinium, les autres du sodium.

Avant l'introduction du sodium, on expulsait l'air contenu dans le tube. On chauffait ensuite, et le chlorure de glucinium volatilisé était entraîné par le courant d'hydrogène sur le sodium fondu, lequel se recouvrait de cristaux qui disparaissaient lorsqu'il y avait excès de chlorure. L'opération est terminée lorsque le chlorure de glucinium se sublime au delà des nacelles contenant le sodium.

La masse obtenue est noirâtre et formée de glucinium en paillettes, noyées dans du chlorure de sodium. On fond cette masse et on lave à l'eau.

Reynolds et MM. Nilson et Petersson opèrent à peu près de même. Ces derniers savants emploient pour la réduction un cylindre en fer, hermétiquement clos.

Le glucinium cristallise en cristaux hexagonaux durs, de la couleur de l'acier (Brogger et Flink (*Berich. Deuts. chem. Gesellsc.*) 17, p. 849). En chauffant au rouge, du fluorure double de glucinium et de potassium avec du sodium, Krüss et Moraht ont obtenu le glucinium en cristaux hexagonaux.

M. P. Lebeau [1] a préparé le glucinium par électrolyse du fluorure double de glucinium et de sodium, dans un creuset de nickel, avec électrode de charbon. On fond la masse en ne dépassant pas le rouge naissant. Le courant employé est de 6 à 7 ampères sous 35 à 40 volts. On obtient un feutrage métallique dans la partie moyenne du creuset et on l'isole par l'eau bouillante.

Propriétés du glucinium. — Les propriétés et caractères du glucinium obtenu par les divers savants qui s'en sont occupés, sont légèrement différents, à cause du plus ou moins grand état de pureté du métal qu'ils ont obtenu.

Le glucinium de Debray était blanc, très léger ($D = 2,1$), il peut être forgé et laminé à froid. La température de fusion est inférieure à celle de l'argent.

---

[1] *Comptes rendus*. 1898, t. CXXVI, p. 744.

Il peut être fondu au chalumeau sans donner lieu à un phénomène d'ignition, seulement il se recouvre d'une légère couche d'oxyde.

MM. Nilson et Petersson ont obtenu le glucinium en cristaux microscopiques prismatiques de la couleur et de l'éclat de l'étain. Sa densité était de 1,64, correction étant faite pour les impuretés présentes (13,06 p. 100).

Le métal obtenu par Debray n'était pas attaqué par la vapeur de soufre, tandis que la poudre noire obtenue par Wohler brûlait au contraire avec un vif éclat et se combinait avec énergie à la vapeur de soufre. D'après MM. Nilson et Petersson, il ne s'y combine pas directement.

Le glucinium ne décompose ni l'eau froide ni l'eau bouillante; il ne s'altère pas à l'air et ne s'oxyde que légèrement à une température élevée. Chauffé au rouge dans un courant d'oxygène, il ne s'enflamme pas.

A la température ordinaire, le chlore ne l'attaque pas, mais il brûle facilement dans ce gaz à la température du rouge. L'acide chlorhydrique gazeux l'attaque en chauffant légèrement. Les solutions d'acide chlorhydrique et d'acide sulfurique l'attaquent avec formation de chlorure ou de sulfate de glucinium et dégagement d'hydrogène.

L'acide azotique, d'après M. Debray, ne l'attaque qu'à chaud et très difficilement. La potasse et la soude le dissolvent avec dégagement d'hydrogène comme l'aluminium. L'ammoniaque ne l'attaque pas.

La chaleur spécifique du glucinium est 0,4084 toutes corrections faites. D'après Reynolds. Densité. = 2. Chal. spécifiq. = 0,669 (*Chem. News*, t. XXXV, p. 124). Nilson et Petersson supposent que le métal de Reynolds renfermait de l'oxyde et du platine.

Alliages de glucinium. — M. Lebeau a obtenu un bronze de glucinium en fondant, au four électrique, un mélange de glucine (25 p.), d'oxyde de cuivre (50 ou 190 p.) et de charbon (10 ou 25 p.). On chauffe ce mélange pendant cinq minutes avec un courant de 900 ampères et de 45 volts. L'alliage obtenu est refondu au four Perrot.

Les alliages à 10 p. 100 de glucinium sont presque blancs. Les alliages à 5 p. 100 sont jaune pâle et se liment et se polissent facilement. Ils ne s'oxydent pas à l'air.

A la teneur de 0,5 p. 100, le glucinium change notablement l'aspect du cuivre et lui communique une grande sonorité. L'alliage contenant 1,32 p. 100 de glucinium est jaune d'or et très sonore ; il se lime et se forge facilement. M. Lebeau a préparé, grâce au même procédé, les alliages de glucinium et des métaux communs, ainsi que ceux de chrome, de tungstène, de molybdène, etc.

M. Louis Lehmann a fait breveter un procédé de préparation des alliages de glucinium.

(Brevet allemand. L. N° 10729.)

Glucine ou oxyde de glucinium (GlO ou Gl^2O^3). — On retire généralement la glucine de l'émeraude de Limoges, qui est un silicate double d'alumine et de glucine.

Elle en contient ordinairement 12 à 15 p. 100. — Un assez grand nombre de procédés ont été proposés dans ce but, mais en général cette extraction est assez longue et délicate.

1° *Procédé de Berzélius.* — Ce procédé n'est applicable qu'à de petites quantités de produit. On fait fondre au creuset de platine l'émeraude bien porphyrisée, avec 3 p. 100 de carbonate de potasse. On reprend par l'acide chlorhydrique, on évapore à siccité, puis on reprend par l'eau. La solution contenant les chlorures d'aluminium et de glucinium est précipitée par l'ammoniaque, puis mise en digestion avec du carbonate d'ammoniaque qui dissout la glucine. On fait bouillir la solution filtrée et l'on obtient du carbonate de glucine que l'on calcine pour avoir l'oxyde.

2° *Procédés de Debray*. — On fond au fourneau à vent, dans un creuset en terre, de l'émeraude pulvérisée mélangée avec la moitié de son poids de chaux vive. On obtient un verre que l'on pulvérise et qu'on attaque par l'acide azotique dilué. On ajoute ensuite de l'acide azotique concentré. On chauffe la masse, on obtient une gelée que l'on calcine jusqu'à commencement de décomposition de l'azotate de chaux. Les azotates d'aluminium et de glucinium sont décomposés. On fait bouillir la masse avec de l'eau contenant du chlorhydrate d'ammoniaque qui dissout la chaux et l'azotate de chaux. Le résidu lavé est traité par l'acide azotique, qui ne laisse que la silice. On verse la solution nitrique dans une solution ammoniacale de carbonate d'ammonium. Tous les oxydes sont précipités. La glucine se redissout dans le carbonate d'ammonium après huit à dix jours de digestion dans un endroit chaud. Si la liqueur contient un peu de fer, on la traite par le sulfure d'ammonium. On fait bouillir la solution et il se dépose du carbonate de glucinium, poudre blanche et dense qui par calcination donne de la glucine pure.

Debray a proposé un autre mode de séparation de la glucine, basé sur l'action du zinc sur les solutions de sulfate de glucinium et d'aluminium. Pour cela, on précipite par l'ammoniaque les oxydes contenus dans la solution chlorhydrique et on les redissout dans l'acide sulfurique étendu. On neutralise exactement par l'ammoniaque; on sépare les cristaux d'alun qui ont pu se former, et on fait bouillir en présence de lames de zinc. Ce métal transforme le sulfate d'aluminium en sous-sulfate insoluble; tandis que le sous-sulfate de glucinium reste en dissolution avec le sulfate de zinc. On sépare le zinc par l'hydrogène sulfuré en présence d'acétate de soude.

3° On peut attaquer l'émeraude par le chlore en présence de charbon.

Le chlorure de glucinium se dépose dans le col de la cornue.

4° *Procédé Gibbs.* — On peut attaquer l'émeraude par l'acide fluorhydrique, le fluorure d'ammonium, ou le fluorhydrate de fluorure de potassium.

5° *Procédé Joy.* — On fond l'émeraude avec trois parties de litharge dans un creuset en fer. La masse fondue est mise en digestion avec un excès d'acide azotique. On évapore à siccité. On reprend par l'eau et on fait cristalliser l'azotate de plomb. On précipite les eaux-mères par l'acide sulfurique, puis on ajoute du sulfate d'ammonium. On obtient une cristallisation d'alun ammoniacal, les eaux-mères renferment la glucine. (A. Joy, *Sillim. Amer. Journ.* (2), t. XXXVI, p. 83.)

6° *Procédé de Berthier.* — L'émeraude ayant été désagrégée par un des procédés précédents, on peut séparer la glucine en précipitant les oxydes par l'ammoniaque. On les fait ensuite digérer avec de la potasse qui laisse l'oxyde de fer et dissout l'alumine et la glucine. On sursature la solution potassique par de l'acide chlorhydrique, on reprécipite par l'ammoniaque et on traite les oxydes précipités par l'acide sulfureux qui les dissout. On fait bouillir, l'alumine se précipite sous forme d'hydrate et la glucine reste dissoute.

D'après Debray, la glucine peut être précipitée avec l'alumine.

7° *Procédé Lebeau.* — M. Lebeau a d'abord employé le procédé Wöhler légèrement modifié. Il chauffe au feu de coke dans un grand creuset de plombagine 5 à 6 kgr. d'un mélange de une partie d'émeraude et de deux parties de fluorure de calcium. Quand la masse est fluide, on la coule dans l'eau. On obtient une masse poreuse que l'on attaque par l'acide sulfurique dans une terrine en grès. Lorsque le fluorure de silicium cesse de se dégager, on chauffe au bain de sable, jusqu'à apparition de fumées blanches d'acide sulfurique. On projette ensuite par petites portions dans l'eau ; le sulfate de chaux se dépose. On décante, on lave et on concentre. On sature l'excès d'acide par du carbonate de potassium, il se forme un dépôt abondant d'alun de potasse. On sépare les eaux-mères, on les sature par l'ammoniaque et le carbonate d'ammoniaque. On laisse en contact plusieurs jours, en agitant fréquemment. On filtre et on fait bouillir, et on obtient ainsi un carbonate impur de glucinium et d'ammonium.

L'emploi du four électrique Moissan a permis à M. Lebeau un traitement rapide de l'émeraude. Ce minéral chauffé dans un tube en charbon, fond facilement, puis entre en ébullition. Il se dégage des vapeurs abondantes de silice, qui forment un feutrage épais, à l'extrémité du tube. On obtient un silicate plus basique que l'émeraude et qui s'attaque directement par les acides.

Le carbonate double de glucinium et d'ammonium obtenu plus haut est redissous dans l'acide nitrique, et la solution est additionnée de ferrocyanure de potassium qui précipite le fer. On filtre, on ajoute du nitrate de cuivre qui enlève l'excès de ferrocyanure.

La glucine exempte de fer est précipitée par l'ammoniaque. On laisse en repos, pendant trois ou quatre jours, puis on décante le liquide, que l'on remplace par une solution concentrée de carbonate d'ammoniaque, dans laquelle la glucine se dissout en laissant l'alumine insoluble. On filtre, on fait bouillir et le précipité de glucine obtenu est lavé.

Gibson a décrit une méthode de la préparation de la glucine à l'aide du béryl.

Propriétés physiques et chimiques de la glucine :

Poids spécifique = 3,016. — Chaleur spécifique = 0,2471 (Nilson et Petersson).

La glucine pure est une poudre blanche, légère, insoluble dans l'eau. Infusible au chalumeau oxyhydrique, elle se volatilise comme l'oxyde de zinc et la magnésie.

La glucine n'est pas durcie comme l'alumine par la calcination, mais devient aussi plus difficilement soluble dans les acides. Ainsi calcinée elle est soluble dans la potasse fondue et dans le carbonate de potassium.

Ebelmen l'a obtenue cristallisée en chauffant à haute température la dissolution de glucine dans l'acide borique fondu.

On l'obtient aussi par la calcination du carbonate double de glucinium et d'ammonium (Debray).

Cristallisée elle se présente sous forme de cristaux hexagonaux, plus durs que le quartz et l'émeraude.

Calcinée avec du chlorhydrate d'ammoniaque, la glucine se volatilise en formant du chlorure de glucinium.

D'après M. Angström, la glucine est diamagnétique.

Hydrates de glucinium, $Gl(OH)^2$ ou $Gl^2(OH)^6$. — L'ammoniaque, dans les solutions de sels de glucinium, donne un précipité d'hydrate de glucinium, que la présence des sels ammoniacaux n'empèche pas de se former. Il ressemble à l'alumine, mais il absorbe rapidement, en se desséchant, l'acide carbonique de l'air.

L'hydrate de glucinium est soluble dans le carbonate d'ammoniaque, mais après avoir été chauffé, il ne s'y dissout plus.

La potasse dissout l'hydrate et le laisse déposer de nouveau à l'ébullition, quand la solution est étendue d'eau. Trop concentrée ou trop étendue, la glucine n'est précipitée qu'incomplètement.

L'hydrate de glucinium se dissout dans les carbonates alcalins, dans l'acide sulfureux et dans le bisulfite d'ammonium.

Précipité de quelques-uns de ses sels par l'ammoniaque, il se redissout en totalité par une ébullition prolongée. Cette particularité se vérifie avec l'acétate et l'oxalate (Debray).

En dissolvant l'hydrate de glucinium dans la potasse aqueuse, Krüss et Moraht disent avoir obtenu un glucinate de potassium GlO^2K^2 (?), sous forme de poudre blanche soyeuse, mélangé de carbonate de potassium.

SELS DE GLUCINIUM A RADICAUX HALOGÉNÉS

Chlorure de glucinium, $GlCl^2$ ou Gl^2Cl^6. — *Préparation.* — On peut obtenir ce corps, soit par l'action du chlore ou de l'acide chlorhydrique sur le glucinium, soit par l'action du chlore sur un mélange de glucine et de charbon, procédé semblable à celui permettant de préparer le chlorure d'aluminium.

On façonne des boulettes de charbon et de glucine à l'aide d'huile, on les calcine dans un creuset ; puis on les introduit dans un tube en verre ou en porcelaine, que l'on fait traverser par un courant de chlore desséché. Le chlorure de glucinium, volatil comme le chlorure d'aluminium, se condense dans la partie froide du tube.

On peut se servir directement de l'émeraude en changeant un peu le dispositif.

Propriétés. — Cristaux blancs, soyeux, déliquescents, fumant à l'air. Fusibles et volatils vers le rouge sombre, mais moins que le chlorure d'aluminium. Se décomposent en partie par l'humidité. La densité de vapeur du chlorure prise entre 680 et 800° = 2,8, correspondant à la formule $GlCl^2$ (2 vol.). Se dissout dans l'eau facilement et avec élévation de température. Sa solution donne par évaporation sur l'acide sulfurique, des cristaux incolores, tabulaires, de chlorure hydraté $GlCl^2 + 4H^2O$ ou $Gl^2Cl^6 + 12H^2O$ (Awdejew). Cet hydrate se décompose par la chaleur en acide chlorhydrique et en glucine.

Chlorures doubles. — Le chlorure de glucinium se combine avec le chlorure de platine, le chlorure de palladium et le chlorure d'or.

Chloroplatinate de glucinium, $GlCl^2 . PtCl^4 + 8H^2O$ ou $(PtCl^4)^3 Gl^2Cl^6 + 24H^2O$. — Poudre cristalline ou prismes orangés. Déliquescents. Perd $12H^2O$ à 120° C. Très soluble dans eau et alcool. Insoluble dans l'éther. (Thomsen, *Deutsch. chem. Gesell.*, 1870, p. 827, et Welkow, 1873, p. 1288.)

Chloropalladite de glucinium, $GlCl^2 . PdCl^2 + 6H^2O$ ou $Gl^2Cl^6 . 3PdCl^2 + 18H^2O$. — Cristaux tabulaires brun foncé, hygroscopiques. Solubles dans l'alcool et l'éther.

Chloropalladate de glucinium, $GlCl^2 . PdCl^4 + 8H^2O$ ou $Gl^2Cl^6 . 3PdCl^4 + 24H^2O$. — Cristaux en tables quadratiques, rouge-brun, hygroscopiques. La solution concentrée perd du chlore par la chaleur et donne du chloropalladite (Welkow).

Chloromercurate de glucinium, $2GlCl^2 . 3HgCl^2 + 6H^2O$ ou $2Gl^2Cl^6 . 9HgCl^2 + 18H^2O$. — Grands cristaux tabulaires, très hygroscopiques (Atterberg).

Chloraurate de glucinium, $GlCl^2 . AuCl^3$ ou Gl^2Cl^6 $3AuCl^3$. — Grands cristaux tétragonaux.

Bromure de glucinium, $GlBr^2$ ou Gl^2Br^6. — Obtenu en chauffant le glucinium dans la vapeur de brome (Wöhler). Longues aiguilles blanches, volatiles, très fusibles, solubles dans l'eau avec élévation de température.

M. Berthelot a obtenu le bromure hydraté en cristaux.

Iodure de glucinium, GlI^2 ou Gl^2I^6. — D'après Debray, la combinaison de l'iode et du glucinium se fait au rouge sombre, sans élévation de température.

Composé semblable au chlorure, mais moins volatil. A chaud, l'oxygène met l'iode en liberté et le transforme en glucine. Il se combine avec les iodures de bismuth et d'antimoine, les iodures doubles sont très hygroscopiques. L'iodure d'aluminium dans ces conditions, au lieu de donner des prismes donne des cristaux tabulaires (Welkow). M. P. Lebeau a obtenu, par l'action de l'acide iodhydrique sur le carbure de glucinium, à 700° C., de l'iodure du glucinium GlI^2, en beaux cristaux transparents. Ce sel est très actif et peut servir à obtenir facilement le phosphure, le sulfure et le cyanure de glucinium. Il se combine facilement aux corps organiques.

Fluorure de glucinium, GlF^2 ou Gl^2F^6. — *Préparation.* — En dissolvant la glucine dans l'acide fluorhydrique, par évaporation on obtient une masse incolore, limpide, mais qui devient opaline à 100° en perdant de l'eau. A une température plus haute, le produit se boursoufle et perd de l'acide fluorhydrique à la calcination. Calciné, après dessiccation, le sel est entièrement soluble dans l'eau.

Fluorures doubles de glucinium et de potassium, 1° $GlF^2 + 2KF$ ou $Gl^2F^6 + 6KF$. — Ce premier fluorure, le plus anciennement connu, fut obtenu par Awdejew en 1841 et par MM. Marignac et Gibbs.

Obtenu par l'addition de fluorure de potassium à une solution de fluorure de glucinium. Ecailles cristallines, solubles dans 50 parties d'eau à 20° C. et dans 19 parties d'eau bouillante.

Les cristaux sont du système du prisme rhomboïdal droit.

2° $GlF^2 + KF$ ou $Gl^2F^6 + 3KF$.

Obtenu par M. Marignac en évaporant les solutions

des sels simples contenant un excès de fluorure de glucinium. Ce sel fond au rouge et donne par cristallisation le premier fluorure double.

Fluorures doubles de sodium et de glucinium. — Sont au nombre de deux :

1° $GlF^2 + 2NaF$ ou $Gl^2F^6 + 6NaF$.

Petits cristaux grenus durs et brillants, qui fondent, par la chaleur, en une masse vitreuse. Ce sel est dimorphe. Il cristallise dans les systèmes du prisme rhomboïdal droit et du prisme rhomboïdal oblique. Soluble dans 68 parties d'eau à 18° et dans 34 parties à 100° C.

2° $GlF^2 + NaF$ ou $Gl^2F^6 + 3NaF$. Ce sel ne cristallise pas.

Fluorures doubles d'ammonium et de glucinium, $GlF^2 + 2AzH^4F$ ou $Gl^2F^6 + 6AzH^4F$. — Cristaux brillants, éclatants, isomorphes avec le sel de potassium, du système du prisme rhomboïdal droit. (Marignac, *Bull. Soc. Chim.*, t. XX, p. 81, et H. von Helmholtz. *Zeitsch. für anorg. Chemie*, 3, 115, 1890.)

Fluosilicate de glucinium. — MM. Marignac et Atterberg ont obtenu seulement un sirop incristallisable dégageant des vapeurs de fluorure de silicium.

Cyanure de glucinium. — Selon Toczinski, ce cyanure n'existe pas. La glucine ne se dissout pas dans l'acide cyanhydrique.

Ferrocyanure de glucinium. — Se produit par addition d'ammoniaque à une solution de sulfate de glucinium et de ferrocyanure de potassium (Atterberg).

Platinocyanure de glucinium, $PtCy^4Gl$ ($Gl = 9,3$) ou $(PtCy^4)^3Gl^2$. — Obtenu en décomposant le platocyanure de baryum par le sulfate de glucinium. On le purifie par dissolution dans l'alcool éthéré. Cristallise en prismes à faces courbes. Il se combine au platocyanure de magnésium pour donner un platocyanure de glucinium et de magnésium.

Sulfure de glucinium. — Le glucinium de Wölher s'enflammait comme nous l'avons vu, dans la vapeur de soufre, tandis que d'après Debray, Nilson et Petersson, ce métal n'est pas attaqué dans ces conditions.

Par l'action du sulfure de carbone sur un mélange de glucine et de charbon, M. Frémy n'a pas pu obtenir de sulfure de glucinium.

Séléniure de glucinium. — Le glucinium et le sélénium se combinent avec incandescence en donnant une masse grise cristalline.

Phosphure de glucinium. — Le glucinium métallique, pulvérisé, brûle dans la vapeur de phosphore et donne un phosphure gris pulvérulent, décomposable par l'eau avec production d'hydrogène phosphoré.

Carbure de glucinium, C^3Gl^4. — M. Lebeau a étudié récemment [1] les diverses propriétés du carbure de glucinium. La glucine pure, obtenue d'après son procédé, était intimement mélangée avec la moitié de son poids de charbon de sucre. On agglomère avec un peu d'huile ce mélange, puis on le comprime sous forme de petits cylindres, qui sont calcinés au rouge naissant. On introduit ces fragments cylindriques dans un tube de charbon fermé à une extrémité, et on le dispose de telle sorte, dans le four électrique de M. Moissan, que le mélange de charbon et d'oxyde se trouve dans la zone la plus chaude.

Il a fallu employer un courant de 950 ampères et de 40 volts, pour obtenir un carbure de glucinium pur. L'expérience dure de huit à dix minutes. Nous verrons,

(1) *Comptes rendus*, t. CXXI, p. 496.

dans la suite de cette étude sur les terres rares, les résultats surprenants auxquels M. Moissan est arrivé, à l'aide de son four, dans la fabrication des divers carbures métalliques.

Si l'opération est bien conduite, on trouve à l'intérieur du tube de charbon, des masses fondues à cassure cristalline, rougeâtres et recouvertes de graphite.

Le carbure de glucinium est constitué par des cristaux microscopiques, jaune brun, transparents, ressemblant au carbure d'aluminium et ayant comme ce dernier des facettes hexagonales.

Sa densité à 15° C. est 1,9. Il raye facilement le quartz.

Ses propriétés chimiques se rapprochent beaucoup de celles du carbure d'aluminium. Le chlore l'attaque au rouge sombre en donnant du chlorure de glucinium anhydre, volatil, et un résidu de graphite et de charbon.

A une température un peu plus haute, le brome l'attaque en donnant un sublimé de bromure de glucinium. A 800°, l'iode est inactif. L'oxygène pur, au rouge sombre, l'attaque superficiellement en formant de la glucine qui enrobe le métal et le protège contre une oxydation plus avancée.

La vapeur de soufre au-dessous de 1000° le transforme en sulfure.

Au rouge sombre, le phosphore et l'azote ne l'attaquent pas sensiblement.

L'acide chlorhydrique l'attaque assez vivement en donnant un sublimé de chlorure et un dégagement d'hydrogène.

L'acide fluorhydrique anhydre l'attaque avec violence au-dessous du rouge. La réaction produit une vive incandescence.

Comme le carbure d'aluminium, l'eau le décompose en glucine et en méthane. Cette réaction lente en liqueur acide est beaucoup plus rapide en solution alcaline.

L'acide sulfurique concentré, bouillant, est réduit en gaz sulfureux.

L'acide chlorhydrique concentré l'attaque lentement, même à l'ébullition. Il en est de même pour l'acide nitrique. Ces acides dilués l'attaquent complètement à chaud en quelques heures.

La potasse fondue le décompose avec incandescence.

Le permanganate de potassium et l'oxyde puce de plomb l'oxydent avec énergie.

Borocarbure de glucinium, $C^4Bo^6Gl^6$. — Obtenu par M. Lebeau en réduisant la glucine par le bore, dans un creuset de charbon, au four électrique. Cristaux ayant une densité = 2, 4, s'oxydant superficiellement dans l'oxygène au rouge, brûlant dans le chlore et dans le brome et se dissolvant dans les acides.

SELS DE GLUCINIUM A RADICAUX OXYGÉNÉS

Azotate de glucinium $(AzO^3)^2Gl$ ou $(AzO^3)^6Gl^2$. — On l'obtient par double décomposition entre l'azotate de baryum et le sulfate de glucinium (Ordway, *Sillim Amer. Journ.* (2), t. XXVI, p. 197). Sel déliquescent, soluble dans l'alcool, difficilement cristallisable. Ordway a obtenu par évaporation sur l'acide sulfurique le sel $(AzO^3)^2Gl + 3H^2O$ ou $(AzO^3)^6Gl^2 + 9H^2O$. Il fond à 60°. Chauffé pendant vingt heures au bain-marie, donne un azotate basique, transparent, soluble dans l'eau $(AzO^3)^2Gl, GlO + 3H^2O$ ou $(AzO^3)^6Gl^2, Gl^2O^3 + 9H^2O$.

L'azotate neutre, traité par le carbonate de baryum, donne le même sel basique, lequel s'obtient aussi, en faisant digérer l'azotate neutre avec l'hydrate de glucinium.

Sulfates de glucinium. — 1° *Sulfate neutre de glucinium*, $GlSO^4 + 4H^2O$ ou $Gl^2(SO^4)^3 + 12H^2O$. — Obtenu en dissolvant le carbonate de glucinium dans l'acide sulfurique étendu, concentrant et laissant refroidir. Pour cristalliser, la solution doit être légèrement acide.

Sel blanc, donnant de grands cristaux octaédriques droits à base carrée, à saveur acide et légèrement sucrée.

Dans une atmosphère sèche et chaude, il s'effleurit. Par l'action de la chaleur, il fond dans son eau de cristallisation, puis se décompose au rouge blanc en donnant de la glucine.

A la température ordinaire il se dissout dans son poids d'eau, et en toutes proportions dans l'eau bouillante. La solution a une réaction acide. Insoluble dans l'alcool absolu.

Son poids spécifique à l'état cristallisé est 1,713 ; anhydre, 2.443. Sa chaleur spécifique à l'état anhydre est 0,1978 (Nilson et Petersson). Dans une solution acide, on peut obtenir aussi, d'après M. Klatzo, des prismes clinorhombiques volumineux de sulfate de glucinium, isomorphes avec les sulfates de la série magnésienne. Ce sel contient 6 molécules d'eau.

Le sulfate de glucinium forme facilement des sulfates basiques.

Sulfates basiques de glucinium. — 1° $SO^4Gl.\ Gl(OH)^2$ ou $(SO^4)^3Gl^2.\ Gl^2(OH)^6$. — Constitue une masse gommeuse transparente, obtenue en faisant bouillir une solution concentrée de sulfate neutre avec du carbonate de glucinium, jusqu'à cessation de dégagement du gaz carbonique. On étend d'eau, on filtre et on évapore.

2° $SO^4Gl.\ 2Gl(OH)^2$, ou $(SO^4)^3Gl^2.\ 2Gl^2(OH)^6$. — Obtenu comme le précédent, mais sans étendre d'eau ;

3° $SO^4Gl.\ 5Gl(OH)^2$ ou $(SO^4)^3Gl^2, 5Gl^2(OH)^6$. Se précipite, quand on étend d'eau la solution du sulfate basique précédent. Poudre blanche renfermant 18,89 p. 100 d'eau (Berzélius).

Sulfates doubles de glucinium et de potassium.

Sulfate neutre. — $K^2SO^4 + Gl\,SO^4 + 2H^2O$ ou $3K^2SO^4 + Gl^2(SO^4)^3 + 6\,H^2O$.

Sur la constitution et sur la composition de ce sel repose un des principaux arguments des partisans de la glucine GlO et non Gl^2O^3.

Si la glucine était un sesquioxyde, elle devrait pouvoir donner des aluns renfermant Gl^2O^3. Mais le sel double obtenu par Awdejew correspond à la première formule, $K^2SO^4 + GlSO^4 + 2H^2O$ ou $3K^2SO^4, Gl^2(SO^4)^3 + 6H^2O$ et s'éloigne donc de la composition des aluns qui ont pour formule :

$$K^2SO^4 + Al^2(SO^4)^3 + 24H^2O.$$

Ce sulfate double s'obtient en croûtes cristallines, lorsqu'on évapore une dissolution contenant 15 parties de $Gl^2(SO^4)^3$ et 14 parties de K^2SO^4. Quand le liquide se trouble, on arrête la concentration. On purifie par cristallisation.

Les cristaux obtenus entre — 2° et — 3° contiennent 3 molécules d'eau (Klatzo).

Sulfate acide, $K^2SO^4 + GlSO^4 + 2KHSO^4 + 4H^2O$. ou $3K^2SO^4 + Gl^2(SO^4)^3 + 6KHSO^4 + 12H^2O$. — Obtenu en additionnant d'acide sulfurique une solution concentrée des deux sulfates. Soluble dans l'eau froide, facilement dans l'eau bouillante.

Sulfate double de glucinium et de sodium, $3GlSO^4 + 2Na^2SO^4 + 12H^2O$. — Cristaux aiguillés, se groupant en étoiles. Perdent $7H^2O$ à 100° C.

Sulfate double de glucinium et d'ammonium. — Ce sel offre la composition du sel de potassium. Perd son eau à 110°.

Sulfite de glucinium, SO^3Gl ou $Gl^2(SO^3)^3$. — Obtenu en dissolvant l'hydrate de glucine dans une solution d'acide sulfureux. On évapore sur l'acide sulfurique et on additionne d'alcool. On obtient ainsi une masse sirupeuse. A l'ébullition, la solution ne précipite pas de glucine (Berthier) ; mais si elle contient de l'alumine, cette dernière en se précipitant entraine de la glucine (Böttinger).

Sélénites de glucinium. — Berzélius indique deux sélénites, l'un neutre et l'autre acide.

Sélénite neutre, $SeO^3 Gl$ ou $Gl^2(SeO^3)^3$.

La dissolution de glucine dans l'acide sélénieux ne cristallise pas. Traitée par l'ammoniaque, elle donne, sous forme de flocons blancs, le sel basique. $2(SeO^3)^3 Gl^2. Gl^2(OH)^6 + 15H^2O$.

Ce sel perd $9H^2O$ à 100° (Atterberg).

Séléniate de glucinium, $SeO^4Gl + 4H^2O$ ou $(SeO^4)^3Gl^2 + 12H^2O$. — Cristaux transparents. Poids spécifique = 16,90 (Atterberg). Sel très soluble. Perd la moitié de son eau à 100°.

D'après Topsoë, il forme des mélanges isomorphes avec le sulfate de glucinium.

Tellurite de glucinium, TeO^3Gl ou $(TeO^3)^3Gl^2$ (Berzélius).

Précipité blanc volumineux.

Tellurate de glucinium, TeO^4Gl ou $(TeO^4)^3Gl^2$ (Berzélius).

Précipité blanc floconneux.

Phosphite de glucinium.

Obtenu par double décomposition entre le phosphite d'ammonium et le chlorure de glucinium.

Phosphates ordinaires de glucinium ou orthophosphates.

Phosphate tribasique, $Gl^3, 2PO^4, + 7H^2O$.

Obtenu en précipitant du sulfate neutre de glucinium par le phosphate trisodique. Précipité blanc volumineux.

Phosphate monobasique, $GlHPO^4 + 3H^2O$.

Obtenu en ajoutant une solution de phosphate de soude à une solution de nitrate de glucinium. Poudre blanche, amorphe. A 100° perd H^2O.

Phosphate de glucinium et d'ammonium.

Poudre blanche compacte et cristalline (Rossler).

Phosphate de glucinium, d'ammonium et de sodium, $(PO^4)^2 Gl Na^2(AzH^4)^2 + 7H^2O$.

Obtenu en ajoutant du phosphate de sodium à une solution d'azotate de glucinium additionnée de chlorhydrate d'ammoniaque. Précipité grenu et cristallin (Scheffer).

Phosphate de glucinium et de sodium, $GlNaPO^4$.

Obtenu par Waltroth en fondant de la glucine dans du sel de phosphore.

Pyrophosphate de glucinium $(P^2O^7) Gl^2 + 5H^2O$.

Obtenu par Scheffer (*Ann. de Chem. und Pharm.*, t. CIX, p. 144), en précipitant par le pyrophosphate de sodium, une solutiou d'azotate de glucinium. Précipité pulvérulent, blanc, soluble d'après Atterberg, dans un excès de précipitant. La solution obtenue ne donne pas de précipité avec le sulfate d'ammonium.

Arséniates de glucinium. — Obtenus par M. Atterberg, comme les phosphates de glucinium.

Carbonate de glucinium. — Le carbonate neutre $GlCO^3 + 4H^2O$ a été obtenu par Klatzo en faisant passer pendant trente-six heures, un courant de gaz carbonique dans du carbonate basique en suspension dans l'eau, et évaporant la solution sur l'acide sulfurique; dans une atmosphère saturée de gaz carbonique.

A 100° ce sel perd $4H^2O$ et à 200° C, la moitié de son acide carbonique.

Le carbonate basique $GlCO^3, 2GlO + 5H^2O$ s'obtient

en précipitant les solutions des sels de glucinium par les carbonates alcalins. Le précipité volumineux ainsi obtenu est soluble dans les carbonates alcalins, en particulier dans le carbonate d'ammoniaque, d'où l'ébullition le reprécipite.

Carbonates d'ammonium et de glucinium. $3[CO^3Gl]$ $GlO, H^2O + 3[CO^3(AzH^4)^2]$. — Obtenu par Debray, en ajoutant de l'alcool, à la solution de carbonate de glucinium dans le carbonate d'ammonium, jusqu'à trouble persistant. A la longue, il se dépose des cristaux limpides, constituant le carbonate double.

Ce sel est très soluble dans l'eau froide, l'eau chaude le décompose en dégageant de l'ammoniaque.

Carbonate de potassium et de glucinium. — Obtenu comme le précédent. Se décompose à l'ébullition en donnant du carbonate de glucinium.

La chaleur le décompose en carbonate de potasse, glucine et acide carbonique.

Silicates de glucinium. — Il existe un silicate naturel, l'orthosilicate de glucinium, c'est la *phénacite*. Gl^2SiO^4.

Silicates d'aluminium et de glucinium :

L'*émeraude*, $3(SiO^3Gl). Al^2 (SiO^3)^3$ ou $Gl^2O^3.3SiO^2 + Al^2O^3,3SiO^2$.

L'*euclase*, SiO^4Gl^2, $SiO^4 Al^2$ ou $2(Gl^2O^3)^2(SiO^2)^3 + (Al^2O^3)^4(SiO^2)^3 + 3H^2O$.

La *leucophane* est un silicate de glucinium et de calcium $(Gl^2O^3)^2(SiO^2)^3 + 6 CaOSiO^2 + 4NaF$.

SELS DE GLUCINIUM A RADICAUX ORGANIQUES

Glucinium-éthyle $(C^2H^5)^2Gl$.

Obtenu à l'aide du mercure éthyle et du glucinium à 130° C.

S'enflamme au contact de l'air (Cahours).

Point d'ébullition, 185° à 188° C.

Glucinium-propyle $(C^3H^7)^2Gl$.

Ne s'enflamme pas à l'air.

Formiate de glucinium $(CHO^2)^2Gl$.

Obtenu par précipitation, Cristaux peu nets (Atterberg).

Acétate de glucinium $(C^2H^3O^2)^2Gl$.

Masse amorphe et gommeuse, très soluble.

Acétylacétonate de glucinium $(C^5H^7O)^2Gl$.

Ce corps qui a servi à Combes à déterminer la valence du glucinium et à consolider par cela même l'hypothèse du glucinium bivalent, se prépare très facilement, par l'action de l'acétylacétone, sur une solution d'acétate de glucinium.

L'acétylacétonate se précipite. Il est très peu soluble dans l'alcool et donne par évaporation de beaux cristaux orthorhombiques, absolument différents de l'acétylacétonate d'aluminium, qui se présente en lamelles hexagonales, clinorhombiques. Ce corps est volatil et bout sans décomposition à 270° C.

Sa densité de vapeur a été prise à la température d'ébullition de la diphénylamine et à celle du mercure; elle a donné 7,26 et 7,12, lorsque la théorie indique, pour la formule $Gl(C^5H^7O)^2$, le nombre 7,16.

Oxalates de glucinium. — Le glucinium, d'après Vauquelin et Debray, ne donnerait pas d'oxalate neutre cristallisable. Atterberg a cependant obtenu des cristaux peu nets de ce sel. Il a obtenu deux oxalates basiques, un soluble, l'autre insoluble.

L'oxalate neutre s'obtient en dissolvant l'hydrate de glucinium dans l'acide oxalique en solution. On obtient ainsi un liquide sirupeux, très sucré.

Oxalate double de glucinium et d'ammonium, $C^2O^4Gl + C^2O^4Am^2$.

Obtenu en dissolvant le carbonate de glucinium dans une dissolution d'oxalate acide d'ammonium (Debray).

Oxalate de glucinium et de potassium, $C^2O^4Gl + C^2O^4K^2$.

Obtenu de la même façon que le sel ammonique.

Lorsqu'on dissout, dans la solution de ce sel, de l'hydrate de glucinium, on obtient un sel basique $Gl(OH)KC^2O^4 + H^2O$ qui se dépose sur l'acide sulfurique en très beaux cristaux.

A 170° ce sel perd $2H^2O$.

Succinate de glucinium, $C^4H^4O^4Gl + 2H^2O$.

Obtenu en dissolvant l'hydrate ou le carbonate de glucinium dans l'acide succinique et concentrant à consistance sirupeuse.

Petits cristaux se déshydratant à 100° C. (Atterberg).

Ce sel n'est stable qu'en présence d'un excès d'acide succinique.

Le succinate d'ammonium précipite le sulfate de glucinium, en donnant un précipité de sel basique, volumineux et visqueux, ayant pour formule $C^4H^4O^4Gl$, $Gl(OH)^2 + 2H^2O$ (Atterberg).

Tartrate de glucinium, $C^4H^4O^6Gl + 3H^2O$.

Cristaux microscopiques se déposant de la solution sirupeuse.

Perdent $2H^2O$ à 100° (Atterberg).

Tartrate double de glucinium et de potassium.

En dissolvant une partie d'hydrate de glucinium dans deux parties de crème de tartre, et faisant évaporer, on obtient un sel de la formule $C^4H^3O^6$, Gl, K.

En faisant bouillir la crème de tartre avec un excès d'hydrate de glucinium, on obtient des prismes hémimorphes du sel $C^4H^2O^6Gl\ (GlOH)K + 1/2\ H^2O$ (?) (Toczenski).

CHAPITRE III

Métaux triatomiques.

GROUPE CÉRIQUE

CÉRIUM

Constantes physiques. — *Poids atomique* Ce = 139,9, 139,85 (Schützenberger), 139,35 (Clarke).

Chaleur spécifique = 0,04479 (Hillebrand).

Poids spécifique = 6,63 à 6,73 (Hillebrand et Norton).

Point de fusion = bien au-dessus de celui de l'antimoine (450°), mais au-dessous de celui de l'argent (950°).

Historique. — Le cérium fut découvert dans un minéral provenant des mines de Bastnaës, province de Westmanland (Suède), lequel, analysé par d'Elhuyar, fut considéré comme « un silicate double de fer et de chaux » ; lorsqu'en 1803 Klaproth, en Allemagne, et Hisinger et Berzélius, en Suède, étudièrent de nouveau ce minéral et y découvrirent une nouvelle terre, qui y existait en quantité considérable. Les savants suédois nommèrent ce nouvel oxyde : *oxyde de cérium*, en l'honneur de la planète Cérès, qui venait d'être découverte par l'astronome Piazzi. Mosander en 1839, reprenant l'étude de cette nouvelle terre, prouva, après de patientes et longues recherches, que cet oxyde était un mélange et y découvrit un nouvel oxyde terreux qu'il nomma *oxyde de lanthane*. Poursuivant cette étude il parvint, en 1842, à isoler encore un oxyde nouveau, qu'il nomma *oxyde de didyme*.

L'ancien oxyde de cérium de Berzélius était donc déjà scindé en trois nouveaux oxydes, lorsque de nouvelles recherches de MM. Delafontaine, Lecoq de Boisbaudran et Marignac démontrèrent que l'oxyde de didyme renfermait un nouvel oxyde dont l'élément métallique fut nommé *samarium*.

Les méthodes de fractionnement et les moyens de contrôle se perfectionnant de plus en plus, permirent à M. Auer de Welsbach, en 1885, de démontrer la nature complexe de l'ancien didyme, en le dédoublant en deux nouveaux éléments, le *néodyme* et le *praséodyme*.

Dernièrement, M. Brauner a publié un travail par lequel il assurait avoir dédoublé le cérium, et enfin MM. Schützenberger et Boudouard, dans une série de recherches patientes et délicates sur les terres de la cérite [1], ainsi que sur celles contenues dans les sables monazités, sont parvenus à isoler à l'aide de traitements décrits tout au long dans le mémoire descriptif :

1° Un cérium à poids atomique voisin de 138 et dont la solution ne précipite pas par l'oxyde cuivreux (réactif Lecoq de Boisbaudran).

2° Un cérium à poids atomique voisin de 148, dont le sulfate est précipité par l'oxyde cuivreux et par l'acide sulfurique ;

3° Un cérium à poids atomique voisin de 157, dont le sulfate est précipité par l'oxyde cuivreux, mais non par l'acide sulfurique.

Ces trois cériums offrent à l'examen spectroscopique, absolument les mêmes caractères. Ils ont été obtenus

---

(1) *Comptes rendus*, 1895-1896-1897, t. CXX, p. 663-962 ; t. CXXIV, p. 481.

en partant des sables monazités. Le cérium ne serait donc pas un élément simple.

M. Schützenberger supposait aussi que le lanthane peut être dédoublé en deux éléments. Ces résultats ont été attaqués par MM. Wyrouboff et Verneuil. (*Bull. Soc. Chim.*, 3, t. XVII-XVIII, p. 679.) M. Boudouard [1] dans un dernier mémoire les a confirmés en étudiant l'action de l'eau oxygénée sur l'acétate et le sulfate de cérium et la précipitation fractionnée à l'aide de K^2SO^4.

État naturel. — Le cérium, presque toujours accompagné du lanthane et du didyme et des terres du groupe yttrique, se trouve dans un grand nombre de minéraux rares, la cérite, en particulier, qui contient jusqu'à 70 p. 100 d'oxyde de cérium ; la monazite, la gadolinite, l'orthite, dans la scheelite de Meymac, dans la staffellite de Nassau, dans le marbre de Carrare, dans le calcaire conchylifère d'Avellino, dans les cendres du hêtre, de l'orge et du tabac (Cossa), dans l'urine humaine [2]. On a récemment découvert dans l'argile employée pour la fabrication des briques, à Hamstadt (près Seeligenstadt), dans le voisinage de Francfort, jusqu'à 8 et 12 p. 100 d'oxyde de cérium (Ce^2O^3) (Strohecker) [3].

Un grand nombre de granites de Norvège en contiennent. M. Tchernik [4], pendant un séjour dans le district de Batoum, a découvert un grand nombre de minéraux contenant l'oxyde de cérium en grande quantité, associé aux oxydes des groupes cérique et yttrique. Quelques-uns renferment de la thorine et de la zircone.

L'apatite de Snarum et de Krageroë, les serpentines de Suède et de Finlande, en contiennent en petite quantité.

---

(1) Schiaparelli et Perroni. *Gaz. chimi. Itali.*, t. IX, p. 465.

(2) *Journ. Prakt. Chem.* (2), t. XXXIII, p. 132.

(3) *Journal société phys. chim. russe*, t. XXVIII, p. 345.

(4) *Bull. Soc. Chim.*, t. XIX-XX, p. 59.

On voit par cette rapide énumération, que le cérium est un élément extrêmement répandu. Jusqu'ici, les plus abondants de ces minéraux sont la cérite de Bastnaës, la monazite de la Caroline du Nord et du Brésil, et l'orthite d'Hitteroë.

Poids atomique et classification. — Le poids atomique du cérium a été déterminé :

1° Par dosage de SO^3 dans le sulfate céreux (Rammelsberg, Béringer, Hermann et Marignac, Wolf);

2° Par le dosage du chlore dans le chlorure céreux (Béringer, Robinson) ;

3° Par la combustion de l'oxalate céreux (Rammelsberg, Jegel, Bührig) ;

4° Par conversion du sulfate céreux en bioxyde de cérium, CeO^2, sous l'influence d'une forte calcination (Brauner) ;

5° Par détermination de la chaleur spécifique du cérium approximativement pur (Hillebrand et Norton) ;

6° Par dosage de l'eau dans le sulfate hydraté $Ce^2(SO^4)^3 + 8\,H^2O$ (Wyrouboff et Verneuil) ;

7° Par dosage de SO^3 dans le sulfate céreux, en précipitant la solution de sulfate une première fois par la soude, lavant l'oxyde céreux par décantation, le redissolvant dans l'acide chlorhydrique et le reprécipitant par la soude pure. Les liquides des deux précipitations sont réunis, acidulés par l'acide chlorhydrique et précipités par un très léger excès de chlorure de baryum (Schützenberger et Boudouard).

Jusqu'ici les déterminations du poids atomique du cérium offraient de grandes divergences, allant de 137,1 à 142,3.

Les dernières déterminations ont été effectuées par MM. Brauner (140,01), Robinson (139,90), Schützenberger et Boudouard (139,85) et Clarke (139,35).

Ces quatre résultats paraissent avoir fixé définitivement la valeur du poids atomique du cérium.

MM. Wyrouboff et Verneuil, dans un récent travail, ont trouvé le poids atomique suivant (92,7), pour ce bivalent. Ces deux savants ont fait la critique des anciens procédés (*Bull. Soc. Chim.*, 3, t. XVII-XVIII, p. 679).

Pendant longtemps, la formule des oxydes de cérium fut CeO pour le protoxyde et Ce^3O^4 pour le peroxyde.

Par des considérations théoriques sur la périodicité des poids atomiques, Mendeléef fut conduit à proposer les formules Ce^2O^3 et CeO^2 pour ces deux oxydes. Des recherches nouvelles sur un grand nombre de composés du cérium, exécutées par M. Jolin et par M. Didier tendent à prouver l'exactitude des hypothèses de Mendeléef.

Le cérium est maintenant classé avec C, Si, Ti, Zr, Sn, Pb et Th, tandis que le lanthane est placé avec Al et les autres métaux terreux et le Di avec les éléments du cinquième groupe.

On connaît deux classes de sels de cérium :

1° Les sels céreux correspondant à l'oxyde céreux Ce^2O^3 ;

2° Les sels cériques correspondant au bioxyde de cérium $Ce\,O^2$.

Préparation et propriétés du cérium. — Wöhler, dit-on, avait isolé le cérium, mais mélangé de lanthane et de didyme.

MM. Hillebrand et Norton l'ont obtenu en réduisant le chlorure céreux, mélangé à des chlorures de potassium et de sodium, par le courant électrique.

Le cérium est de couleur gris-acier, à éclat métallique très vif, très ductile et très malléable. Il fond au rouge, moins facilement que l'antimoine et plus aisément que l'argent. Il ne s'oxyde pas à l'air sec, mais au contact de l'air humide il se recouvre d'une couche d'oxyde. Chauffé à l'air, il s'enflamme et brûle avec un éclat plus vif que celui produit par le magnésium. Il brûle dans le chlore, le brome, la vapeur d'iode, de soufre et de phosphore en donnant les composés correspondants.

Il décompose lentement l'eau à la température ordinaire, et rapidement à chaud.

Il se dissout aisément dans les acides chlorhydrique, nitrique et sulfurique dilués. Les acides nitrique et sulfurique concentrés ne l'attaquent pas. Il réduit à chaud les sulfates et les phosphates.

OXYDES DE CÉRIUM

Les oxydes de cérium les mieux étudiés sont le sesquioxyde Ce^2O^3 et le bioxyde CeO^2 qui tous deux forment des sels, ceux provenant du premier étant les mieux définis. L'existence d'un peroxyde CeO^2 est probable, tandis que celle de Ce^2O^5 et de Ce^4O^9 est douteuse.

MM. Wyrouboff et Verneuil ont dernièrement fait connaître un nouvel oxyde de cérium $C^6O^7 = Ce^3O^4$, 3 CeO (pour Ce bivalent).

Par ses sels d'oxydes le cérium diffère de Ti, Zr, Th, Sn et Pb, dont les sels appartiennent à la formule MX et MX^2 ($X = SO^4$, CO^3, $2\ AzO^3$, etc.), et montre ses analogies avec les éléments du troisième groupe (Al, etc.).

Sesquioxyde de cérium, Ce^2O^3. — Les méthodes de séparation et de fractionnement de l'oxyde de cérium, des autres oxydes rares, seront exposés dans un chapitre spécial. (Voir *Méthodes de séparation et de fractionnement.*)

Le sesquioxyde est une base plus forte que le bioxyde. Il se transforme facilement en ce dernier en absorbant l'oxygène par voie sèche et par voie humide.

Le sesquioxyde de cérium se prépare en chauffant l'oxalate céreux dans un courant d'hydrogène pur. Le carbonate céreux, par le même traitement, fournit Ce^2O^3.

En additionnant une solution d'un sel céreux, de potasse caustique, on obtient un précipité d'hydrate d'oxyde céreux qui s'oxyde et se carbonate rapidement au contact de l'air. Les flocons blancs d'hydrate deviennent jaunâtres et se transforment en hydrate cérique. Dans la précipitation du sulfate céreux par un alcali, il y a toujours un peu de sulfate céreux entraîné par l'hydrate. Il est nécessaire alors de précipiter une seconde fois après redissolution, par l'alcali. L'hydrate céreux est une base énergique pouvant déplacer l'ammoniaque des sels ammoniacaux et absorber l'acide carbonique.

L'oxyde de cérium pur est tout à fait blanc. MM. Wyrouboff et Verneuil l'ont obtenu ainsi par leur procédé.

Bioxyde de cérium, CeO^2. — *Poids spécifique* = 6,74 (Nilson et Petersson). *Chaleur spécifique* = 0,0877 (N. et P.).

On l'obtient, en calcinant au contact de l'air, l'oxalate, le carbonate, le sulfate céreux, le fluorure cérique (Brauner).

Le nitrate céreux, chauffé vers 340° avec huit à dix fois son poids de nitre, se décompose en donnant du bioxyde (Debray).

Poudre dense, absolument blanche à froid, lorsqu'elle est pure, jaune à chaud. La présence du didyme le colore en rouge plus ou moins foncé.

M. Nordenskjold a obtenu des cristaux cubo-octaédriques transparents de bioxyde de cérium, en chauffant le bioxyde mélangé à un peu de borax, pendant quarante-huit heures, dans un four à porcelaine et traitant la masse obtenue par l'acide chlorhydrique. Ces cristaux avaient une densité de 6,94 à 15° C.

Le bioxyde de cérium calciné se dissout très difficilement dans l'acide azotique et dans l'acide chlorhydrique. Chauffé avec de l'acide sulfurique étendu de son poids d'eau, avec précaution, il donne du sulfate cérique jaune, sans dégager d'oxygène.

Hydrate cérique, CeO^2, $3H^2O$. — En précipitant un sel céreux, par la potasse en excès et en faisant passer dans la liqueur un courant de chlore jusqu'à non-alcalinité, il se précipite de l'hydrate cérique CeO^2, $3H^2O$ (procédé Mosander), obtenu aussi en précipitant les sels cériques par un alcali. Masse vitreuse jaune, soluble dans les acides en donnant une solution rouge oxydante. Se dissout dans l'acide chlorhydrique avec dégagement de chlore.

Peroxyde de cérium, CeO^3. — Obtenu sous forme de précipité rougeâtre, en additionnant d'un léger excès d'ammoniaque une solution de sulfate céreux et faisant digérer avec de l'eau oxygénée (Lecoq de Boisbaudran, Cleve).

Oxyde de cérium, $Ce^6O^7 = (Ce^3O^4, 3\,CeO)$ (Ce bivalent) ou CeO^2. $3C^2O^3$. — Oxyde très stable donnant des sels basiques insolubles et auquel aboutissent dans la plupart des cas l'oxydation du sesquioxyde et la réduction du bioxyde. Il se produit dans les fractionnements opérés par la méthode Debray.

Cet oxyde est encore plus stable en présence de La et Di (Wyrouboff et Verneuil). Ce^2O^3 peut être remplacé par Di^2O^3 ou La^2O^3.

M. Moissan a obtenu l'oxyde de cérium absolument blanc en partant d'un oxyde de cérium ne donnant plus en solution concentrée aucune bande d'absorption. Il le transforme en carbure. Puis on traite 300 grammes de ce carbure pulvérisé finement, par une solution très étendue d'acide nitrique, de façon à avoir une attaque limitée. Le carbure restant est repris par une nouvelle quantité d'acide, mais sans avoir de décomposition totale. La solution obtenue dans ce deuxième traitement donne, par simple calcination, un oxyde de cérium, absolument blanc, le fer étant dans la première liqueur et le thorium restant dans le résidu.

SELS CÉREUX À RADICAUX HALOGÉNÉS

Chlorures de cérium. — *Chlorure céreux*, Ce^2Cl^6. — Poids spécifique = 3,88 (Robinson). Obtenu : 1° en chauffant le cérium dans un courant de chlore;

2° En dissolvant l'oxyde céreux Ce^2O^3 dans l'acide chlorhydrique, ajoutant (comme dans la préparation du chlorure de magnésium anhydre) du chlorure d'ammonium, évaporant à siccité et calcinant le chlorure double pour chasser le chlorure d'ammonium. On obtient ainsi le chlorure anhydre mélangé d'un peu d'oxychlorure;

3° En traitant le sulfure de cérium Ce^2S^3 par un courant de chlore sec, à chaud. Le chlorure de soufre se volatilise;

4° En faisant passer un mélange d'oxyde de carbone et de chlore sec sur l'oxyde céreux chauffé (Didier) [1].

5° M. Robinson [2] le prépare en chauffant l'oxalate de cérium pur dans l'acide chlorhydrique gazeux, pur et sec, à 120-130°, pendant quelque temps, puis à 200° et enfin au rouge sombre. On fait ensuite passer un mélange d'acide carbonique et d'acide chlorhydrique. Finalement la température est portée au rouge vif et le courant de gaz carbonique arrêté. On laisse refroidir dans l'acide chlorhydrique. Puis on met dans le vide sur l'acide sulfurique, en entourant de chaux, de façon à enlever les dernières traces d'acide chlorhydrique.

---

(1) *Comptes rendus*, t. CI, p. 882.

(2) Robinson. *Royal society*, t. XXXVII, p. 150.

Anhydre, le chlorure céreux forme une masse blanche solide, déliquescente et non volatile, facilement soluble dans l'eau avec dégagement de chaleur. La solution jaunit à l'air.

L'oxyde de cérium se dissout dans l'acide chlorhydrique en donnant une solution sirupeuse, difficilement cristallisable.

Les cristaux ont pour formule, $Ce^2Cl^6 + 14H^2O$, sont déliquescents, solubles dans l'alcool, auquel ils communiquent la propriété de brûler avec une flamme verte scintillante.

Le chlorure de cérium forme divers chlorures doubles cristallisables :

$Ce^2Cl^6 . 2PtCl^4 + 27H^2O$ Cristaux tabulaires orangés (Jolin).
$Ce^2Cl^6 . 4PtCl^2 + 21H^2O$ Prismes minces, déliquescents (Nilson).
$Ce^2Cl^6 . 2SnCl^4 + 18H^2O$ Grands cristaux incolores, déliquescents (Cleve).
$Ce^2Cl^6 . AuCl^3 + 27H^2O$ Prismes jaunes déliquescents (Jolin).
$Ce^2Cl^6 . 8HgCl^2 + 21H^2O$ Cristaux cubiques.
$3Ce^2Cl^6 . 8HgCl^2 + xH^2O$ Cubes incolores (Jolin).

Il se combine avec le cyanure mercurique, en donnant un sel double cristallisé en aiguilles asbestoïdes $Ce^2Cl^6 + 6Hg(CAz)^2 + 16H^2O$ (Ahlén).

Oxychlorure de cérium, $Ce^2O^2Cl^2$. — Obtenu par Berzélius, par calcination du chlorure cristallisé, sous forme de poudre blanche.

Wœhler le prépara sous forme de poudre satinée, colorée en pourpre, en chauffant du chlorure avec du sodium.

M. Erk l'a obtenu, par électrolyse du chlorure, sous forme de paillettes argentées. M. Didier l'obtient par l'action de la vapeur d'eau au rouge sur le chlorure céreux, en écailles micacées, insolubles dans l'eau.

Bromure de cérium, Ce^2Br^6. — Se prépare par les mêmes méthodes que le chlorure. On dissout l'oxyde céreux Ce^2O^3 dans l'acide bromhydrique aqueux et on évapore. Aiguilles déliquescentes. Chauffé au contact de l'air, il est transformé en oxybromure avec dégagement de brome. Il est fusible sans décomposition, à l'abri de l'air.

Forme un sel double avec le bromure d'or (Jolin),

$$Ce^2Br^6 + 2AuBr^3 + 15H^2O$$

Tables déliquescentes, de couleur brune, presque noire.

Iodure de cérium, Ce^2I^6. — Obtenu en dissolvant l'oxyde cérique CeO^2, dans l'acide iodhydrique, transformant l'iode mis en liberté, en acide iodhydrique par l'hydrogène sulfuré, et concentrant la solution en présence d'un excès d'acide, puis mettant dans le vide sur l'acide sulfurique.

Cristaux limpides, contenant $9H^2O$, facilement altérables par la chaleur. Solubles dans l'eau et dans l'alcool.

Fluorures de cérium. — *Fluorure céreux*, Ce^2F^6. — Trouvé à l'état de minéral près de Fahlun et à Bastnaës.

Précipité gélatineux, $Ce^2F^6.H^2O$, obtenu par addition de fluorure de sodium à une solution de chlorure de cérium dans l'acide chlorhydrique dilué (Jolin). Calciné, donne CeO^2.

Fluorure cérique, $CeF^4.H^2O$. — Obtenu en traitant CeO^2, H^2O par l'acide fluorhydrique, lavant et séchant à 100° C. (Brauner).

Poudre brune amorphe, décomposable par la chaleur avec perte d'H^2O, d'acide fluorhydrique et formation de Ce^2F^6.

Chauffé fortement, au contact d'air humide, donne CeO^2 et HF.

Donne un fluorure double avec le fluorure de potassium, $2CeF^4.3KF + 2H^2O$ (Brauner). Obtenu en faisant digérer l'hydrate fraîchement précipité avec le fluorure acide de potassium. Poudre blanchâtre, insoluble dans l'eau.

Ferrocyanure de cérium et de potassium, $Ce^2K^2(CAz)^{12}Fe^2 + 6H^2O$. — Obtenu par addition de ferrocyanure de potassium, à une solution d'azotate de cérium. Précipité blanc (Jolin).

Ferricyanure de cérium, $Ce^2(CAz)^{12}Fe^2 + 8H^3O$. — Obtenu en ajoutant une solution de ferricyanure de potassium à une solution d'azotate de cérium et additionnant d'alcool (Jolin).

Platinocyanure de cérium, $Ce^2(CAz)^{12}Pt^3 + 18H^2O$. — Prismes jaunes ou verts à reflet bleu et jaune. Densité = 2,657.

Ce sel est absolument isomorphe avec le sel de didyme (Topsoë).

Sulfure de cérium, Ce^2S^3. Densité = 5,1. — Obtenu par calcination du bioxyde dans la vapeur de sulfure de carbone ou d'hydrogène sulfuré, ou en chauffant l'oxyde de carbone avec du foie de soufre. Ce dernier procédé permet de l'obtenir en paillettes jaune d'or, semblables à l'or mussif. Ce sulfure ne s'altère ni à l'air, ni dans l'eau. Chauffé, il s'enflamme, même au-dessous du rouge. Les acides le décomposent avec production d'hydrogène sulfuré, sans dépôt de soufre. M. Didier, prépare le sulfure cristallisé, en chauffant à 950° dans un courant d'hydrogène sulfuré le chlorure céreux mélangé à du sel marin.

Séléniure de cérium. — Obtenu par Mosander, en chauffant du sélénite de cérium dans un courant d'hydrogène. Poudre brunâtre, dégageant de l'hydrogène sélénié par les acides. Chauffé, s'oxyde en donnant un sélénite blanc, basique. N'est pas attaqué par l'eau.

Phosphure de cérium. — Mosander obtint le phosphure de cérium, mélangé de phosphate, en chauffant le bioxyde CeO^2, dans un courant d'hydrogène phosphoré.

Siliciure de cérium, Ce^2Si^3 — Ullik a obtenu le siliciure de cérium en faisant passer le courant électrique produit par 8 éléments Bunsen, à travers un mélange fondu de fluorure de potassium et de fluorure céreux, contenu dans un creuset de porcelaine et traitant par l'eau la masse brune déposée au pôle négatif. Le silicium provient du creuset qui est fortement attaqué. Le siliciure brûle au contact de l'air. Il est composé de 23,19 p. 100 de silicium et 76,21 p. 100 de cérium.

Carbure de cérium, C^2Ce. — Obtenu par Mosander et par Delafontaine, sous forme de poudre noire, en chauffant à l'abri de l'air ou dans un courant d'hydrogène, l'oxalate ou le formiate de cérium. M. C. Petersson (1), appliquant la méthode de Moissan, n'a préparé que les carbures de lanthane, yttrium, erbium et holmium.

M. Moissan, dans sa série de remarquables travaux sur les carbures des terres rares, a préparé le carbure de cérium de la façon suivante :

Le bioxyde de cérium (192 p.) est intimement mélangé avec du charbon de sucre (48 p.), de façon à satisfaire à l'équation.

$$CeO^2 + 4C = C^2Ce + 2CO$$

La réduction se fait au four électrique à une tempé-

---

(1) Petersson. *Comptes Rendus de l'Académie Royale Suédoise,* 2e série, t. II, no 1.

rature relativement basse. L'oxyde fond d'abord, puis il se produit un bouillonnement dû au dégagement d'oxyde de carbone. Lorsque le produit est en fusion tranquille, on arrête la chauffe. L'opération a lieu dans un tube de charbon, fermé à une extrémité. On peut ainsi réduire 100 grammes d'oxyde de cérium, en huit ou dix minutes, avec un courant de 300 ampères et de 60 volts. 600 grammes sont réduits en trois minutes avec un courant de 300 ampères et 50 volts. M. Moissan a ainsi préparé plus de 4 kilogrammes de carbure de cérium.

Le carbure de cérium, se présente sous forme d'un culot homogène, à cassure cristalline. Il se délite facilement au contact de l'air en se couvrant d'une poudre couleur chamois, et en même temps, il se dégage une odeur alliacée caractéristique, ressemblant à celle de l'allylène.

Examiné au microscope, dans la benzine, le carbure, finement pulvérisé, présente des fragments cristallins, parmi lesquels se rencontrent des parties d'hexagone, nettes, transparentes et d'un jaune rougeâtre.

La densité du carbure (dans la benzine) = 5,23. Le chlore l'attaque vers 230°, en donnant du chlorure de cérium, qui empâte le graphite. Le brome et l'iode, réagissent de même avec incandescence, mais à des températures supérieures. Le fluor ne l'attaque pas à froid, mais par une chauffe légère, il se produit une vive incandescence et il se dégage du fluorure de cérium blanc et volatil.

Le carbure de cérium brûle dans l'oxygène, au rouge, avec un vif éclat en donnant un résidu cristallin d'oxyde et en dégageant de l'acide carbonique. La réaction est complète et a servi à M. Moissan, de procédé de dosage.

Il brûle dans la vapeur de soufre, avec incandescence, en donnant un sulfure décomposable par les acides, et dégageant de l'hydrogène sulfuré. Au-dessus du rouge sombre, le sélénium réagit de même.

L'azote et le phosphore sont sans action, à la température de ramollissement du verre.

Le carbure de cérium fondu dissout le carbone, lequel cristallise dans la masse sous forme de graphite.

L'acide chlorhydrique gazeux, attaque le carbure de cérium à 650°, avec incandescence. Il se dégage de l'hydrogène et on obtient un chlorure mélangé à un volumineux résidu de charbon. L'acide iodhydrique, au rouge sombre, réagit de même.

L'hydrogène sulfuré au rouge, donne un mélange de graphite et de sulfure. A 600°, l'ammoniaque ne donne pas d'azoture. Il est attaqué avec incandescence par le chlorate et le permanganate de potassium fondus. L'azotate de potassium agit moins énergiquement.

La potasse et le carbonate de potassium fondus le décomposent avec grand dégagement de chaleur, production d'hydrogène et d'un oxyde blanc jaunâtre.

Il est inattaqué à froid par l'acide sulfurique concentré ; à chaud il y a dégagement d'acide sulfureux. L'acide azotique fumant, ne l'attaque pas.

La réaction caractéristique du carbure de cérium est celle qu'il fournit au contact de l'eau. Quelques gouttes d'eau tombant sur un fragment de carbure dégagent assez de chaleur pour qu'il y ait vaporisation du liquide. En présence d'eau en excès, la réaction, violente en commençant, se calme et ne se termine qu'au bout de dix à douze heures. On obtient un hydrate de cérium blanc, qui au contact de l'air prend une coloration lie de vin.

Les gaz qui se dégagent, formés en majeure partie d'acétylène et de méthane, ont donné à l'analyse les résultats suivants :

TABLEAU XXIII

	1	2	3	4	5
Acétylène.	75	75,50	76,69	76,42	75,64
Éthylène	3,52	4,23	—	—	—
Méthane	21,48	20,27	—	—	—

Ces chiffres ont été obtenus avec des carbures bien exempts de calcium et traités à la température ordinaire par un excès d'eau. Lorsqu'on décompose le carbure de cérium, par de l'eau glacée, la proportion des carbures varie nettement,

TABLEAU XXIV

	1	2	3
Acétylène.	78,47	79,7	80
Éthylène	2,63	—	—
Méthane	18,90	—	—

La proportion d'acétylène varie encore, si l'on décompose par des acides étendus au lieu d'eau.

Un carbure de cérium, qui en présence d'un excès d'eau pure à la température ordinaire, donne 71 p. 100 d'acétylène, n'en donne plus que 65,8 p. 100, avec l'acide chlorhydrique étendu et 83 p. 100, avec l'acide azotique.

Les analyses exécutées, ont conduit à adopter la formule C^2Ce pour ce carbure.

Hydrure de cérium, CeH^2. — M. Ch. Winkler [1], en

---

[1] *Bull. Soc. Chim.*, (3), 6, 168.

chauffant dans un courant d'hydrogène un mélange de 43 parties de bioxyde de cérium et de 16 parties de magnésium, a observé une réaction vive, accompagnée d'incandescence et de la volatilisation d'une partie du magnésium. Il a ainsi obtenu un produit brun pyrophorique, formé d'un mélange de magnésie et d'hydrure de cérium. L'eau chaude l'attaque vivement avec dégagement d'hydrogène. L'acide chlorhydrique le dissout facilement. L'hydrure peut être isolé, en projetant le produit brut par pincées, dans une solution de chlorure d'ammonium refroidie à — 15° et agitant constamment. Au bout de quelques heures, on filtre, on lave à l'eau glacée, à l'alcool, à l'éther et on sèche dans le vide. On obtient une poudre jaune grisâtre, pyrophorique, s'attaquant par l'acide chlorhydrique avec dégagement rapide d'hydrogène et formation de chlorure céreux. L'acide concentré peut donner lieu à inflammation. L'hydrure déflagre vivement, en contact avec l'acide nitrique fumant. Mélangé aux azotates et aux chlorates, il détone violemment sous le choc. Il réduit les solutions des métaux lourds.

SELS CÉREUX A RADICAUX OXYGÉNÉS

Perchlorate céreux, $Ce^2(ClO^4)^6 + 16H^2O$. — Tables minces déliquescentes (Jolin).

Bromate céreux, $Ce^2(BrO^3)^6 + 18H^2O$. — Masse radiée très soluble (Rammelsberg). Isomorphes avec le sel de didyme.

Iodate céreux, $Ce^2(IO^3)^6 + 4H^2O$ (Jolin). Poudre blanche amorphe. Décomposable par les acides. A 100° perd H^2O.

Azotate céreux, $Ce(AzO^3)^3 + 6H^2O$. — Obtenu en dissolvant Ce^2O^3 ou CeO^2 (en présence de matières réductrices) dans l'acide nitrique, évaporant et desséchant sur l'acide sulfurique ; ou par double décomposition entre le sulfate de cérium et l'azotate de baryum.

Masse radiée, déliquescente. Très soluble dans l'eau et l'alcool. A 150° perd $2H^2O$ et se décompose à 200° C. (Lange).

Forme plusieurs sels doubles, obtenus en faisant cristalliser les solutions mélangées des nitrates.

Azotate de cérium et de potassium. — Petits cristaux incolores.

Azotate de cérium et d'ammonium. — Poudre cristalline. Très soluble dans l'eau et l'alcool. Déliquescent.

Azotate de cérium et de magnésium. — Gros cristaux hexagonaux. Très solubles dans l'eau et l'alcool. Un peu déliquescents.

Azotate de cérium et de zinc. — Cristaux volumineux, incolores.

Azotate de cérium et de manganèse. — Grands cristaux rouges, perdant la moitié de leur eau à 150° C.

Azotate de cérium et de cobalt. — Cristaux bruns et déliquescents, isomorphes avec le sel précédent.

Azotate de cérium et de nickel. — Grands cristaux vert-émeraude. Inaltérables à l'air, isomorphes avec les précédents.

Platinonitrite céreux, $Ce^2(4AzO^2Pt)^3 + 18H^2O$. — Grands cristaux tabulaires, jaunâtres. Solubles dans l'eau. Perdent $15H^2O$ à 100° C. (Nilson).

Platinoiodonitrite céreux, $Ce^2(Az^2O^4I^2Pt)^3 + 18H^2O$. — Masse verdâtre (Nilson).

Sulfates céreux.

Sulfate céreux anhydre, $Ce^2(SO^4)^3$.

Poids spécifique = 3.916 (Petersson).

Chaleur spécifique = 0.1168 (Nilson et Petersson).

Obtenu par calcination des sulfates hydratés, au-dessus du rouge. Poudre blanche terreuse, qui, calcinée énergiquement laisse du bioxyde de cérium. Se dissout dans l'eau glacée, lorsqu'il y est projeté *par petites portions*. Calciné dans l'hydrogène, dans l'azote, ou dans l'acide carbonique, il fournit un mélange des oxydes céreux Ce^2O^3 et cérique CeO^2 (Bührig).

100 parties d'eau à 0° dissolvent 16 parties de sulfate anhydre; à 26° C., 8 parties; et à 100°, 2 parties (Jolin).

D'après Bührig :

100 parties d'eau à	20°	dissolvent	8,3	parties.
—	45°	—	8,08	—
—	60°	—	4,95	—
—	100°	—	0,505	—

Sulfate céreux hydraté. — Il existe toute une série de sulfates céreux hydratés, dont les conditions de formation et les propriétés sont loin d'être élucidées. Ces conditions sont très différentes, et, suivant que la liqueur contient ou ne contient pas, un peu d'acide sulfurique libre, on obtient l'un ou l'autre de ces divers hydrates.

Le sulfate céreux, même bien cristallisé, retient l'acide sulfurique libre avec une grande ténacité.

On connaît donc :

$Ce^2(SO^4)^3 + 5H^2O$. — Obtenu en faisant cristalliser la solution concentrée par évaporation au bain-marie du sel anhydre.

Prismes incolores et radiés, inaltérables à l'air.

Poids spécifique = 3,22 à 3,243 (Petersson).

Chaleur spécifique = 0,1999 (Nilson et Petersson).

De 190 à 200°, le sel perd $4H^2O$.

$Ce^2(SO^4)^3 + 6H^2O$. — Se forme à peu près dans les mêmes conditions que le précédent (Jolin).

$Ce^2(SO^4)^3 + 8H^2O$. — Poids spécifique à 17° = 2,885 (Wyrouboff et Verneuil). Obtenu en faisant dissoudre le sulfate déshydraté vers 400°, dans 10 fois son poids d'eau et faisant cristalliser vers 60°.

On obtient ainsi en vingt-quatre heures un abondant dépôt cristallin, 100 parties d'eau à 20° dissolvent 15 parties de ce sel (Jolin).Chauffé à 250°, il se déshydrate complètement (Wyrouboff et Verneuil). Brauner indique la température de 400° pour la déshydratation complète. A 500° ce sel jaunit par un commencement d'oxydation. Contrairement à cela, MM. Wyrouboff et Verneuil indiquent que le sel, une fois déshydraté, supporte la température de 500° C. sans subir la moindre décomposition. L'oxydation qui peut avoir lieu à 500° serait due, d'après Nilson, à la présence d'une trace de thorine.

$Ce^2(SO^4)^3 + 9H^2O$. — Obtenu par évaporation à la température de 40-50° d'une solution de sulfate de cérium. Petits prismes isomorphes avec le sel de lanthane.

$Ce^2(SO^4)^3 + 12H^2O$. — Obtenu par l'évaporation, à la température ordinaire, d'une solution de sulfate de cérium. Aiguilles minces, efflorescentes.

Sulfate acide de cérium, $Ce(SO^4H)^3$. — Obtenu en dissolvant le sulfate céreux dans l'acide sulfurique concentré et évaporant la solution.

Petites aiguilles très brillantes. Ce sel absorbe l'eau extrêmement rapidement et devient opaque au contact de l'air (Wyrouboff). Le sulfate céreux forme une série de sulfates doubles, obtenus par mélange et évaporation des solutions des sulfates.

Sulfates céroso-potassiques.

1° $Ce^2(SO^4)^3 + 3K^2SO^4$. — Croûtes cristallines, peu solubles dans l'eau et insolubles dans une solution saturée de sulfate potassique (Hermann, Crudnowicz, Jolin).

2° $Ce^2(SO^4)^3 + 2K^2SO^4 + 2H^2O$. — Obtenu en mélangeant les solutions de 1 partie de sulfate céreux et 2 parties de sulfate de potassium (Hermann).

3° $2Ce^2(SO^4)^3 + 2K^2SO^4$ (Hermann).

4° $Ce^2(SO^4)^3 + K^2SO^4 + 2H^2O$. — Obtenu en mélangeant les solutions de 2 parties de sulfate céreux et 1 partie de sulfate de potassium (Czudnowicz).

L'insolubilité du sulfate double de cérium et de potassium est utilisée dans les séparations de cet élément d'avec les terres yttriques.

Sulfate céroso-sodique, $Ce^2(SO^4)^3 + Na^2SO^4 + 2H^2O$. — Poudre blanche cristalline, peu soluble dans l'eau. Insoluble dans une solution saturée de sulfate de sodium (Jolin).

Sulfate céroso-ammonique, $Ce^2(SO^4)^3 + Am^2SO^4 + 7H^2O$. — Prismes aplatis, brillants. Assez solubles (Jolin).

Sulfates thalloso-céreux, $Ce^2(SO^4)^3 + 3Tl^2SO^4 + H^2O$. — Par mélange des solutions concentrées. Précipité cristallin. $Ce^2(SO^4)^3 + Tl^2SO^4 + 2H^2O$. Se dépose par évaporation des solutions mélangées des sels simples. Croûtes cristallines (Zschiesche).

Sulfate céroso-lutéo-cobaltique, $Ce^2(SO^4)^3 + Co^2(AzH^3)^{12}(SO^4)^3 + H^2O$. — Précipité cristallin de couleur jaune (Wing).

Sulfate céroso-roséocobaltique, $Ce^2(SO^4)^3 + Co^2(AzH^3)^{10}(SO^4)^3 + 5H^2O$. — Obtenu avec un excès de sel de cobalt (Wing).

Sulfite céreux, $Ce^2(SO^3)^3 + 3H^2O$. — Obtenu en dissolvant le carbonate céreux dans la solution d'acide sulfureux, chauffant la solution. Petits prismes qui se redissolvent par le refroidissement (Jolin).

Hyposulfate céreux, $Ce^2(S^2O^6)^2 + 24H^2O$. — Obtenu

par double décomposition entre l'hyposulfate de baryum et le sulfate céreux.

Grands cristaux hexagonaux inaltérables à l'air, facilement solubles dans l'eau (Jolin).

Sélénites céreux. — On en connaît quatre :

1° $Ce^2(SeO^3)^3$. — Obtenu en additionnant une solution d'acétate céreux, d'acide sélénieux, ou en précipitant par l'ammoniaque un mélange d'acide sélénieux et d'azotate céreux (Jolin).

Séché sur l'acide sulfurique il contient $3H^2O$ (Jolin). et séché entre des doubles de papier $12H^2O$ (Nilson).

Poudre blanche amorphe, insoluble.

2° $Ce^2(SeO^3)^3 + SeO^2 + 5$ ou $6H^2O$. — Obtenu par l'action de l'acide sélénieux sur le carbonate céreux (Jolin), ou sur le sélénite basique (Nilson).

Petites aiguilles fines, insolubles dans l'eau, solubles dans l'acide sélénieux.

Inaltérables à l'air.

3° $Ce^2 (SeO^3)^3 + 3 SeO^2 + 5 H^2O$. — Obtenu par digestion du sel basique avec un grand excès d'acide sélénieux. Feuillets microscopiques, indécomposables par l'eau.

4° $2 Ce^2O^3, 5 SeO^2 + 30H^2O$. — Ce sel basique est obtenu par précipitation du sulfate céreux par addition de sélénite de sodium. Précipité blanc, amorphe.

Séléniates céreux. — Les séléniates céreux cristallisent avec 6, 9 et 12 H^2O (Jolin) :

1° $Ce^2 (SeO^4)^3 + 6 H^2O$. — Aiguilles minces, rayonnées. Perdent 2 H^2O à 100° C.

2° $Ce^2 (SeO^4)^3 + 9 H^2O$. — Obtenu par évaporation d'une solution acide au bain-marie.

Ne perd rien à 100° C.

3° $Ce^3 (SeO^4)^3 + 12 H^2O$. — Obtenu par évaporation sur l'acide sulfurique. Aiguilles fines. Le séléniate céreux forme des sels doubles de potassium, de sodium et d'ammonium.

$Ce^2 (SeO^4)^3 + 5 K^2SeO^4$. — Croûtes blanches, plus solubles que le sulfate double.

$Ce^2 (SeO^4)^3 + Na^2SeO^4 + 5 H^2O$. — Petits cristaux incolores.

$Ce^2 (SeO^4)^2 + Am^2SeO^4 + 9 H^2O$. — Prismes incolores, aisément solubles.

Molybdate de cérium, $Ce^2 (MoO^4)^3$. — Par fusion de l'oxyde cérique avec du molybdate acide de sodium. Cristallise en octaèdres quadratiques (Didier).

Le molybdate de sodium précipite le sulfate de cérium incomplètement.

Tungstate de cérium. — Le sulfate de cérium donne, avec le tungstate de soude, un précipité $(TuO^4)^3Ce^2+3H^2O$ qui, chauffé pendant quatre heures au four Perrot, se change en une masse jaune soufre (Cossa).

En fondant le sel précipité avec du chlorure de potassium, M. Cossa a obtenu le tungstate cristallisé en octaèdres, isomorphes avec la scheelite. M. Didier a décrit le même sel.

Tungstate de cérium et de sodium. — Obtenu en dissolvant de l'oxyde de cérium et de l'acide tungstique dans du tungstate de soude fondu. On obtient deux sels, un soluble, l'autre insoluble, de couleur jaune sale, cristallisé en octaèdres quadratiques.

Chlorotungstate de cérium, $CeClO, TuO^3$ (?). — Obtenu en fondant en dehors de toute action réductrice ou oxydante un mélange d'une partie de chlorure de cérium anhydre et d'une partie de tungstate de sodium. Cristaux orthorhombiques jaune miel, Densité 6,1.

Phosphates céreux.

Métaphosphate de cérium. — Obtenu par M. Rammelsberg en calcinant le résidu laissé par l'évaporation de l'hypophosphite de cérium, avec de l'acide azotique.

Anhydro-métaphosphate céreux, Ce^2O^3, 5 P^2O^5. — Par l'action de l'acide métaphosphorique fondu sur le sulfate de cérium et lixiviation de la masse refroidie. Cristaux microscopiques, infusibles au chalumeau, insolubles dans les acides (Johnson).

Orthophosphate céreux, $CePO^4$. — Le métaphosphate de potassium fondu donne avec l'oxyde cérique des prismes clinorhombiques jaunes insolubles dans les acides (Ouvrard).

Radominsky l'obtient cristallisé par calcination du phosphate précipité du chlorure de cérium. Cristaux incolores semblables à la monazite.

On obtient le sel hydraté, en additionnant d'acide orthophosphorique une solution de sulfate céreux. Précipité blanc ayant pour formule après dessiccation sur l'acide sulfurique, $Ce^2 (PO^4)^2 + 4 H^2O$ (Jolin).

Se trouve dans la nature, où il forme le minéral nommé *monazite* ou *edwarsite* dont les gisements se multiplient grâce aux recherches faites en vue de l'appliquer à la fabrication des manchons incandescents. (Voir *Minéralogie*, p. 16.)

Orthophosphate de cérium et de potassium, $CeK^3 (PO^4)^2$. — Obtenu en saturant d'oxyde cérique le pyro ou l'orthophosphate de potassium à la température du rouge vif.

Prismes droits à base rhombe. Densité = 3,8. Soluble dans les acides (Ouvrard).

Orthophosphate de cérium et de sodium, $CeNa^3 (PO^4)^2$. — Obtenu comme le sel précédent (Ouvrard).

Pyrophosphate céreux, $CeHP^2O^7 + 3 H^2O$. — Obtenu par l'action de l'acide pyrophosphorique sur le carbonate de cérium. Aiguilles microscopiques disposées en boules (Jolin).

Pyrophosphate de cérium et de sodium, $CeNaP^2O^7$. —

Obtenu par l'action du sel de phosphore fondu sur l'oxyde de cérium. Prismes microscopiques (Walroth).

Vanadate du cérium, $CeVO^4$.— Obtenu par fusion du vanadate trisodique avec du chlorure de cérium, ou par fusion du vanadate précipité avec un grand excès de chlorure de sodium.

Longues aiguilles de couleur foncée et dichroïques (Didier).

En évaporant des solutions mélangées et filtrées de vanadate d'ammoniaque et de sulfate de cérium on obtient des cristaux rouge-grenat, peu solubles, ayant pour composition : $5\ V^2O^5,\ Ce^2O^3 + 27\ H^2O$ (Didier). Densité = 2,387.

La forme cristalline est asymétrique et isomorphe avec celle des sels correspondants d'yttrium et de lanthane (Cleve).

Arséniate céreux. — Hisinger et Berzélius obtinrent un sel peu caractérisé en faisant digérer l'oxyde de cérium impur avec l'acide arsénique en excès.

Carbonate céreux, $Ce^2\ (CO^3)^3 + 5\ H^2O$. — Obtenu en précipitant une solution d'un sel céreux par le carbonate d'ammonium. Il se dégage de l'acide carbonique. Le précipité devient cristallin après quelques jours de repos Se présente sous forme de lamelles micacées. Insoluble dans l'eau. Peu soluble dans les carbonates ou bicarbonates alcalins. On le trouve dans la nature, combiné au fluorure de calcium (*Parisite*).

Fluocarbonate de cérium. — Se trouve dans la nature où il constitue l'*hamartite* de Bastnaës. (Voir *Minéralogie*, p. 3.)

La *Kyschtimite* est aussi un fluocarbonate de cérium.

Carbonate céroso-potassique, $Ce^2\ (CO^3)^3 + K^2CO^3 +$

3 H^2O. — Obtenu en ajoutant une solution d'un sel céreux à une dissolution bouillante de bicarbonate de potassium, introduisant dans un flacon clos qu'on remplit complètement et laissant digérer pendant quelques jours (Jolin). Aiguilles minces à éclat argentin.

Carbonate céroso-sodique, $Ce^2 (CO^3)^3 + 2\ Na^2CO^3 + 2\ H^2O$. — Obtenu, comme le sel précédent, en employant le carbonate de sodium. Poudre blanche, lourde, cristalline (Jolin).

Silicate de cérium, $Ce^4 (SiO^4)^3$. — Il se trouve dans la nature, où il forme la *cérite*, le principal minérai de cérium (voir *Minéralogie*, p. 7), dans la *gadolinite*, l'*orthite*, etc. On l'obtient artificiellement en fondant un mélange d'oxychlorure de cérium, de silice et de sel marin. Cristaux orthorhombiques (Didier).

Chlorosilicate de cérium. — Le chlorure anhydre de cérium, calciné avec de la silice dans un courant d'azote, donne de longues aiguilles incolores contenant :

60,90 à 62,10 de cérium.
23,17 à 23,36 de chlore.
9,21 à 9,74 de silice (Didier).

Chromate de cérium, $[Ce (OH^2)]^2 CrO^4 + 4\ H^2O$. — Le bichromate de potassium, ainsi que le chromate, précipitent les sels de cérium.

Le chlorure de cérium précipite par le chromate neutre d'ammonium. Le précipité est soluble dans l'acide acétique étendu, et cette solution donne par évaporation une poudre jaune ayant la composition ci-dessus (Didier).

SELS CÉRIQUES A RADICAUX OXYGÉNÉS

Azotate cérique, $Ce(AzO^3)^4$.

Obtenu en dissolvant l'hydrate cérique dans l'acide nitrique et évaporant. L'eau précipite un sel basique. Masse orangée, déliquescente.

Azotate cérico-potassique, $2[Ce(AzO^3)^4 + 2\,KAzO^3] + 3\,H^2O$.

Prismes hexagonaux, de coloration orangée.

Azotate cérico-sodique. — Aiguilles rouges.

Azotate cérico-ammonique, $2[Ce(AzO^3)^4 + 2\,Am\,AzO^3] + 3\,H^2O$. — Petits cristaux orangés, déliquescents (Holzmann).

Sulfates cériques, $Ce(SO^4)^2 + 4H^2O$.

Obtenu en dissolvant le bioxyde dans l'acide sulfurique étendu de son poids d'eau et chauffant graduellement jusqu'à élimination de l'eau et de l'excès d'acide sulfurique.

Par la concentration il se dépose d'abord un sulfate céroso-cérique ayant pour formule $Ce^2(SO^4)^3, 3[Ce(SO^4)^2] + 31\,H^2O$ en cristaux rouges hexagonaux, puis le sulfate cérique se dépose sous forme d'une masse jaune, soluble en jaune dans l'eau, en présence d'un excès d'acide.

Les solutions du sulfate cérique et du sulfate céroso-cérique sont décomposables par l'eau, en donnant des sulfates basiques à composition variable, selon la quantité d'eau employée.

Sulfate cérico-potassique, $Ce(SO^4)^2 + 2K^2SO^4 + 2H^2O$.

Obtenant par mélange des solutions des deux sulfates.

Précipité jaune cristallin, insoluble dans une solution saturée de sulfate de potassium.

Les précipités obtenus en employant le sulfate céroso-cérique peuvent être considérés comme des mélanges de sulfate cérico-potassique et de sulfate céroso-potassique.

Sulfates cérico-ammoniques. — Obtenus par évaporation des mélanges des solutions des sulfates. On obtient deux cristallisations distinctes : 1° de petits cristaux jaunes $Ce^2O^3, 6CeO^2, 12(AzH^4)^2O, 27SO^3 + 12H^2O$; 2° de grands cristaux clinorhombiques rouges et trichroïques : $Ce(SO^4)^2 + 3Am^2SO^4 + 3H^2O$ (Rammelsberg).

SELS DE CÉRIUM A RADICAUX ORGANIQUES

Formiate céreux, $(CHO^2)^6 Ce^2$.

Obtenu en additionnant de formiate d'ammonium une solution de sulfate céreux.

Poudre blanche, légère, cristalline, peu soluble (une partie dans 360 parties d'eau). Chauffé, il dégage une fumée brûlante d'oxyde (Jolin).

Acétate céreux, $(C^2H^3O^2)^6 Ce^2 + 3H^2O$.

L'acétate céreux s'obtient par double décomposition entre le sulfate céreux et l'acétate de baryum.

Masses globulaires de petits cristaux soyeux, plus solubles dans l'eau froide que dans l'eau chaude (Czudnowicz, Jolin, Lange). Suivant M. Erk, on obtient pendant la séparation du cérium par la méthode de Popp, un précipité jaune clair, soluble dans l'eau, insoluble dans l'acétate de soude et ayant pour formule $(C^2H^3O^2)^2 Ce^2O^3 (OH)$.

Propionate céreux, $(C^3H^5O^2)^6 Ce^2 + 6H^2O$.

Obtenu sous forme d'aiguilles incolores, par évaporation de la solution, sur l'acide sulfurique (Cleve).

Oxalates de cérium.

Oxalate céreux, $(C^2O^4)^3\,Ce^2 + 9H^2O$.

Obtenu en additionnant une solution d'un sel céreux, d'acide oxalique ou d'un oxalate soluble.

Précipité blanc, cristallin, presque insoluble dans l'eau, peu soluble dans les acides étendus (Jolin).

D'après Erk et Holzmann, ce sel contiendrait $12H^2O$.

Très peu soluble dans une solution bouillante d'oxalate d'ammonium, il ne forme pas de sel double avec l'oxalate de potassium (Jolin). Chauffé, il se décompose en donnant H^2O, CO, CO^2, de l'oxyde de cérium et un peu de carbure de cérium (Berzelius).

Succinate céreux, $2\,[(C^4H^4O^4)^3\,Ce^2] + 9H^2O$.

Obtenu par double décomposition avec le succinate d'ammonium.

Poudre formée d'aiguilles microscopiques, solubles dans un excès du précipitant (Crudnowicz).

Tartrate céreux, $(C^4H^4O^6)^3\,Ce^2 + 4\,{}^1/_2\,H^2O$.

Obtenu en précipitant le sulfate de cérium par une quantité suffisante de tartrate neutre d'ammonium.

L'acide tartrique ne précipite pas les sels de cérium.

Précipité blanc, amorphe, insoluble dans l'eau, très soluble dans les acides, les alcalis et les tartrates alcalins.

Citrate céreux, $(C^6H^5O^7)^2\,Ce^2 + 7H^2O$.

Précipité volumineux, puis cristallin, soluble dans les acides, même dans l'acide citrique et le citrate de sodium (Crudnowicz). La solution du sel neutre dans l'acide citrique donne par évaporation un sel acide, sous forme de masse gommeuse (Berzélius).

Sulfocyanate céreux, $(CAzS)^3\,Ce + 7H^2O$.

Prismes incolores, déliquescents, très solubles dans l'eau et l'alcool.

Donne un sel double avec le cyanure de mercure

$$(CAz\,S)^3\,Ce + 3(CAz)^2\,Hg + 12H^2O$$

Cristaux tabulaires, devenant opaques à l'air, perdant 7 H^2O sur l'acide sulfurique et 3 H^2O en plus à 100°. Très solubles dans l'eau chaude (Jolin).

Benzoate céreux, $(C^7H^5O^2)^6\,Ce^2 + 6H^2O$.

Poudre grenue, cristalline, peu soluble dans l'eau, très soluble dans les acides et dans un excès de sulfate de cérium. Insoluble dans un excès du précipitant (Crudnowicz).

Hippurate céreux, $(C^9H^8AzO^3)^6\,Ce^2 + 8H^2O$.

Aiguilles microscopiques, très solubles dans les acides, même dans l'acide hippurique, dans le sulfate céreux, mais pas dans les hippurates alcalins (Crudnowicz).

Picrate céreux, $[C^6H^2(AzO^3)^3O]^6\,Ce^2 + 18\,H^2O$.

Grands prismes striés, aplatis, très solubles dans l'eau chaude. Le sel fond avant de se dissoudre dans l'eau bouillante. Il est explosif (Cleve).

LANTHANE

Constantes physiques. — *Poids atomique* La = 138,64 (Clarke); 138,21 (Brauner, 1891).

Chaleur spécifique = 0,04637 (Hillebrand et Norton).

Poids spécifique = 6,049 à 6,163.

Point de fusion = entre celui de Sb (450°) et celui d'Ag (950°).

Volume spécifique $= \frac{PA}{P.S} = 22,4$.

Historique. — Nous avons vu, à l'historique du cérium,

que Mosander, en 1839, reprenant l'étude de la cérite, parvint après de patientes recherches à la dédoubler en oxyde de cérium et en un nouvel oxyde qu'il nomma oxyde de *lanthane*, de λανθάνειν, qui veut dire *être caché*.

Etat naturel. — Accompagne le cérium dans presque tous ses minéraux, dans la scheelite de Meymac, dans la staffellite de Nassau, dans le marbre de Carrare, dans les os, etc.

La *lanthanite* de Bethléem, en Pensylvanie, est un carbonate de lanthane et de didyme. (Lawrence Smith, *Amer. Scien.* (2), 18.)

Poids atomique et classification. — Le poids atomique a été déterminé :

1° Par l'analyse du sulfate (Marignac, 138,54 — 138,81).

2° Par la synthèse du sulfate (Cleve, 139,15; Brauner, 138,28).

3° Par la calcination de l'oxalate (Marignac).

M. Brauner, dans une récente détermination, a trouvé 138,21.

Se basant sur la composition d'un grand nombre de composés du lanthane et sur l'isomorphisme de ses sels avec ceux du cérium, M. Cleve a proposé la formule La^2O^3 pour l'oxyde, formule vérifiée par la chaleur spécifique du métal, déterminée par Hillebrand et Norton.

Nous considérerons le lanthane comme triatomique et nous emploierons les formules correspondantes.

Les sels de lanthane sont isomorphes avec ceux correspondants de cérium, d'après Marignac et Topsoë.

Préparation et propriétés du lanthane. — Le potassium ne réduit pas l'oxyde de lanthane, mais le chlorure de lanthane anhydre (desséché dans un courant d'acide chlorhydrique sec) se réduit facilement par le sodium ou le potassium.

Le lanthane a été obtenu par Hillebrand et Norton, par la méthode déjà suivie pour extraire le cérium (voir p. 67). Le lanthane est un métal blanc, malléable et ductile, se martelant et fondant à peu près à la même température que le cérium. Il s'oxyde assez rapidement à l'air, surtout en présence d'humidité, et se comporte avec les divers métalloïdes ou acides, comme le cérium.

Il brûle avec éclat lorsqu'il est projeté en petits fragments dans une flamme.

Il décompose l'eau à froid, en dégageant de l'hydrogène, et donne un hydrate gélatineux.

Oxyde de lanthane, La^2O^3.

Poids spécifique = 5,94 (Hermann), 6,53 (Cleve), 6,48 (Nilson et Petersson).

Chaleur spécifique = 0,0749 (Nilson et Petersson).

Obtenu par calcination de l'hydrate, du carbonate, de l'azotate ou de l'oxalate de lanthane.

Poudre blanche amorphe, diamagnétique, irréductible dans un courant d'hydrogène. C'est *la base la plus puissante de toutes les Terres rares*, ainsi que le démontrent les déterminations thermochimiques de Thomsen.

Chaleur de neutralisation de l'hydrate = 27 470 cal. pour une molécule d'acide sulfurique, H^2SO^4. = 25 020 cal. pour 2 molécules d'acide chlorhydrique, HCl.

C'est donc une base plus énergique que le protoxyde de manganèse et moins forte que les oxydes alcalins et alcalino-terreux. Nordenskjöld a obtenu l'oxyde cristallisé en fondant pendant assez longtemps l'oxyde amorphe avec du borax.

L'oxyde de lanthane s'extrait ordinairement de la cérite, et il est très difficile de l'obtenir abs olumentpur de praséodyme.

Pour la séparation d'avec les oxydes de cérium et pour le traitement de ce minéral, voir à la partie analytique.

Peroxyde de lanthane.

Obtenu par Mosander, en précipitant un sel de lanthane neutre par du bioxyde de baryum. Par dessiccation il perd de l'oxygène.

Cleve, en précipitant un sel de lanthane par un alcali et de l'eau oxygénée, a obtenu La^4O^9.

Hydrate de lanthane, $La^2(OH)^6$. — Se forme directement par union de l'oxyde avec l'eau (Cleve).

Obtenu par précipitation des sels de lanthane par un alcali.

SELS DE LANTHANE A RADICAUX HALOGÉNÉS

Seuls, le chlorure, le bromure et le fluorure ont été isolés.

Chlorure de lanthane, $La^2Cl^6 + 15\ H^2O$.

Obtenu par dissolution de l'oxyde de lanthane dans l'acide chlorhydrique.

On évapore à sec au bain-marie et on reprend par l'eau.

Si on opère à une température supérieure, on a un résidu insoluble d'oxychlorure.

Le résidu repris par l'eau et évaporé à consistance sirupeuse donne de grands cristaux tricliniques.

On peut obtenir le chlorure à l'état fondu, en calcinant le chlorure double de lanthane et d'ammonium, on obtient ainsi une masse cristalline radiée, soluble dans l'alcool (Hermann). Il se combine au cyanure mercurique en donnant un sel double cristallisé, $La^2Cl^6 + 6\ Hg\ (CAz)^2 + 16\ H^2O$ (Allen).

Oxychlorure de lanthane, $La^2Cl^2O^2$.

Obtenu par l'action du chlore sur l'oxyde chauffé.

Poudre blanche (Frerichs et Smith. *Liebig's Ann.*); Cleve (*Bull. Soc. Chim.*, 19, p. 493).

Chloroplatinate de lanthane, $La^2Cl^6 + 2\,PtCl^4 + 27\,H^2O$.

Tables tétragonales déliquescentes, isomorphes avec le sel de cérium.

Chloroplatinite de lanthane, $La^2Cl^6 + 3\,PtCl^2 + 18$ ou $27\,H^2O$.

Le chlorure de lanthane forme aussi des sels doubles avec le chlorure stannique, le chlorure d'or et le chlorure mercurique :

Bromure de lanthane, $La^2Br^6 + 14\,H^2O$.

Cristallise en grands cristaux, se combine avec les bromures de nickel et de zinc, pour donner des sels doubles :

$$La^2\,Br^6 + 3Zn\,Br^2 + 39H^2O$$
$$La^2\,Br^6 + 3Ni\,Br^2 + 18H^2O$$

Il se combine aussi au bromure d'or pour donner de grands cristaux brun foncé (Cleve), $La^2Br^6 + 2\,Au\,Br^3 + 18\,H^2O$.

Iodure de lanthane, La^2I^6.

N'a pas été isolé, mais on connaît le sel double de lanthane et de zinc (Frerichs et Smith), $La^2I^6 + 3\,Zn\,I^2 + 27\,H^2O$.

Fluorure de lanthane, $La^2F^6 + H^2O$.

Obtenu par précipitation des sels de lanthane, par l'acide fluorhydrique. Précipité gélatineux presque insoluble (Cleve).

Cyanure de lanthane.

Le précipité obtenu par Frerichs et Smith, en précipitant le sulfate de lanthane par le cyanure de potassium, n'est autre que l'hydrate de lanthane (Cleve).

Platinocyanure de lanthane, $La^2\,(CAz)^6 + 3\,Pt\,(CAz)^2 + 18\,H^2O$.

Prismes clinorhombiques, jaunes, et sous certaines incidences, verts (Crudnowicz, Cleve). Isomorphes avec le sel correspondant de cérium. Poids spécifique : 2,626.

Ferrocyanure de potassium et de lanthane, $La^2K^2(CAz)^{12}Fe^2 + 8H^2O$.

Obtenu en précipitant l'acétate de lanthane par le ferrocyanure de potassium (Cleve). Précipité lourd, cristallin.

Sulfure de lanthane, La^2S^3.

S'obtient en cristaux jaune-rouge microscopiques, par l'action de trois parties de polysulfure de sodium sur une partie d'oxyde de lanthane. On épuise ensuite par l'eau (Béringer, *Liebig Ann.*, 42,134).

Mosander le préparait en calcinant au rouge l'oxyde de lanthane, dans un courant de sulfure de carbone. Donne une masse jaune, que l'eau décompose en hydrogène sulfuré et oxyde de lanthane.

MM. Frerichs et Smith l'ont obtenu en poudre brune en calcinant l'oxyde dans un courant d'acide carbonique saturé de sulfure de carbone.

M. Didier fait passer sur l'oxyde de lanthane contenu dans une nacelle de charbon, un courant d'hydrogène sulfuré desséché. On obtient une masse poreuse jaune, plus facilement décomposable que le sel correspondant de cérium.

Carbure de lanthane, C^2La.

Densité à 20° C. = 5,02.

M. Moissan a obtenu le carbure de lanthane en chauffant au four électrique pendant douze minutes, à l'aide d'un courant de 50 volts et de 350 ampères, un mélange de 100 parties d'oxyde de lanthane avec 80 parties de charbon de sucre finement pulvérisé.

Le carbure se présente en lingot fondu, à cassure cristalline.

Les fragments examinés au microscope sont transparents et colorés en jaune.

Le chlore l'attaque à 250° avec incandescence et production de chlorure de lanthane. Le brome agit de même à 255° ainsi que l'iode.

Le fluor ne l'attaque pas, même pulvérisé, à la température ordinaire. Chauffé légèrement, il se produit une très vive incandescence avec formation de fluorure de lanthane. Il brûle plus difficilement dans l'oxygène que le carbure de cérium. Cependant au rouge il brûle complètement en donnant de l'oxyde de lanthane et de l'acide carbonique. Le soufre l'attaque très difficilement. La vapeur de sélénium l'attaque plus énergiquement, en donnant un séléniure décomposable par l'acide chlorhydrique, avec production d'hydrogène sélénié.

Même à une température de 700 à 800°, le phosphore et l'azote paraissent ne pas s'y combiner.

Le carbone est soluble dans le carbure de lanthane fondu par refroidissement, il se dépose du graphite.

Les acides étendus l'attaquent très facilement, tandis que l'acide exactement monohydraté n'a aucune action.

Chauffé dans un courant de gaz ammoniac, il se décompose au rouge avec une légère incandescence.

Les oxydants (permanganate de potassium pulvérisé, chlorate ou azotate de potassium fondu) l'attaquent avec un grand dégagement de chaleur.

La potasse fondue le détruit avec production d'hydrogène.

L'eau le décompose rapidement à la température ordinaire en donnant de l'hydrate avec dégagement de carbures d'hydrogène (acétylène, éthylène et formène : 70 à 71,75 p. 100 d'acétylène, 27,22 à 28,67 de méthane et 0,95 à 2,01 d'éthylène).

SELS DE LANTHANE A RADICAUX OXYGÉNÉS

Perchlorate de lanthane, $La^2(ClO^4)^6 + 18 H^2O$. — Aiguilles déliquescentes.

Bromate de lanthane, $La^2(BrO^3)^6 + 5 H^2O$.

Prismes hexagonaux, perd à 100° C., 18 p. 100 d'eau et le reste à 160°. Calciné, perd du brome et de l'oxygène, et laisse un résidu de bromure et d'oxyde de lanthane.

Periodate de lanthane, $La^2(IO^5)^2 + 4 H^2O$.

Obtenu par précipitation de l'acétate par l'acide periodique (Cleve).

Iodate de lanthane, $La^2(IO^3)^6 + H^2O$.

Précipité amorphe, soluble dans l'eau bouillante, d'où il cristallise en lamelles brillantes blanches (Holzmann).

Azotate de lanthane, $La^2(AzO^3)^6 + 12 H^2O$

Obtenu par dissolution de l'hydrate ou de l'oxyde dans l'acide nitrique. Grands cristaux tricliniques, déliquescents, solubles dans l'eau et dans l'alcool.

Evaporée sur l'acide sulfurique, la solution donne une masse radiée.

Par la calcination, donne d'abord un azotate basique, peu soluble, et finalement au rouge de l'oxyde de lanthane, La^2O^3.

Donne des sels doubles avec les azotates d'ammonium, de magnésium, de zinc, de nickel et de manganèse.

Azotate de lanthane et d'ammonium, $La^2(AzO^3)^6 + 4 AzH^4AzO^3 + 8 H^2O$.

Azotate de lanthane et de magnésium, $La^2(AzO^3)^6 + Mg(AzO^3)^2 + 8 H^2O$.

Cristaux blancs, solubles, rhomboédriques.

Sulfate de lanthane, $La^2 (SO^4)^3$.

1° Sel anhydre. Poids spécifique = 3,60 (Petersson)
Chaleur spécifique = 0,1182 (Nilson et Petersson).

Sel cristallisé à $9 H^2O$.
Poids spécifique = 2,827 (Topsoë), 2,856 (Petersson).
Chaleur spécifique = 0,2083 (Nilson et Petersson).

La solubilité du sel anhydre est, comme celle des sulfates de thorium, yttrium, etc., moins grande à chaud qu'à froid.

Une partie de $La^2 (SO^4)^3$ exige à 13° C. moins de 6 parties d'eau.
» à 23° » 42 parties.
» à 100° » environ 115 parties.

La solution saturée à froid ne dépose rien à froid, même après un repos prolongé; si on la chauffe, elle se prend en une bouillie cristalline.

Le sulfate de lanthane cristallisé se dissout difficilement dans l'eau froide, mais le sulfate anhydre s'y dissout avec élévation de température, en donnant une croûte cristalline difficile à dissoudre c'est pourquoi, lorsqu'on dissout un mélange des sulfates des Terres rares, on doit projeter ceux-ci par petites portions dans de l'eau glacée. On connaît actuellement le sulfate de lanthane à $9 H^2O$. Isomorphe avec le sel correspondant de cérium (Marignac).

2° Le sulfate à $6 H^2O$ décrit par Frerichs et Smith, obtenu par évaporation de la solution de sulfate, mélangée à son poids d'acide sulfurique. A 150° ce sel perd son eau de cristallisation.

3° Un sulfate basique, $3 La^2O^3SO^3$ (Cleve) obtenu en précipitant la solution de sulfate par l'ammoniaque.

Le sulfate neutre, chauffé au rouge, se transforme d'abord en sel basique, puis en oxyde.

Le sulfate de lanthane se combine aux sulfates alcalins pour donner des sels doubles de sodium, d'ammonium et de potassium (Cleve). Il se combine aussi avec le sulfate lutéocobaltique. (*Wing. B. S. C.*, t. XIV, p. 202.)

Sulfite de lanthane, $La^2(SO^3)^3 + 4H^2O$ (?). — Poudre blanche et volumineuse (Cleve).

Hyposulfate de lanthane, $La^2(S^2O^6)^3$.

Tantôt prismes radiés à $16H^2O$ ou cristaux hexagonaux volumineux à $24H^2O$ (Cleve).

Sélénites de lanthane, 1° $3La^2O^3, 8SeO^2 + 28H^2O$.

Obtenu en précipitant le sulfate par un excès de sélénite de sodium.

2° $La^2O^3 3SeO^2 + 12H^2O$. Sel neutre (Nilson) amorphe.

Frerichs et Smith ont décrit un sel neutre à $9H^2O$.

3° $La^2O^3 5SeO^2 + 6H^2O$.

Obtenu par action de l'acide sélénieux sur le sel neutre (Nilson).

4° $La^2O^3 6SeO^2 + 6H^2O$. Cristaux microscopiques (Cleve, Nilson).

Séléniate de lanthane, $La^2(SeO^4)^3 + 6H^2O$.

Borate de lanthane.

En même temps que l'oxyde cristallisé (voir p. 102), M. Nordenskjöld a obtenu des prismes striés ayant peut-être comme composition $3La^2O^3, Bo^2O^3$.

Le sulfate de lanthane précipite par le borax (Frerichs et Smith) en donnant $La^2Bo^4O^7)^3$. D'après Cleve ce précipité est en presque totalité composé de

$$La^2 \begin{cases} O^3Bo \\ O^3(RoO)^3 \end{cases}$$

(*B. S. C.*, t. XXIX, p. 498.)

Carbonate de lanthane, $La^2(Co^3)^3 + 3 H^2O$.

Obtenu par précipitation des sels de lanthane par les carbonates alcalins. A chaud sous forme de lamelles brillantes, à froid précipité terreux. Ce sont presque toujours des carbonates basiques perdant tout leur acide carbonique par calcination prolongée.

Le carbonate de lanthane est magnétique (Verdet, *Ann. de Ch. et Phy.*, 3, t. LII, p. 159). Il constitue le minéral nommé *lanthanite* qui renferme $Co^3La + 3 H^2O$.

L'hydrate en suspension dans l'eau s'unit à l'acide carbonique pour donner des tables hexagonales de carbonate. Ce sel ne paraît pas donner de carbonates doubles alcalins (Cleve). Le fluocarbonate $La^2F^2(Co^3)^2$ paraît constituer, d'après Nordenskjöld, le minéral nommé *Hamartite*.

Phosphate de lanthane, $La^2(PO^4)^2$.

Obtenu en précipitant le sulfate de lanthane par le phosphate trisodique.

Le phosphate disodique donne un phosphate acide $La^2H^3(PO^4)^2$ (Frerichs et Smith).

Pyrophosphate de lanthane. — S'obtient en précipitant une solution de chlorure de lanthane faiblement acidulée par le pyrophosphate de sodium. Le précipité d'abord se redissout, puis il se dépose des masses sphériques composées d'aiguilles (Cleve).

La composition du précipité varie suivant le sel en excès :

Avec un excès de sel de lanthane on obtient en presque totalité un sel neutre, $La^4(P^2O^7)^3 + 8H^2O$.

Avec un excès de pyrophosphate, un précipité amorphe qui se transforme en cristaux microscopiques ayant pour composition $La^2Na^2(P^2O^7)^2 + 12 H^2O$. (*Bull. Soc. Chim.*, t. XXX, p. 495.)

Arsénite de lanthane. — Obtenu par Frerichs et

Smith en faisant bouillir l'hydrate de lanthane avec un excès d'acide arsénieux $La^2(AsO^3H)^3$.

Cleve a répété cette expérience et n'a pu obtenir qu'un sel basique $La^2O^3H^3.As$.

Arséniate de lanthane. $La^2(AsO^4H)^3$. — Obtenu en précipitant le sulfate de lanthane par l'arséniate disodique. (D'après Frerichs et Smith.)

Chromate de lanthane. — Obtenu en précipitant le sulfate de lanthane par le chromate jaune de potassium. Précipité jaune cristallin, peu soluble dans l'eau froide, plus soluble à chaud.

Ce sel a pour formule $La^2(CrO^4)^3$ (Frerichs et Smith).

Cleve a obtenu à l'aide de l'azotate un précipité cristallin ayant pour formule $La^2(CrO^4)^3 + 8\,H^2O$.

En présence d'un excès de sel de potassium, on obtient un sel double amorphe $La^2K^2(CrO^4)^4$ (?).

Manganate et permanganate de lanthane. — Ces sels, décrits par Frerichs et Smith comme des dérivés du lanthane, ne paraissent être, d'après Cleve, qu'un mélange de peroxyde de manganèse et d'oxyde ou d'hydrate de lanthane.

Molybdate de lanthane. — Obtenu par précipitation d'un sel de lanthane par le molybdate d'ammoniaque. Sa composition est $La^2H^6(MoO^4)^6$ (Frerichs et Smith).

Tunsgtate de lanthane. — Obtenu par Frerichs et Smith sous forme de précipité gélatineux, en ajoutant du tungstate de soude à un sel de lanthane.

SELS DE LANTHANE A RADICAUX ORGANIQUES

Formiate de lanthane, $La^2(CHO^2)^6$.

Poudre blanche, cristalline, très peu soluble. 1 partie dans 421 parties d'eau (Cleve).

Acétate de lanthane, $La^2(C^2H^3O^2)^6 + 3 H^2O$.

Petites aiguilles blanches, perdant H^2O à 100 — 110° C.

L'acétate basique gélatineux de lanthane vire au bleu quand on y ajoute un iodure, à la façon de l'empois d'amidon (Damour).

Propionate de lanthane, $La^2(C^3H^5O^2)^6 + 6 H^2O$.

Cristallise en prismes brillants, inaltérables à l'air (Cleve).

Ethylsulfate de lanthane, $La^2[(C^2H^5)SO^4]^6 + 18 H^2O$.

Cristallise en prismes isomorphes avec le sel de cérium (Alen, Topsoë).

Oxalate de lanthane, $La^2(C^2O^4)^3 + 9 H^2O$.

Obtenu en précipitant un sel de lanthane par l'acide oxalique ou un oxalate alcalin. Précipité blanc, caséeux, devenant cristallin. Soluble dans 232 parties d'eau contenant 3,65 p. 100 d'acide chlorhydrique (Cleve).

L'oxalate de lanthane se dissout à chaud dans l'acide chlorhydrique concentré, en laissant déposer par refroidissement des cristaux d'oxalochlorure $(C^2O^4)^2Cl^2La^2 + 5H^2O$, dans lequel une molécule d'acide oxalique est remplacée par deux molécules d'acide chlorhydrique. (A. Job, *C. R.*, t. CXXVI, p. 226.)

L'eau bouillante décompose ce corps en oxalate de lanthane et en chlorure soluble. Les composés de cérium et de didyme existent. Le sel de lanthane ne perd pas de chlore, au rouge, et laisse l'oxychlorure $La^2O^2Cl^2$.

Les oxalates précipités d'une solution chlorhydrique, même diluée, retiennent toujours des quantités notables d'oxalochlorures.

Succinate de lanthane, $La^2(C^4H^4O^4)^3 + 5 H^2O$.

Petites aiguilles microscopiques, à peine solubles dans l'eau, solubles dans les acides et dans le succinate d'ammonium.

Perd son eau entre 150 et 180° C. (Czudnowicz, Cleve).

Tartrate de lanthane, $La^2(C^4H^4O^6)^3 + 3H^2O$.

Obtenu en précipitant l'acétate de lanthane, par l'acide tartrique. Précipité devenant cristallin, soluble dans l'acide tartrique et dans un excès de tartrate d'ammoniaque.

Cette dernière solution n'est pas précipitée par les alcalis.

Citrate de lanthane, $La^2(C^6H^5O^7)^3 + 7H^2O$.

Précipité blanc, volumineux, obtenu en ajoutant du sulfate de lanthane à du citrate de sodium.

Très soluble dans les acides et dans un excès du précipitant.

Presque insoluble dans l'eau (Czudnowicz).

Sulfocyanate de lanthane, $(CAzS)^3La + 7H^2O$.

Aiguilles déliquescentes perdant 3 H^2O sur l'acide sulfurique.

Donne un sel double avec le cyanure de mercure, cristallisant en écailles blanches ou en tablettes volumineuses, très solubles dans l'eau chaude, peu solubles à froid (Cleve); $La(CAzS)^3 + 3Hg(CAz)^2 + 12H^2O$.

DIDYME ANCIEN

Constantes physiques. — *Poids atomique*. Di = 142,12 (O = 16). Cleve.

Chaleur spécifique = 0,04563. (Hillebrand, *Poggend. Ann.*, 158-71.)

Poids spécifique = 6,544.

Point de fusion = au-dessus de celui de Ce et La.

Historique. — Découvert en 1842 par Mosander (*Pogg. Ann.*, 56-503). Accompagne toujours le cérium, le lanthane, le samarium et les métaux du groupe de l'yttria (yttrium, ytterbium, erbium, etc.).

Son nom vient du grec διδυμοι, qui veut dire *jumeaux*, parce qu'on le trouve toujours soit avec le cérium, soit avec le lanthane.

D'après les récents travaux de MM. Brauner, Cleve, Auer von Welsbach, Kruss et Nilson, Boudouard, Urbain, il est démontré que l'ancien didyme, tel qu'on le considérait autrefois, est formé au moins de deux éléments différents, le *néodyme* et le *praséodyme*.

Nous allons donner en quelques mots les principaux faits que l'on connaît actuellement sur ces métaux, lesquels sont caractérisés par des bandes d'absorption, dont l'ensemble forme le spectre de l'ancien didyme.

Néodyme. — *Poids atomique* Nd = 139,70 (H = 1) = 140,80 (O = 16).

M. Harry Jones a fait de nouvelles déterminations du poids atomique du néodyme et du praséodyme, grâce à des quantités assez notables d'oxydes qui lui avaient été fournies par la Welsbach Light C°, et est arrivé à des résultats absolument contraires de ceux obtenus par M. Auer de Welsbach dans ses déterminations. Les chiffres paraissent croisés, le poids atomique du néodyme devenant celui du praséodyme et réciproquement. Il semble qu'il y ait eu erreur de la part de l'expérimentateur, car les chiffres admis actuellement ont été déjà vérifiés à plusieurs reprises. (*Amer. Chem. Journ.*, mai 1898, p. 346.)

Les sels de néodyme sont rouge-améthyste, les solutions sont rose franc. Le sulfate de néodyme, comme tous ceux des Terres rares, est plus soluble à froid qu'à chaud.

L'oxyde obtenu par calcination de l'oxalate et du nitrate est bleu pâle, il est irréductible et se dissout dans les acides sans dégagement d'oxygène.

Le sulfate double de néodyme et de sodium est insoluble dans une solution saturée de sulfate alcalin.

Praséodyme. — *Poids atomique*. Pr = 142,50 (H = 1) 143,60 (O = 16).

Les sels de praséodyme solides ou dissous sont verts.

L'oxyde Pr^4O^7 obtenu par calcination de l'oxalate ou du nitrate dans un creuset de platine est noir-brun. C'est un peroxyde qui est soluble dans l'acide sulfurique étendu en dégageant de l'oxygène en abondance. L'hydrogène le réduit assez facilement en sesquioxyde Pr^2O^3 blanc verdâtre. Le sulfate double de potassium et de praséodyme est plus soluble que celui de néodyme, ce qui permet de les séparer assez facilement (Boudouard).

M. Shapleigh, chimiste de la Welsbach Light C° à Gloucester City (New-York), avait exposé des quantités relativement grandes, à l'Exposition de Chicago, en 1893, de terres rares provenant du traitement industriel du zircon et de la monazite.

Ce chimiste avait préparé un assez grand nombre de composés du praséodyme et du néodyme, dont nous indiquons ci-dessous la couleur et l'état physique.

Sous-oxyde de praséodyme.		Poudre amorphe, jaune pâle.	
Hydrate	—	—	verdâtre.
Peroxyde	—	—	noire.
Hydrocarbonate	—	—	blanc sale.
Chlorure	—	Cristaux vert pâle.	
Azotate	—	—	—
Sulfate	—	—	—
Oxalate	—	—	blanc verdâtre.
Phosphate	—	Poudre vert pâle.	
Ferrocyanure	—	—	—
Azotate double	—		
et d'ammonium		Cristaux vert pâle.	

Composés du néodyme.

Sous-oxyde de néodyme.		Poudre grise.	
Hydrate	—	—	violacée
Peroxyde	—	—	gris sale.
Hydrocarbonate	—	—	rose.

Chlorure de néodyme.		Cristaux rose sale.
Azotate	—	— roses.
Sulfate	—	— —
Oxalate	—	— —
Phosphate	—	Poudre violacée.
Ferrocyanure	—	— bleuâtre.
Azotate double et d'ammonium	—	Cristaux rose sale.

Un certain nombre de chimistes se sont occupés, dans ces derniers temps, de la séparation du néodyme et du praséodyme; parmi eux nous citerons, à côté de M. Auer de Welsbach, MM. Krüss et Nilson (*Deutsch. Chem. Gesell.*, t. XX, p. 2134); M. Demarçay (*C.R.*, t. CIV, p. 580), qui a préparé par la méthode Auer du néodyme pur qui a toujours présenté le même spectre, lequel offre plusieurs raies qui n'avaient pas été signalées par M. Auer de Welsbach ($\lambda = 476,8$; $469,1$; $463,4$); M. G. Urbain (*B. S. C.* (3), t. XIX-XX, n° 10) a fractionné le didyme par la méthode des éthylsulfates que nous décrivons plus loin. Il a reconnu que les mélanges riches en praséodyme et en lanthane donnent le néodyme dans les têtes et le lanthane dans les queues, contrairement à la méthode Auer.

Le praséodyme s'accumule dans les parties intermédiaires, sensiblement pur de néodyme. Cette méthode ne peut pas s'appliquer aux produits riches en néodyme. M. O. Boudouard (*B. S. C.* (3), t. XIX-XX, n° 9), en continuant ses recherches sur les terres yttriques, est parvenu à isoler l'oxyde de néodyme par une méthode basée sur la différence de solubilité de son sulfate potassique et du sel correspondant de praséodyme, ce dernier étant moins soluble dans une solution saturée de sulfate de potassium.

Cette opinion a été confirmée par les recherches de M. G. Urbain.

Nous étudierons plus loin le mode de fractionnement du didyme en ses deux éléments. Depuis cette découverte, on s'est demandé à diverses reprises si ces nouveaux éléments ainsi isolés étaient définitivement acquis à la science et s'il ne serait pas possible de les scinder en un plus grand nombre d'autres éléments.

MM. Kruss et Nilson ont émis des doutes sur leur simplicité et ont cherché à prouver que le néodyme et le praséodyme n'étaient que des mélanges complexes.

Par des comparaisons sur l'intensité des bandes d'absorption, ces savants sont arrivés à admettre que l'ancien didyme est composé d'autant d'éléments distincts qu'il y a de raies indépendantes dans son spectre d'absorption, ce qui conduit à supposer l'existence de neuf didymes différents : Diα($\lambda = 728,3$) ; Diβ($\lambda = 679,4$) ; Diγ($\lambda = 579,2$ et $\lambda = 575,4$) ; Diδ($\lambda = 521,5$) ; Diε($\lambda = 512,2$) ; etc. (hypothèse de Crookes).

L'ancien didyme serait donc beaucoup plus complexe comme composition qu'on ne le supposait à la suite des travaux de M. Auer von Welsbach.

MM. Kruss et Nilson réservent le symbole Di à un élément extrait de la cérite de Bastnaës et donnant les raies d'absorption suivantes : $\lambda = 690,5$, $525,2$, $434,0$.

M. Crookes a conclu de ses recherches sur le néodyme et le praséodyme, que ces corps ne constituent que deux groupes d'éléments provenant du dédoublement de l'ancien didyme.

M. Becquerel, en détruisant par la chaleur les composés du didyme, a trouvé dans leur spectre des bandes différentes qui apparaissent et disparaissent tour à tour.

M. Demarçay a découvert dans le spectre du didyme des bandes d'absorption n'appartenant ni au néodyme, ni au praséodyme.

M. Bettendorff, par des cristallisations successives, a obtenu des fractions dont les bandes d'absorption indiquent que le praséodyme peut se dédoubler en deux éléments.

M. Boudouard est arrivé aux mêmes conclusions (*Comptes rendus*, 1895).

D'après ces différents travaux, il est donc actuellement prouvé que l'ancien didyme est composé au moins de deux éléments : le praséodyme Pr à sels verts, qui peut lui-même se dédoubler en Prα et Prβ (Bettendorff), et le néodyme Nd à sels roses. La nature complexe de ce dernier n'est pas encore absolument prouvée.

Les composés décrits dans les pages suivantes se rapportent à l'ancien didyme (néodyme + praséodyme), dont les composés sont presque tous à revoir, car non seulement ils comprennent un mélange des deux didymes, mais encore du samarium en plus ou moins grande quantité.

État naturel. — Le didyme se trouve en compagnie du cérium et du lanthane, dans presque tous les minéraux cités pour ces deux métaux. On le trouve aussi dans la pyromorphite de Cumberland et de Cornouailles (Horner).

A. Cossa (*C. R.*, t. LXXXVII, p. 377) a signalé le didyme accompagnant le lanthane et le cérium dans la scheelite de Traversella, de Meymac, dans la staffelite de Nassau; le didyme et le cérium, dans l'apatite de Jumilla, de Capo di Sales, de Cerno, de Miask, de Snarum, dans le marbre saccharoïde de Carrare, dans le calcaire coquillier d'Avellino, et même dans les os (0,03 p. 1000 de cendres d'os).

Poids atomique et classification. — Zschiesche, en 1869, a trouvé comme valeur du poids atomique de l'ancien didyme, 142, puis Erk en 1870 a trouvé 143. En 1874, Cleve, par la synthèse du sulfate à partir de l'oxyde de didyme pur, a trouvé 147,15, et Cossa, en 1879, par dosage de So^3 du sulfate, a trouvé 144,12.

Tous ces nombres différaient étrangement, et, depuis, M. Cleve a reconnu que lors de ces premières expériences, le chiffre qu'il avait trouvé s'appliquait à un mélange de didyme et de samarium, métal inconnu et non caractérisé à ce moment.

Dans de nouvelles expériences, il a trouvé comme poids atomique du didyme 142,32(O = 16).

Mendeleef avait proposé la formule Di^2O^3 pour l'oxyde de didyme, formule vérifiée par les recherches de Cleve, qui, se basant sur la composition d'un grand nombre de composés du didyme, confirma son exactitude, mise hors de doute depuis, par la détermination de la chaleur spécifique du didyme, par Hillebrand et Norton.

Préparation et propriétés du didyme. — Hillebrand et Norton l'ont obtenu par la méthode à l'aide de laquelle ils ont obtenu le cérium métallique (voir p. 75).

Le didyme est un métal blanc jaunâtre, malléable et ductile, plus dur que le cérium. La lumière réfléchie sur la surface du métal polie, n'offre pas de spectre d'absorption.

Poids spécifique = 6,544. Il est plus difficilement fusible que le cérium et le lanthane. Il s'oxyde surtout à l'air humide. Il brûle avec un grand éclat lorsqu'on le projette dans une flamme. Il se comporte avec les acides comme le cérium.

Le métal étudié par MM. Hillebrand et Norton contenait une notable quantité de samarium.

Sesquioxyde de didyme, Di^2O^3. — Densité = 6,95. Chaleur spécifique = 0,081. Obtenu par calcination de l'hydrate ou de l'oxalate. Pour l'avoir pur, il faut le calciner au rouge blanc ou dans un courant d'hydrogène. Poudre bleuâtre, ne se délitant pas comme l'oxyde de lanthane. Très soluble dans les acides, donne des solutions rouge améthyste.

Hydrate de didyme, $Di^2O^3.3H^2O$.

Précipité obtenu par addition d'alcali caustique à un sel de didyme rouge violet; insoluble dans les alcalis. Attire l'acide carbonique de l'air.

Peroxyde de didyme. — Oxyde de couleur brune.

Fortement calciné, devient blanc en se transformant en protoxyde. Peu stable, se dissout dans les acides même très étendus, avec dégagement d'oxygène.

Le peroxyde ne renferme que 0,98 à 6,1 p. 100 d'oxygène de plus que le sesquioxyde. Les quantités très variables d'oxygène qui ont été trouvées dans l'analyse du peroxyde, par divers savants, s'expliquent très bien par l'existence des deux oxydes de néodyme et de praséodyme, ce dernier seulement étant susceptible de se suroxyder.

L'oxyde de didyme s'extrait en général de la cérite, en même temps que les oxydes de cérium et de lanthane.

Pour le traitement de ce minerai en vue de l'extraction de ces oxydes. (Voir *Méthodes de séparation.*)

SELS DE DIDYME A RADICAUX HALOGÉNÉS

Chlorure de didyme, Di^2Cl^6.

Se prépare comme le chlorure de lanthane. Masse rougeâtre cristalline.

Le chlorure cristallise avec $12H^2O$, en cristaux violets volumineux, déliquescents et très solubles.

Le chlorure Di^2Cl^6 se combine au cyanure mercurique en donnant $Di^2Cl^6 + 6Hg(CAz)^2 + 16H^2O$ (Alen).

Oxychlorure de didyme, $Di^2O^2Cl^2$.

Obtenu en chauffant l'oxyde à 200° dans un courant de chlore.

Poudre grise, qui se décompose par ébullition avec l'eau en hydrate et en chlorure neutre (Frerichs).

Le chlorure de didyme se combine à certains chlorures métalliques et donne des sels doubles.

Chlorures doubles.

Chlorure double de mercure et de didyme, $2Di^2Cl^6 + 18HgCl^2 + 48H^2O$.

Cubes rouges, très solubles (Marignac, Cleve).

Chloroplatinate de didyme, $Di^2Cl^6 + 2PtCl^4 + 21H^2O$.

Prismes orangés très solubles. Sur l'acide sulfurique perdent $12H^2O$.

D'après M. Marignac, affecte la même forme cristalline que les chloroplatinates de cérium et de lanthane, mais n'est pas isomorphe, d'après M. Topsoë, avec ces sels.

Chloroplatinites de didyme. — On en connaît deux :

1° $Di^2Cl^6 + 3PtCl^2 + 18H^2O$, prismes allongés.

2° $Di^2Cl^6 + 2PtCl^2 + 21H^2O$, tables minces hexagonales, déliquescentes (Nilson).

Chlorostannate de didyme, $Di^2Cl^6 + 4SnCl^4 + 21H^2O$.

Grands cristaux rouges, déliquescents (Cleve).

Chloraurates de didyme. — Il en existe deux, savoir :

1° $Di^2Cl^6 + 2AuCl^3 + 20H^2O$.

Grands cristaux jaunes.

2° $Di^2Cl^6 + 3AuCl^3 + 20H^2O$(?).

Grands cristaux orangés.

Bromure de didyme, $Di^2Br^6 + 12H^2O$.

Obtenu en dissolvant l'oxyde dans l'acide bromhydrique.

Grands prismes déliquescents, violet foncé (Cleve).

Donne les sels doubles suivants.

Bromure de didyme et de zinc, $Di^2Br^6 + 3ZnBr^2 + 36H^2O$.

Aiguilles radiées, brun rougeâtre, très déliquescentes.

Bromure de didyme et de nickel, $Di^2Br^6 + 3NiBr^2 + 18H^2O$.

Petits cristaux déliquescents.

Bromure de didyme et d'or, $Di^2Br^6 + 2AuBr^3 + 18H^2O$.

Grands cristaux brun foncé, très solubles.

Iodure de didyme, Di^2I^6.

Donne un sel de zinc en donnant le sel double $Di^2O^6 + 3ZnI^2 + 24H^2O$. Petites tables jaunâtres (Frerichs et Smith).

Fluorure de didyme, $Di^2F^6 + H^2O$.

Obtenu par addition d'acide fluorhydrique aux sels de didyme.

Précipité gélatineux, presque insoluble (Cleve).

Forme des sels doubles avec le fluorure de potassium (Brauner).

$$3KF.2Di^2F^6 + H^2O.$$
$$3KF.3Di^2F^6 + H^2O.$$
$$3KF.3Di^2F^6 + 3H^2O.$$

Ferrocyanure de didyme et de potassium, $Di^2K^2(CAz)^{12}Fe^2 + 8H^2O$.

Précipité blanc, obtenu par le ferrocyanure de potassium avec les sels de didyme.

Platinocyanure de didyme, $Di^2(CAz)^{12}Pt^3 + 18H^2O$.

Obtenu en évaporant lentement. Grands cristaux jaune sale à reflet bleuâtre.

SELS DE DIDYME A RADICAUX OXYGÉNÉS

Perchlorate de didyme. — Cristaux rouges et déliquescents (Cleve).

Bromate de didyme, $Di^2(BrO^3)^6 + 18H^2O$.

Sel de couleur rose, isomorphe avec le sel de lanthane. Fond au-dessous de 100° C. et perd $15H^2O$.

Iodate de didyme, $Di^2(IO^3)^6 + 4H^2O$.

Par addition d'acide iodique à un sel de didyme (Cleve) poudre amorphe blanchâtre.

Azotates de didyme, $Di^2(AzO^3)^6 + 12H^2O$. Densité $= 2,249$.

Obtenu par dissolution de l'oxyde dans l'acide nitrique et faisant cristalliser. Cristaux rouge violacé, facilement solubles dans l'eau. Sur l'acide sulfurique, perdant $3H^2O$ et $6H^2O$ à 200° C. Ce sel est soluble dans l'alcool. Il n'est pas isomorphe avec le sel correspondant de lanthane.

Par fusion on obtient un sel basique, sous forme de poudre blanc rougeâtre, cristalline.

L'azotate de didyme forme les sels doubles suivants :

Azotate de didyme et d'ammonium, $Di^2(AzO^3)^6 + 4AzH^4AzO^3 + 8H^2O$.

Prismes rouges déliquescents, isomorphes avec le sel de lanthane.

Azotate de didyme et de zinc, $Di^2(AzO^3)^6 + Zn(AzO^3)^2 + 69H^2O$.

Cristaux très déliquescents (Smith).

Azotate de didyme et de nickel, $Di^2(AzO^3)^6 + 3Ni(AzO^3)^2 + 36H^2O$.

Tables volumineuses, déliquescentes, de couleur verte (F. Smith).

Azotate de didyme et de cobalt, $Di^2(AzO^3)^6 + 3Co(AzO^3)^2 + 48H^2O$.

Cristaux déliquescents rouge foncé (F. Smith).

Platinonitrite de didyme, $Di^2(Pt[AzO^2]^4)^3 + 18H^2O$.

Cristallise en hexaèdres jaunâtres (Nilson).

Platinoiodoazotite de didyme, $Di^2(PtI^2Az^2O^4)^3 + 24H^2O$.

Masse déliquescente de couleur jaune verdâtre (Nilson).

Sulfate de didyme, $Di^2(SO^4)^3$. *Sel anhydre.*

Obtenu par calcination modérée du sulfate cristallisé.

Densité $= 3,735$.

Chaleur spécifique = 0,1187 (Nilson et Petersson).

Poudre rougeâtre. 100 parties d'eau à 12° C. dissolvent 43 parties du sel, et à 50° C. seulement 11 parties (Marignac).

Sels hydratés. 1° $Di^2(SO^4)^3 + 6H^2O$.

Cristallise par évaporation à une température élevée. Aiguilles rouges (Marignac).

2° $Di^2(SO^4)^3 + 8H^2O$.

Densité = 2,82 (Hoëglund), 2,881 à 2,878 (Nilson).

Chaleur spécifique = 0,1948 (Nilson et Petersson).

Obtenu par cristallisation à la température ordinaire, surtout avec un excès d'acide. Donne des cristaux superbes, rouge foncé. Perd son eau à 200° C. Isomorphe avec le sulfate d'yttrium.

3° $Di^2(SO^4)^3 + 9H^2O$.

Obtenu par évaporation à douce chaleur, cristaux mamelonnés, hexagonaux (Marignac).

Le sulfate anhydre perd à la calcination les 2/3 de son acide et donne un sulfate basique (Mosander).

En précipitant une solution de sulfate par l'ammoniaque on obtient $2Di^2O^3, 3SO^3 + 3H^2O$ (Frerichs et Smith).

Le sulfate de didyme donne les sels doubles suivants :

Sulfates doubles de didyme et de potassium :

$Di^2(SO^4)^3 + K^2SO^4 + 2H^2O$		(Marignac).
$Di^2(SO^4)^3 + 3K^2SO^4$		(Cleve).
$Di^2(SO^4)^3 + 4K^2SO^4$	(?)	(Cleve).
$2Di^2(SO^4)^3 + 9K^2SO^4$	(?)	(Cleve).

Précipités cristallins rougeâtres, peu solubles dans l'eau et insolubles dans une solution saturée de sulfate de potassium.

Sulfite de didyme, $Di^2(SO^3)^3 + 3$ ou $6H^2O$.

Poudre blanche qui par dessiccation dans le vide renferme d'après M. Cleve, $3H^2O$, ou, d'après M. Marignac, $6H^2O$.

Sélénites de didyme. — *Sel anhydre*, $3Di^2O^3, 8SeO^2 + 28H^2O$.

Précipité rougeâtre et amorphe obtenu par double décomposition entre le sélénite de sodium et le sulfate de didyme (Nilson).

Sels hydratés, $Di^2O^3, 4SeO^2 + 5H^2O$ (Cleve) ou $9H^2O$ (Nilson).

En ajoutant de l'alcool à une solution d'azotate de didyme, mélangée d'acide sélénieux, on obtient une poudre cristalline couleur lilas, ayant la composition ci-dessus.

$2Di^2O^3, 9SeO^2 + 18H^2O$ (Cleve).

Obtenu en évaporant le sel basique avec un excès d'acide sélénieux. En traitant le résidu par l'eau, le sel reste sous forme de poudre cristalline, couleur lilas.

Séléniates de didyme. — On connaît trois séléniates de didyme.

1° $Di^2(SeO^4)^3 + 5H^2O$.

Par évaporation au bain-marie d'une solution d'oxyde de didyme dans l'acide sélénique. Prismes rouges, radiés (Cleve).

2° $Di^2(SeO^4)^3 + 8H^2O$.

En chauffant la solution vers 60° C. on obtient des cristaux rouges isomorphes avec les sulfates de didyme et d'yttria, ainsi qu'avec le séléniate d'yttria (Cleve).

3° $Di^2(SeO^4)^3 + 10H^2O$.

Par évaporation spontanée. Aiguilles minces, radiées (Cleve).

Le séléniate de didyme donne les sels doubles suivants :

Séléniate de didyme et de potassium, $Di^2(SeO^4)^3 + K^2SeO^4 + 9H^2O$.

Par évaporation spontanée du mélange des solutions. Cristaux rouges, inaltérables à l'air, facilement solubles dans l'eau (Cleve). A 100° C. perd $6H^2O$.

Séléniate de didyme et de sodium, $Di^2(SeO^4)^3 + Na^2SeO^4 + 4H^2O$.

Par évaporation à la température ordinaire du mélange des solutions des sels. Poudre amorphe.

Séléniate de didyme et d'ammonium, $Di^2(SeO^4)^3 + Am^2SeO^4 + 6H^2O$.

Obtenu comme les deux précédents. Petites aiguilles aplaties de couleur rouge foncé (Cleve). Facilement solubles dans l'eau.

Molybdate de didyme, $Di(MoO^4)^3$. Densité du sel cristallisé $= 4,57$.

Obtenu à l'état cristallin par la fusion du sel précipité (à l'aide du molybdate d'ammoniaque et d'un sel de didyme) avec du chlorure de potassium, ou par la fusion du sulfate de didyme avec du molybdate et du sulfate de sodium. Le sel est isomorphe avec la scheelite et la stolzite (Cossa).

Tungstate de didyme, $Di^2(TuO^4)^3$.

Obtenu par précipitation du sulfate de didyme par le tungstate de soude (F. Smith).

Tungstates de didyme et sodium, $NaDi(TuO^4)^2$. Densité $= 6,958$.

Obtenu par fusion de quantités calculées d'oxyde de didyme et d'acide tungstique avec un excès de sel marin.

Tétraèdres réguliers violacés.

2° $Na^3Di(TuO^4)^3$.

Obtenu en cristaux pyramidaux violacés, en fondant de l'oxyde de didyme avec de l'acide tungstique et du tungstate de sodium (Högbour).

Phosphates de didyme, $Di^2O^3\ 5P^2O^5$. — Ce sel s'obtient par l'action de l'acide *m*-phosphorique en fusion sur l'oxyde de didyme. Cristaux microscopiques bien développés, insolubles dans les acides (Cleve).

$DiPO^4$. — Obtenu par la fusion de l'oxyde de didyme avec le sel de phosphore.

Cristaux microscopiques infusibles et insolubles dans les acides (Wallroth).

Pyrophosphate de didyme, $Di^4(P^2O^7)^3 + 6H^2O$.

Obtenu en précipitant l'acétate de didyme par le pyrophosphate de sodium. Précipité amorphe (Cleve).

Phosphates doubles.

Par la fusion de l'oxyde de didyme avec le métaphosphate de potassium, on obtient $DiPO^4$, et en outre le phosphate double $3K^2O, 2Di^2O^3, 3P^2O^5$ (Ouvrard).

Un autre sel double $3Na^2O, Di^2O^3, 3P^2O^5$, se forme par la fusion du pyro- ou de l'orthophosphate de sodium avec l'oxyde de didyme. En fondant l'oxyde de didyme avec le métaphosphate de sodium on obtient un autre sel double $NaDiP^2O^7$ (Ouvrard).

Vanadates de didyme, 1° $DiVO^4$.

Obtenu par la précipitation de l'azotate de didyme, par du *m*-vanadate d'ammonium et fusion ultérieure du précipité obtenu avec un excès de sel marin. Poudre amorphe.

2° $Di^2O^3, 5V^2O^5 + 28H^2O$.

Obtenu en précipitant l'azotate de didyme par du bivanadate de sodium. On obtient un précipité amorphe qu'on sépare par filtration. La solution filtrée dépose au bout de quelque temps des cristaux rouges du système clinorhombique.

Arséniate de didyme, $5Di^2O^3, 6As^2O^5 + 3H^2O$.

Par précipitation des sels de didyme par l'acide arsénique (Marignac).

Précipité amorphe.

Carbonate de didyme, $Di^2(CO^3)^3 + H^2O$.

Obtenu par l'action de l'acide carbonique sur l'hydrate de didyme en suspension dans l'eau (Cleve). Précipité cristallin rougeâtre. Il forme un certain nombre de sels doubles.

1° $Di^2(CO^3)^3+K^2CO^3+6(?)H^2O$. Aiguilles minces à éclat métallique obtenues par addition d'un sel de didyme à une solution bouillante de bicarbonate de potassium (Cleve).

2° $Di^2(CO^3)^3 + Am^2CO^3 + 3H^2O$. Poudre cristalline

3° $2Di^2(CO^3)^3 + 3Na^2CO^3 + 9H^2O$. Poudre cristalline.

4° $Di^2(CO^3)^3 + 2Na^2CO^3 + 8H^2O$. Cristaux aiguillés, minces.

Chromate de didyme, $Di^2(CrO^4)^3$.

Obtenu en précipitant une solution de sulfate de didyme par le chromate de potassium. Poudre jaune cristalline (Frerichs et Smith).

En précipitant l'azotate de didyme on obtient $Di^2(CrO^4)^3 + 7H^2O$.

Avec un excès de chromate on obtient le sel double $Di^2(CrO^4)^3 + K^2CrO^4$. Poudre dense, non cristalline (Cleve).

SELS DE DIDYME A RADICAUX ORGANIQUES

Formiate de didyme, $Di^2(CHO^2)^6$.

Par dissolution de l'oxyde dans l'acide formique étendu.

Aiguilles microscopiques.

Acétate de didyme, $Di(C^2H^3O^2)^6+8H^2O$. Dens.=1,892. Cristaux brillants rouges.

Propionate de didyme, $Di^2(C^3H^5O^2)^6 + 6H^2O$.

Cristaux rouges inaltérables à l'air (Cleve).

Oxalate de didyme, $Di^2(C^2O^4)^3 + 10H^2O$.

Obtenu en précipitaut les sels de didyme par un oxalate alcalin neutre. Sel pulvérulent, insoluble dans l'eau. Presque insoluble dans l'acide oxalique et les acides minéraux. Donne un sel double avec l'oxalate de potassium.

Tartrate de didyme, $Di^2(C^4H^4O^6)^3 + 6\ H^2O$.

Obtenu en précipitant l'acétate de didyme par l'acide tartrique.

Précipité rougeâtre, grenu. Perd $4H^2O$ à 105° C. Soluble dans l'ammoniaque (Cleve).

SAMARIUM

Constantes physiques. — *Poids atomique*. Sm = 150 (Cleve)

Chaleur spécifique = ?

Poids spécifique = ?

Historique. — Delafontaine, en 1878, étudiant l'oxyde de didyme impur extrait de la samarskite, y découvrit un nouvel oxyde à poids atomique plus élevé (159 pour R^2O^3). Il nomma son radical le *décipium* (voir p. 132).

Lecoq de Boisbaudran, un peu plus tard, découvrit dans le didyme extrait de la samarskite, un nouveau métal, caractérisé par le spectre d'absorption de ses sels et par son oxyde, base moins puissante que l'oxyde de didyme. Il nomma ce nouvel élément le *samarium* (*C. R.*, t. LXXXVIII, p. 322, et t. LXXXIX, p. 212).

En 1880, Delafontaine décrivit quelques composés du décipium (*Arch. Scien. phys. et nat.* (3), t. III). Puis M. Marignac publia ses études sur les oxydes de la samarskite. Il découvrit que les oxydes de didyme et de terbium étaient accompagnés de deux nouveaux oxydes qu'il nomma Yα et Yβ. Yα donnant des sels incolores, sans spectre d'absorption, PA = 156,7, depuis nommé *gado-*

linium, et Yβ donnant des sels jaunes caractérisés par le spectre d'absorption indiqué par M. Lecoq de Boisbaudran pour le *samarium*. Enfin, M. Delafontaine, poursuivant ses recherches, parvint à démontrer que son décipium original était composé de deux métaux différents, l'un présentant tous les caractères du spectre d'absorption du samarium de M. Lecoq de Boisbaudran, l'autre n'ayant pas de spectre d'absorption, et qui fut nommé *décipium*.

Oxyde de samarium, Sm^2O^3.

Densité = 8,347.

A été isolé par Cleve (*Journ. of Chem. Soc.*, 1883).

Il accompagne toujours le didyme, dont on le sépare par des précipitations fractionnées à l'aide de l'ammoniaque.

Poudre blanche ou faiblement jaune, infusible. Se dissout facilement dans les acides.

Hydrate de samarium, $Sm^2 (OH)^6$.

Précipité blanc, gélatineux, insoluble dans les alcalis.

SELS DE SAMARIUM A RADICAUX HALOGÉNÉS

Chlorure de samarium, $Sm^2Cl^6 + 12\,H^2O$.

Forme des cristaux volumineux, jaunes, facilement solubles et déliquescents.

Chloroplatinate de samarium, $Sm^2Cl^6, 2\,PtCl^4 + 21\,H^2O$.

Prismes de couleur orangé foncé, facilement solubles et déliquescents. A 110° perd 8 H^2O.

Platinocyanure de samarium, $Sm^2 (CAz)^6, 3\,Pt\,(CAz)^2 + 18\,H^2O$.

Cristallise en beaux prismes jaunes à reflets bleuâtres.

A 110°, perd 14 H^2O.

SELS DE SAMARIUM A RADICAUX OXYGÉNÉS

Azotate de samarium, $Sm^2(AzO^3)^6 + 12 H^2O$.

Prismes très solubles, jaune paille. Densité = 2,375 (Cleve).

Sulfate de samarium, $Sm^2(SO^4)^3 + 8 H^2O$.

Obtenu par évaporation d'une solution d'azotate de samarium avec un excès d'acide sulfurique. Forme de beaux cristaux, jaune soufre, peu solubles. Ce sel est beaucoup moins soluble que le sel de didyme correspondant.

Sulfate double de samarium et d'ammonium, $Sm^2(SO^4)^3, (AzH^4)^2 SO^4 + 8 H^2O$.

Obtenu par évaporation du mélange des sulfates.

Cristallise en tables. A 110° perd 6 H^2O.

Sulfate double de samarium et de potassium, $2 Sm^2(SO^4)^3 + 9 K^2SO^4 + 3 H^2O$.

Obtenu en additionnant de sulfate de potassium les solutions de sels de samarium.

Précipité blanc, lourd et peu soluble dans la solution saturée de sulfate de potassium.

En traitant l'acétate par un excès de sulfate de potassium, on obtient un précipité ayant la composition indiquée plus haut.

Séléniate de samarium, $Sm^2(SeO^4)^3 + 8 H^2O$.

Possède les mêmes caractères que le sulfate, mais est plus soluble.

Sélénite de samarium, $Sm^2O^3 . 4 SeO^2 + 5 H^2O$.

Obtenu en additionnant d'acide sélénieux une solution d'acétate de samarium.

Précipité volumineux, devenant cristallisé en aiguilles microscopiques. A 110° perd 3 H^2O.

Carbonate de samarium, $Sm^2(CO^3)^3 + 3\ H^2O$.

Aiguilles insolubles dans l'eau. Donne des sels doubles avec les carbonates d'ammonium, de potassium et de sodium.

SELS DE SAMARIUM A RADICAUX ORGANIQUES

Acétate de samarium, $Sm^2(C^2H^3O^2)^6 + 8\ H^2O$.

Cristallise en prismes, assez solubles dans l'eau.

Oxalate de samarium, $Sm^2(C^2O^4)^3 + 10\ H^2O$.

Obtenu en additionnant d'acide oxalique une solution d'un sel de samarium.

Précipité cristallin, blanc ou jaunâtre.

DÉCIPIUM

Constantes physiques. — *Poids atomique* De = 171.

Historique. — En 1878, M. Delafontaine trouva que le didyme impur extrait de la samarskite de la Caroline du Nord et de la cipylite de Virginie offrait de nouvelles bandes d'absorption. Il attribua ce phénomène à la présence d'un corps nouveau qu'il nomma *décipium*. M. Lecoq de Boisbaudran découvrit plus tard, dans la samarskite, un nouvel oxyde dont les sels avaient un pouvoir lumineux absorbant assez considérable, il le nomma *samarium*. M. Delafontaine, continuant ses recherches, arriva à scinder son décipium en décipium vrai, qui ne possède aucune bande d'absorption, et en samarium, identique avec celui de M. Lecoq de Boisbaudran.

État naturel. — Se trouve avec le samarium, le didyme, le gadolinium, le terbium, l'erbium, etc., dans la samarskite, la gadolinite, etc.

Le décipium donne des sels incolores, sans spectre d'absorption.

Son sulfate double potassique est soluble dans la solution saturée de sulfate de potasse.

GADOLINIUM

Constantes physiques. — Poids atomique = 156,75 (Marignac), 156,15 (Lecoq de Boisbaudran).

Historique. — Le gadolinium fut découvert par M. Marignac, lors de ses recherchés sur les oxydes accompagnant la terbine.

Ce savant avait trouvé deux oxydes qu'il nomma provisoirement Yα et Yβ. Ce dernier fut identifié avec le samarium de M. Lecoq de Boisbaudran, tandis que Yα fut définitivement nommé gadolinium. (*Comptes rendus*, t. CII.)

Crookes l'a dédoublé en Gdβ et Gdζ.

État naturel. — Se trouve dans la samarskite, la gadolinite avec le samarium, didyme, décipium, etc.

Le gadolinium n'a pas de spectre d'absorption.

M. Lecoq de Boisbaudran a fractionné la gadoline de M. Marignac au moyen de l'ammoniaque très dilué.

Le samarium se concentre dans les premières portions et le didyme dans les dernières.

Ce savant a étudié le spectre du gadolinium.

Avec l'étincelle d'une bobine à fil long, on obtient un beau spectre composé de bandes portant de nombreuses raies.

Avec la bobine à fil court de M. Demarçay et un très faible éloignement des pôles, les bandes disparaissent et on obtient un spectre composé de raies très nettes, nombreuses et brillantes.

En éloignant les pôles le plus possible, le spectre de

bandes se développe. C'est un des plus beaux que l'on puisse voir [1].

La réaction spectrale du gadolinium est donc très sensible et très caractéristique.

Métaux triatomiques.

GROUPE YTTRIQUE

YTTRIUM

Constantes physiques. — *Poids atomique*, 89,02 (Cleve).

Chaleur spécifique = ?

Poids spécifique = ?

Historique. — Arrhénius, en 1788, découvrità Ytterby un nouveau minéral, nommé depuis *gadolinite*, en l'honneur de Gadolin qui, en 1794, l'étudiant, y découvrit une nouvelle terre, qu'il nomma *yttria*. Ce nouvel oxyde fut identifié ensuite par Ekeberg, dans l'yttrotantalite, minéral qu'il venait d'étudier et où il avait découvert l'acide tantalique.

Berzélius et Berlin étudièrent cette nouvelle terre que l'on considérait comme homogène, lorsque Mosander, en 1842, à la suite de la publication d'un travail de Scheerer, communiqua au *Journal für praktische Chemie* une étude sur l'yttria, dans laquelle il démontrait que cet oxyde était composé en réalité de trois oxydes différents, qu'il nomma *yttria*, *erbine* et *terbine*. Les deux premiers donnaient des sels incolores, tandis que la terbine donnait des sels colorés en rouge. L'erbine était colorée en jaune.

Berlin, en 1860, reprit l'étude de l'yttria brute, qu'il

---

(1) Lecoq de Boisbaudran. *Comptes rendus*, t. CII, p. 902 ; t. CVIII, p. 165 ; t. CXI, p. 393 et 472.

parvint à scinder en deux oxydes, dont un fut identifié avec l'erbine de Mosander, bien qu'il donnât des sels colorés en rouge.

Le nom d'erbine fut dès lors donné à l'oxyde à sels colorés qui, depuis cette époque, a été scindé en un certain nombre d'oxydes, grâce aux savants travaux et aux patientes recherches de M. Cleve.

L'autre partie du fractionnement de Berlin fut considérée par lui comme de l'yttria púre. Il ne put parvenir à isoler le troisième oxyde de Mosander, la terbine.

Entre temps, MM. Popp et Delafontaine étudièrent l'yttria et arrivèrent à des conclusions absolument différentes.

Puis Bahr et Bunsen, se servant de la méthode de calcination des azotates, déjà employée par Berlin, mais en la modifiant, parvinrent, grâce à de nombreuses opérations, à séparer l'yttria brute en deux portions : l'yttria à équivalent 38,9 et l'erbine dont l'équivalent était 64,3 et possédait des sels rouges (l'oxyde étant RO). Le troisième oxyde de Mosander ne pouvait toujours être isolé, malgré les travaux de MM. Cleve et Höglund, qui en 1873 reprirent ces recherches, et arrivèrent encore à un résultat négatif, en ce qui concerne cette terre.

Cependant M. Delafontaine, qui en 1864 et 1865 avait isolé les trois oxydes de Mosander, soutenait toujours que la terbine existait, caractérisée par l'insolubilité relative de son sulfate double potassique et par son équivalent 47,7.

Enfin, en 1878, M. Lawrence Smith trouva dans la samarskite de la Caroline du Nord un oxyde jaune, qu'il nomma oxyde de *mosandrium* [1] et que M. Marignac démontra presque aussitôt identique avec le troisième

---

[1] M. Lecoq de Boisbaudran a démontré que la mosandrine de L. Smith était un mélange de gadoline et de terbine.

oxyde de Mosander, dénommé définitivement terbine.

M. Marignac avait extrait cet oxyde, relativement pur, du traitement de la gadolinite, et M. Delafontaine, dont la clairvoyance était enfin vérifiée, de la samarskite.

M. Cleve a mis en doute cette identité en faisant remarquer avec raison que le troisième oxyde de Mosander est le moins basique parmi les oxydes de l'yttria. Par addition d'ammoniaque, il doit se précipiter le premier. Contrairement à cela, la terbine de Marignac et de Delafontaine est plus basique que l'erbine que Mosander nommait terbine.

Marignac, au cours de ses recherches, remarqua que l'yttria brute renferme encore un oxyde jaune, probablement l'x de M. Soret, oxyde que Cleve caractérisa à nouveau et auquel il donna le nom d'*holmine*.

L'ancienne *yttria* de Gadolin et de Berlin était donc définitement scindée en trois nouveaux éléments, l'yttrium, le terbium et l'erbium.

Nous verrons à l'article *erbium* que cet élément que l'on supposait simple était en réalité extrêmement complexe.

État naturel. — Les principaux minéraux d'yttrium sont la gadolinite, l'euxénite, la fergusonite et la monazite.

D'après les analyses de Mlle Emilie Aston, la fergusonite possède la composition suivante :

Oxyde de niobium et tantale	47,75
— d'yttrium, erbium, etc.	31,09
— de cérium	13,87
— d'uranium	7,17
Acide titanique	4,56
— silicique	1,42
Oxyde de fer	1,55
— de plomb	0,16
— de cuivre	0,12

Extraction de l'yttria (méthode Moissan et Etard). — Les minerais pulvérisés (gadolinite, euxénite, monazite) sont attaqués à la manière ordinaire par l'acide sulfurique, puis dissous dans l'eau froide et on précipite les oxydes par l'acide oxalique. Les oxalates sont lavés, grillés à 400° et dissous dans l'acide sulfurique étendu. La solution limpide est saturée de sulfate de potassium en cristaux. Les sulfates doubles du groupe cérique (cérium, lanthane, néodyme, praséodyme) restent insolubles, tandis que les sulfates doubles du groupe yttrique (erbium, holmium, thulium, scandium, etc.) restent dans le liquide.

Quand ces solutions sulfatées ne présentent plus les bandes caractéristiques du néodyme et du praséodyme on est assuré que le cérium et le lanthane sont entièrement précipités. On reprend la totalité des eaux-mères par l'acide oxalique, et on obtient les oxalates des terres rares du groupe yttrique.

Pour séparer l'yttria des autres oxydes du groupe, les auteurs opèrent ainsi : le mélange complexe des terres yttriques est neutralisé par l'acide sulfurique, puis on le précipite par du chromate neutre de potassium en fractionnant le précipité.

Comme on n'a ajouté que le 1/10 environ de la quantité nécessaire, on obtient un chromate basique, dans lequel prédominent l'erbium, l'holmium, le thulium, etc. Comme le précipité est basique, la solution riche en chromate acide devient d'un beau rouge et le précipité obtenu prend l'aspect cristallin. On le sépare, on le lave, et on le réduit en milieu acide par l'alcool, pour préparer d'abord l'oxalate et enfin l'oxyde.

Les eaux-mères rouges sont additionnées d'un nouveau 1/10 de chromate de potassium, en même temps que d'une quantité suffisante d'ammoniaque pour la neutralisation, c'est-à-dire jusqu'à coloration jaune.

Il se forme alors un nouveau dépôt, floconneux, puis cristallin. En continuant méthodiquement cette opération, la dixième précipitation ne contient le plus souvent que du chromate basique d'yttrium, ce que l'on vérifie par la solution, qui ne doit plus offrir de bandes d'absorption, et par la détermination du poids atomique (89).

On peut, si cela est nécessaire, reprendre ces fractions en nouvelles séries, par la même méthode. Ce procédé est relativement rapide.

Oxyde d'yttrium ou yttria, Y^2O^3.

Densité = 5,046.

Chaleur spécifique = 0,1026 (Nilson et Petersson).

S'obtient par la calcination de l'hydrate, du carbonate, du nitrate, de l'oxalate, etc. Le sulfate même, par une calcination prolongée et énergique, se transforme en oxyde.

Poudre blanche, ayant des propriétés basiques très énergiques.

Se combine avec les acides pour donner des sels incolores.

L'oxyde d'yttrium chasse l'ammoniaque des sels ammoniacaux.

Hydrate d'yttrium, $Y^2(OH)^6$.

Précipité gélatineux obtenu par addition d'un alcali à une solution d'un sel d'yttrium. L'ammoniaque précipite des sels basiques.

Facilement soluble dans les acides. Il attire rapidement l'acide carbonique de l'air en donnant un carbonate neutre.

Décompose les sels ammoniacaux (Cleve).

SELS D'YTTRIUM A RADICAUX HALOGÉNÉS

Chlorure d'yttrium, $Y^2Cl^6 + 12H^2O$.

Le chlorure anhydre s'obtient par fusion du chlorure

cristallisé avec du chlorhydrate d'ammoniaque. Forme une masse blanche cristalline, se dissociant à l'humidité de l'air (Cleve).

Le sel cristallisé forme des prismes aplatis, déliquescents, solubles dans l'alcool et insolubles dans l'éther.

Chauffé, il se décompose, en donnant un chlorure basique.

Chloroplatinate d'yttrium, $2Y^2Cl^6 + 5PtCl^4 + 51H^2O$.
Grands cristaux, jaune orangé foncé, très déliquescents (Cleve et Nilson. *B. S. C.*, t. XXVII, p. 209). Desséché sur l'acide sulfurique, perd 18 H^2O.

Chloroplatinite d'yttrium, $Y^2Cl^6 + 3PtCl^2 + 24 H^2O$.
Prismes obliques, rouges, déliquescents. A 100°, perdent 10 H^2O.

Chloraurate d'yttrium, $Y^2Cl^6 + 4AuCl^3 + 32H^2O$.
Cristallise en grands cristaux (Cleve). Desséché sur l'acide sulfurique, perd $10H^2O$.

Chlorostannate d'yttrium, $Y^2Cl^6 + SnCl^4 + 8 H^2O$.
Cristaux volumineux, déliquescents.

Bromure d'yttrium, Y^2Br^6.
Cristallise en aiguilles déliquescentes. Solubles dans l'eau, l'alcool et l'éther.

Iodure d'yttrium. — Cristallise en aiguilles déliquescentes, brunissant à l'air. A 120°, dégage des vapeurs d'iode (Cleve et Hœglund).

Fluorure d'yttrium, $2Y^2F^6 + H^2O$.
Obtenu par précipitation des sels d'yttrium par l'acide fluorhydrique. Précipité transparent et amorphe. Peu soluble dans l'eau et dans les acides dilués.

Ferrocyanure d'yttrium et de potassium, $Y^2K^2(CAz)^{12}Fe^2 + 4H^2O$. — Obtenu en précipitant l'azotate d'yttrium par le ferrocyanure de potassium. Précipité blanc verdâtre.

Cobalticyanure d'yttrium. — Obtenu en additionnant de cobalticyanure de potassium une solution d'azotate d'yttrium, et ajoutant de l'alcool.

Précipité blanc, amorphe (Cleve).

Platinocyanure d'yttrium, $Y^2\ (CAz)^{12}\ Pt^3 + 21H^2O$. — Densité $= 2,376$.

Magnifiques cristaux volumineux, d'une couleur rouge cerise avec reflet vert métallique et violet. Très solubles.

A 100 — 120° C. perdent $18H^2O$ et deviennent jaunes.

Les cristaux appartiennent au système du prisme rhomboïdal droit.

Sulfocyanate d'yttrium. — Par évaporation spontanée sur l'acide sulfurique, cristallise en prismes allongés, incolores, très solubles dans l'eau, l'alcool et l'éther. Inaltérables à l'air. Donne un sel double avec le cyanure de mercure.

Sulfure d'yttrium. — On peut obtenir un sulfure d'yttrium en calcinant de l'yttria dans un courant d'hydrogène saturé de sulfure de carbone.

Forme une masse grisâtre.

Le chlorure anhydre, chauffé dans un courant d'hydrogène sulfuré, donne une masse jaune, qui doit être un sulfochlorure.

Carbure d'yttrium, C^2Y.

M. Petersson (*Deutsch. Ch. Gesell.*, t. XXVIII, p. 2419) a obtenu un carbure d'yttrium ($D = 4,186$) en chauffant au four électrique, dans un creuset de charbon, un mélange intime d'oxyde et de charbon, à l'aide d'un courant de 45-100 ampères et de 60 volts.

M. Moissan, dans sa série de travaux remarquables

sur les carbures des métaux rares, a préparé, en collaboration avec M. Etard, le carbure d'yttrium. Ces savants ont opéré de la façon suivante : l'yttria en poudre très fine est mélangée intimement avec du charbon de sucre, puis additionnée d'une petite quantité d'essence de térébenthine, de façon à former une pâte épaisse. On comprime le tout fortement et on calcine les fragments au four Perrot. Ce mélange est chauffé au four électrique, dans un cylindre de charbon fermé à l'une de ses extrémités. Il faut, pour réduire l'yttria, une température plus élevée que pour l'oxyde de cérium.

Avec 900 ampères et 50 volts, il faut chauffer pendant cinq minutes. Pendant la réduction il se dégage des vapeurs métalliques abondantes, qui brûlent à l'orifice du tube, avec une flamme blanche teintée de pourpre.

Le carbure d'yttrium, C^2Y, offre l'aspect de lingots bien fondus, friables et à cassure très nette. On y remarque, au microscope, des cristaux jaunes, transparents.

La densité, prise dans la benzine à 18° C. = 4,13.

Le carbure d'yttrium brûle dans le chlore au-dessous du rouge sombre, avec une vive incandescence. De même dans la vapeur de brome. Il brûle avec facilité dans la vapeur d'iode.

Le fluor l'attaque à froid.

Il brûle dans l'oxygène, dans la vapeur de soufre et dans celle de sélénium.

Les acides concentrés l'attaquent difficilement. L'acide sulfurique à chaud l'attaque avec dégagement de gaz sulfureux. L'eau le décompose à froid en donnant un oxyde hydraté et un mélange de carbures d'hydrogène dans les proportions suivantes :

Acétylène	71,7 à 71,8
Méthane.	19 à 18,8
Ethylène.	4,8 à 4,45
Hydrogène.	4,5 à 4,95

SELS D'YTTRIUM A RADICAUX OXYGÉNÉS

Azotate d'yttrium, $Y^2(AzO^3)^6 + 12\ H^2O$.

Obtenus par concentration d'une solution concentrée, en grands cristaux volumineux. A 100° ou par dessiccation sur l'acide sulfurique, perd $6\ H^2O$.

Azotate basique d'yttrium, $2\ Y^2O^3\ 3\ Az^2O^5 + 9\ H^2O$.

Obtenu en chauffant l'azotate neutre. Il se dégage des vapeurs rutilantes, et par refroidissement on obtient une masse transparente facilement soluble dans l'eau bouillante. Le sel obtenu se décompose par l'eau, en donnant des sels basiques insolubles. Sur cette réaction est basée une méthode de fractionnement due à Debray.

Azotite d'yttrium. — Masse sirupeuse, incristallisable, très soluble. Donne avec l'azotite de platine un sel double, cristallisant en prismes jaunes $(Pt[AzO^2]^4)^3Y^2 + 9\ H^2O$.

Sulfate d'yttrium. *Sel anhydre*, $Y^2(SO^4)^3$.

Densité = 2,612.

Chaleur spécifique = 0,1319 (Nilson et Petersson).

Poudre blanche terreuse, inaltérable au-dessous du rouge.

Facilement soluble dans l'eau glacée (100 p. d'eau dissolvent 15 p. de sulfate). A 50° la solution donne un dépôt de cristaux.

Sel hydraté, $Y^2(SO^4)^3 + 8\ H^2O$. — Densité = 2,540. Chaleur spécifique = 0,2257. Ce sel est inaltérable à l'air et est moins soluble que le sel anhydre. Il cristallise en prismes rhomboïdaux obliques, isomorphes avec les sulfates de didyme et de cadmium.

Le sulfate d'yttrium se combine avec les sulfates alcalins pour donner une série de sulfates doubles.

Sulfate double d'yttrium et d'ammonium, $Y^2(SO^4)^3 + 2(AzH^4)^2SO^4 + 9H^2O$.

Cristallise en tables, par évaporation spontanée.

Sulfate double d'yttrium et de potassium, $Y^2(SO^4)^3 + 4K^2SO^4$.

Obtenu par évaporation d'un mélange de solutions des deux sulfates. Forme des croûtes cristallines solubles dans une solution saturée de sulfate de potassium.

Sulfate double d'yttrium et de sodium, $Y^2(SO^4)^3 + Na^2SO^4 + 2H^2O$.

Poudre amorphe, soluble dans l'eau.

Hyposulfate d'yttrium, $Y^2(S^2O^6)^3 + 18H^2O$.

Obtenu par double décomposition entre le dithionate de baryum et le sulfate d'yttrium, sous forme d'aiguilles allongées, très solubles, inaltérables à l'air (Cleve et Hœglund).

Sélénites d'yttrium. — *Sel neutre*, $Y^2(SeO^3)^3 + 12H^2O$.

Obtenu par l'action de l'acide sélénieux sur le sulfate d'yttrium (Nilson). Poudre blanche, non cristalline.

Sel acide, $Y^2(SeO^3)^4 + 5H^2O$.

Par l'action d'un excès d'acide sélénieux sur les hydrates ou le sel neutre. Aiguilles cristallines peu solubles dans l'eau. Facilement solubles dans les acides chlorhydrique et nitrique. A 110° C. perdent $4H^2O$ (Cleve et Hœglund).

Séléniates d'yttrium, 1° $Y^2(SeO^4)^3 + 8H^2O$. — Densité = 2,895 (Topsoë); = 2,915 (Petersson).

Par évaporation de la solution de l'oxyde d'yttrium, dans l'acide sélénique. Cristaux volumineux, incolores, brillants, isomorphes avec le sulfate d'yttrium et le séléniate de didyme. Prismes dérivés du système rhomboïdal oblique.

2° $Y^2(SeO^4)^3 + 9 H^2O$. — Densité = 2,661 (Pettersson); 2,780 (Topsoë). Le sel à 9 H^2O devient opaque et perd 3 H^2O sur l'acide sulfurique. Les séléniates d'yttrium se combinent aux séléniates alcalins pour donner des sels doubles, analogues aux aluns, sauf le nombre de molécules d'eau de cristallisation.

Séléniate d'yttrium et de potassium, $Y^2(SeO^4)^3 + K^2SeO^4 + 6H^2O$.

Aiguilles mamelonnées, très solubles dans l'eau. A 185° perd $5H^2O$.

Séléniate d'yttrium et d'ammonium. — $Y^2 (SeO^4)^3 + (AzH^4)^2 SeO^4 + 6H^2O$.

Petites aiguilles mamelonnées, inaltérables à l'air, très solubles dans l'eau. A 100° perd $2H^2O$ et à 150°, $4H^2O$.

Phosphates d'yttrium.

Métaphosphate d'yttrium, $Y^2(PO^3)^6$.

Cleve l'a obtenu en calcinant l'yttria avec l'acide phosphorique. Poudre pesante et cristalline. Insoluble dans l'eau et dans les acides.

Orthophosphate d'yttrium, $Y^2(PO^4)^2$.

Se trouve dans la nature à l'état cristallin, formant la *xénotime* (voir p. 34). M. Radominsky a obtenu la xénotime artificielle en fondant le chlorure d'yttrium avec le phosphate d'yttrium hydraté (*B. S. C.*, t. XXIII, p. 178).

Par voie humide, forme un précipité blanc, amorphe, volumineux, devenant cristallin lorsqu'il est maintenu dans un endroit chaud. Il a pour formule : $Y^2(PO^4)^2 + 4H^2O$.

Pyrophosphate d'yttrium, $(P^2O^7)^2Y^2H^2 + 7H^2O$.

Obtenu par dissolution de l'hydrate d'yttrium, dans l'acide pyrophosphorique. Masses blanches, sphériques, dures et infusibles. Sur l'acide sulfurique perd $6H^2O$.

Carbonate d'yttrium, $Y^2(CO^3)^3 + 3H^2O$.

Obtenu en faisant barboter un courant de gaz carbonique dans de l'hydrate d'yttrium en suspension dans l'eau. Poudre blanche lourde, soluble dans les solutions des carbonates alcalins. Assez difficilement décomposable par la chaleur. Se combine aux carbonates alcalins pour donner des sels doubles cristallisables.

Carbonate double d'yttrium et d'ammonium, $Y^2(CO^3)^3 + (AzH^4)^2CO^3 + 2H^2O$.

Obtenu en additionnant lentement d'azotate d'yttrium une solution contenant un excès de carbonate d'ammonium et laissant digérer pendant quelques jours. Précipité lourd et cristallin.

Carbonate double d'yttrium et de sodium $Y^2(CO^3)^3 + Na^2CO^3 + 4H^2O$.

Obtenu en ajoutant du chlorure d'yttrium à une solution de carbonate de sodium et laissant digérer.

Silicate d'yttrium. — Compose la majeure partie de la *gadolinite*. (Voir p. 14.)

Silico-titanate d'yttrium. — Se trouve dans la nature où il forme l'*yttrotitanite* ou keilhauite. (Voir p. 5.)

Tantalate d'yttrium. — Se trouve dans la nature dans l'*yttrotantalite*. (Voir p. 5.)

Niobate d'yttrium, Nb^2O^5, Y^2O^3. — Poudre cristalline, formée d'octaèdres microscopiques biréfringents (Joly).

Se trouve dans la nature, dans la *fergusonite*, l'*euxénite* et la *samarskite*.

SELS D'YTTRIUM A RADICAUX ORGANIQUES

Formiate d'yttrium, $(CHO^2)^6Y^2 + 4H^2O$.

Aiguilles mamelonnées très solubles. Ne s'altère pas

par dessiccation sur l'acide sulfurique. A 100-110° C. perd son eau de cristallisation. Se boursoufle énormément à la calcination et donne un résidu d'yttria (Cleve). Donne un formiate double avec le formiate de terbium.

Acétate d'yttrium, $Y^2(C^2H^3O^2)^6 + 8H^2O$.

Densité = 1,696.

Prismes brillants volumineux, du système triclinique (Topsoë).

Peu soluble dans l'eau froide. Forme des composés colloïdaux (M. Delafontaine).

Propionate d'yttrium, $Y^2(C^3H^5O^2)^6 + 3H^2O$.

Petits cristaux tabulaires (Cleve).

Ethylsulfate d'yttrium, $(C^2H^5SO^4)^6Y^2 + 18H^2O$.

Beaux cristaux volumineux, facilement solubles.

Amylsulfate d'yttrium, $(C^5H^{11}SO^4)^6Y^2 + 8H^2O$.

Cristallise en tables ou en écailles (Alen).

Oxalate d'yttrium. — Obtenu en précipitant une solution yttrique par l'acide oxalique.

Poudre blanche cristalline, presque insoluble dans l'eau pure $\left(\frac{1}{7000}\right)$. Beaucoup plus soluble dans l'eau acidulée. Dans l'acide chlorhydrique étendu 3,7 p. 100 $\left(\frac{1}{494}\right)$. Peu soluble dans une solution bouillante d'oxalate d'ammonium et facilement soluble dans une solution neutre et bouillante d'oxalate de potassium. Donne un sel double avec l'oxalate de potassium.

Succinate d'yttrium, $Y^2(C^4H^4O^4)^3 + 6H^2O$.

Obtenu par double décomposition, en chauffant un mélange de succinate d'ammonium et d'azotate d'yttrium (Cleve). Peu soluble dans l'eau et dans le chlorhydrate d'ammonium.

Tartrate d'yttrium. — Petits prismes courts, peu solubles (Cleve).

Malate d'yttrium. — Obtenu en délayant du carbonate d'yttrium dans l'acide malique aqueux. Se dépose par évaporation sous forme de petits mamelons. Les solutions concentrées des sels d'yttrium sont précipitées par les malates alcalins.

Précipité blanc, presque cristallin. Soluble dans l'acide malique aqueux.

Sulfocyanate d'yttrium, $(CAzS)^3Y + 6H^2O$.

Prismes bien définis, solubles dans l'eau, inaltérables à l'air.

Forme un sel double de mercure $(CAzS)^3Y + 3Hg(CAz)^2 + 12H^2O$.

Cristaux tabulaires, très solubles dans l'eau. Perdent $7H^2O$ sur l'acide sulfurique (Cleve et Hœglund).

TERBIUM

Constantes physiques. — *Poids atomique* $Tb = (Tb^2O^3) = 159{,}5$ (Lecoq de Boisbaudran); 160 (Clarke).

Historique. — Le terbium est le radical de la terbine, un des trois oxydes qui furent extraits par Mosander, en 1843, de l'yttria brute. Cet oxyde était caractérisé par la couleur rose de ses sels, mais depuis cette époque le nom d'*erbine* a été affecté à l'oxyde à sels roses, tandis que le troisième de Mosander, dont M. Delafontaine avait toujours défendu l'existence, fut découvert à nouveau, en 1878, dans la samarskite de la Caroline, par Lawrence Smith, lequel supposant avoir découvert un nouvel élément, le nomma *mosandrium*. Marignac, quelque temps après, démontra l'identité de l'oxyde de mosandrium, de Smith, avec le troisième oxyde de Mosander, et le nomma définitivement terbine.

(Marignac, *C. R.*, t. LXXXVII, p. 281 ; Lawrence Smith, *C. R.*, t. LXXXVII, p. 146, 831 ; Delafontaine, *C. R.*, t. LXXXVII, p. 600.)

État naturel. — Se trouve dans la samarskite de l'Amérique du Nord, dans la fergusonite, etc.

Poids atomique et classification. — La détermination du poids atomique de cet élément avait été faite par Marignac, à l'origine. M. Lecoq de Boisbaudran a examiné de nouveau les anciennes terbines et est arrivé au poids atomique de 159,5 pour le terbium. Les anciennes terbines étaient souillées d'holmine et de gadoline.

Oxyde de terbium ou terbine. — On n'a pas encore isolé la terbine pure.

On lui suppose les propriétés suivantes. Oxyde de couleur orangée, très foncée, donnant des sels incolores sans spectre d'absorption.

Delafontaine a extrait la terbine de la samarskite, par de longs procédés de fractionnement, d'abord par une solution de sulfate de potassium, puis par l'acide oxalique, et enfin par l'acide formique.

Poudre amorphe, jaune orangé foncé, chauffée quelque temps dans l'hydrogène, elle devient blanche. Elle se dissout dans les acides en donnant des sels du type Tb^2X^3 ; $X = SO^4$, CO^3, $2\,AzO^3H$, etc. Les sels sont incolores et sans spectre d'absorption. Le sulfate double de terbium et de potassium ainsi que le formiate de terbium sont peu solubles.

Toutes les anciennes terbines ont été examinées par M. Lecoq de Boisbaudran, qui a reconnu qu'elles étaient souillées par de fortes proportions d'holmium et de gadolinium.

La terbine actuelle serait donc un oxyde complexe formé d'un mélange de divers oxydes que M. Lecoq de Boisbaudran et M. Crookes ont étudiés au point de vue de leurs spectres d'étincelle, de phosphorescence et de fluorescence.

ERBIUM

Constantes physiques. — *Poids atomique* Er = 166,32 (Clarke).

Chaleur spécifique = ?

Poids spécifique = ?

Historique. — L'erbine de Mosander, que l'on considérait comme un oxyde simple (voir *Historique de l'yttrium*, p. 134), était en réalité un mélange complexe d'oxydes divers.

Les premiers travaux sur l'ancienne erbine furent faits par Cleve, qui s'aidant des recherches de Thalén sur les spectres des Terres rares, découvrit dans l'erbine trois nouveaux oxydes à spectres d'absorption bien distincts.

L'un de ces oxydes qui donnait le spectre de la terre x de M. Soret fut nommé holmine, et son radical *holmium*.

Cet élément a depuis été scindé, grâce aux patientes et savantes recherches de M. Lecoq de Boisbaudran, en deux nouveaux éléments, l'holmium vrai et le *dysprosium*.

M. Delafontaine, en 1878, tout en isolant la terbine (jaune) avait découvert un second oxyde jaune, dont il avait nommé le radical métallique *philippium*, caractérisé par son spectre d'absorption. Cependant il reconnut plus tard que ce spectre appartenait à la terre x de M. Soret ou holmine.

L'existence du philippium fut attaquée vivement et MM. Roscoe, Marignac et Crookes la nièrent complètement.

Cet élément existait cependant, car M. Delafontaine, poursuivant ses recherches sur les métaux rares de la fergusonite, vient d'en isoler une assez grande quantité pour pouvoir élucider les différentes caractéristiques du nouveau métal (voir p. 162).

En 1878, M. Marignac, essayant d'isoler la philippine de Delafontaine, se servit de la méthode de Bahr et Bunsen. Mais il la modifia, en ce sens qu'il poussa la décomposition des azotates jusqu'à former des sels basiques insolubles dans l'eau bouillante.

Ce fut grâce à cette légère modification qu'il réussit à découvrir un nouvel oxyde blanc, qu'il nomma *ytterbine*.

Nilson, répétant l'expérience de Marignac, découvrit un nouvel oxyde, qu'il nomma *scandine*.

Enfin M. Cleve, voulant isoler l'erbine vraie, découvrit, avec l'assistance de M. Thalén, que le spectre de cette terre, après séparation de l'ytterbine et de la scandine, était composé des spectres de trois oxydes, la *thuline*, l'*erbine* et l'*holmine*.

Nous avons déjà vu précédemment qu'il avait été reconnu que l'*x* de M. Soret et l'holmium de M. Cleve, ayant les mêmes spectres, étaient identiques.

Grâce aux nombreuses et patientes recherches des divers savants qui se sont occupés de cette question, il est donc prouvé que l'ancienne erbine était un mélange complexe contenant les oxydes des métaux suivants :

Le philippium;
Le scandium ;
L'ytterbium ;
Le thulium ;
L'erbium;
L'holmium;
Le dysprosium.

L'ancienne erbine extraite de la gadolinite contient surtout de l'ytterbine. L'erbine vraie et l'holmine s'y trouvent en plus petite quantité et la thuline et la scandine en portions extrêmement minimes. La philippine se trouve surtout dans la fergusonite.

Etat naturel. — Se trouve avec les autres métaux de l'erbine et de l'yttria dans la samarskite, la gadolinite, la fergusonite, etc.

Poids atomique. — M. Cleve a déterminé le poids atomique de l'erbium, par la synthèse du sulfate.

Oxyde d'erbium ou erbine, Er^2O^3. — Poids spécifique = 8,64.

Offre l'aspect d'une poudre d'une superbe couleur rose pur.

Soluble lentement dans les acides, avec lesquels il donne des sels colorés en rouge.

Les sels d'erbium possèdent un spectre d'absorption caractéristique, dont les bandes sont visibles, même dans des solutions presque incolores. On ne connaît actuellement que peu de sels d'erbium.

SELS D'ERBIUM A RADICAUX OXYGÉNÉS

Azotate d'erbium, $Er^2(AzO^3)^6 + 10 H^2O$.

Se présente sous forme de grands cristaux inaltérables à l'air, solubles dans l'eau et l'alcool. Décomposé par la chaleur en donnant un sel basique.

Sulfate d'erbium. *Sel anhydre*, $Er^2(SO^4)^3$.

Poids spécifique = 3,678.

Chaleur spécique = 0,104.

Sel hydraté, $Er^2(SO^4)^3 + 8 H^2O$.

Poids spécifique = 3,180.

Chaleur spécifique = 0,1808.

Superbes cristaux roses.

Sulfate double d'erbium et de potassium, $Er^2K^2(SO^4)^4 + 4 H^2O$.

Sulfate double d'erbium et d'ammonium, Er^2, $(AzH^4)^2$ $(SO^4)^4 + 8H^2O$.

Le premier de ces sels se présente sous forme de croûtes rouges et le second en aiguilles rouges formant des mamelons.

Tous deux sont très solubles dans l'eau froide.

Sélénite d'erbium, $Er^2O^3(SeO^2)^4 + 5H^2O$.

Obtenu en précipitant l'azotate par l'acide sélénieux, avec addition d'alcool, jusqu'à obtention d'un liquide trouble.

Aiguilles microscopiques groupées en masses sphériques.

A 115° perd $4H^2O$.

Platinocyanure d'erbium, $Er^2Pt^3(CAz)^{12} + 21H^2O$.

Semblable au sel d'yttrium. Prismes rouges à reflets violets.

Couleur verte métallique sur les faces prismatiques et pyramidales.

Séché à 150°, offre l'aspect d'une poudre jaune, renfermant $2H^2O$.

SELS D'ERBIUM A RADICAUX ORGANIQUES

Formiate d'erbium, $Er^2(CHO^2)^6$.

Obtenu par dissolution de l'oxyde dans l'acide formique étendu et bouillant. Forme une poudre rouge, peu cristalline.

Se dissout lentement dans l'eau, en s'hydratant. La solution évaporée spontanément donne de très beaux cristaux, d'une belle couleur rouge, $Er^2(CHO^2)^6 + 4H^2O$. Ces cristaux sont très solubles.

Oxalate d'erbium, $Er^2(C^2O^4)^3 + 9H^2O$.

Obtenu par précipitation des sels d'erbium, par l'acide oxalique.

Masse visqueuse, qui se change avec le temps en cristaux microscopiques.

A 115° ce sel perd $4H^2O$.

YTTERBIUM

Constantes physiques. — *Poids atomique* : Yb = 172,73 (Marignac), 173,01 (Nilson), 173,19 (Clarke).

Chaleur spécifique = ?

Poids spécifique = ?

Historique. — M. Marignac, en 1878, étudiant l'ancienne *erbine* de Mosander, découvrit qu'elle n'était qu'un mélange, et en décomposant le nitrate d'erbium (ancien) par la chaleur il obtint une nouvelle terre qu'il nomma *ytterbine* (*Ann. Ch. Phy.* (5) 14, p. 247).

M. Nilson, préparant l'ytterbine, trouva un équivalent différent de celui indiqué par Marignac, et par des fractionnements répétés des nitrates, isola une nouvelle terre, qu'il nomma *scandine* (voir *Erbium*, p. 149).

Etat naturel. — Se trouve avec les terres de l'ancienne erbine, dans l'euxénite, la gadolinite, etc. M. Delafontaine l'a signalé dans la sipylite d'Amherst.

Poids atomique et classification. — Le poids atomique a été déterminé par Nilson, en dissolvant Yb^2O^3 dans l'acide nitrique, ajoutant une quantité convenable d'acide sulfurique dilué, évaporant au bain-marie pour chasser l'acide nitrique ; au bain de sable pour chasser l'acide sulfurique, pesant le sulfate d'ytterbium obtenu et l'analysant. Il a ainsi trouvé 173,01 comme poids atomique comme moyenne de sept expériences.

Nous signalerons à la partie analytique les inconvénients que possède cette méthode de détermination des poids atomiques.

Préparation et propriétés de l'oxyde d'ytterbium ou ytterbine, Yb^2O^3.

Densité = 9,175.

Chaleur spécifique = 0,0646.

Nilson mélange l'euxénite ou la gadolinite finement pulvérisée, par portions successives de 400 grammes, avec quatre fois son poids de bisulfate de potasse ; il fond et pulvérise la masse fondue, et épuise avec de l'eau froide. Il précipite la solution aqueuse par l'ammoniaque, lave les hydrates et dissout dans l'acide nitrique dilué.

Il fait bouillir quelque temps et filtre. Puis il précipite par l'acide oxalique, lave, sèche et calcine fortement. On fait ensuite bouillir avec de l'eau, on filtre et on dissout dans l'acide nitrique dilué, on évapore à sec et on fond le résidu, jusqu'à commencement de dégagement de vapeurs rutilantes. La masse jaune rougeâtre est traitée par l'eau bouillante ; il reste un résidu rougeâtre. On filtre. Ce précipité contient la thorine, avec l'oxyde de cérium, le fer et l'uranium. Le filtrat coloré est évaporé à sec et les nitrates solides ainsi obtenus sont partiellement décomposés par la chaleur ; la portion soluble est enlevée par l'eau, le résidu dissous dans l'acide nitrique, évaporé à sec, calciné partiellement, et ainsi de suite.

Après trente opérations semblables on a une solution qui n'est plus que faiblement colorée ; après trente-cinq, la solution est incolore et montre seulement deux faibles bandes d'absorption, une dans le vert, l'autre dans le rouge ; après quarante, la bande verte disparait, et enfin après soixante-huit traitements, il n'y a plus trace d'absorption. La solution est alors saturée par l'acide sulfhydrique, le léger précipité de sulfure de platine est filtré. La liqueur est alors précipitée par l'acide oxalique pur, on filtre, on lave, on sèche et on calcine fortement l'oxyde d'ytterbium enfin obtenu.

Nilson a ainsi obtenu 20 grammes d'ytterbine provenant de 6 à 7 kilos de terres rares, préparées elles-mêmes avec 15 kilos de gadolinite.

M. Auer von Welsbach a aussi indiqué une méthode de traitement pour la séparation des terres de l'yttria, laquelle consiste à chauffer la solution des azotates avec les oxydes en suspension dans l'eau. (Voir *Méthodes de fractionnement*, p. 249.) Il se forme des sous-sels peu solubles des oxydes moins basiques, les plus basiques restant en solution à l'état d'azotates neutres.

L'ytterbine est une poudre blanche, infusible, très dense. Elle est attaquée lentement par les acides à froid et rapidement par les acides dilués à l'ébullition. Elle donne des solutions incolores, sans spectre d'absorption dans la partie visible du spectre.

Ces sels ont une saveur sucrée et astringente.

Le chlorure d'ytterbium donne dans l'étincelle un spectre formé de soixante-douze raies, composant la presque totalité du spectre de l'ancien erbium, lequel par suite, serait donc formé en majeure partie d'ytterbium.

Hydrate d'ytterbium, $Yb^2(OH)^6$.

Obtenu en ajoutant de l'ammoniaque à une solution d'un sel d'ytterbium.

Précipité blanc, lourd, gélatineux, attirant l'acide carbonique de l'air et facilement soluble dans les acides (Nilson).

SELS D'YTTERBIUM A RADICAUX OXYGÉNÉS

Sulfates d'ytterbium. — *Sel anhydre*, $Yb^2(SO^4)^3$.

Densité = 3,793.

Chaleur spécifique = 0,1039 (de 0 à 100°).

Obtenu en dissolvant l'ytterbine dans l'acide nitrique dilué, ajoutant de l'acide sulfurique, évaporant et calcinant.

Poudre blanche, se dissolvant dans l'eau quand il est ajouté en une seule fois.

Il se décompose partiellement au rouge, complètement au rouge blanc.

Sel hydraté, $Yb^2(SO^4)^3 + 8H^2O$.

Densité = 3,286.

Chaleur spécifique = 0,1788.

Obtenu par Wilson, en grands prismes compacts, brillants et incolores, par évaporation d'une solution aqueuse de sulfate anhydre, à douce température.

Azotate d'ytterbium, $Yb^2(AzO^3)^6$ — Obtenu par dissolution de l'ytterbine, dans l'acide nitrique dilué. Prismes volumineux très solubles. Par la chaleur, dégage des vapeurs rouges et laisse pour résidu un sous-sel soluble dans l'eau, si la décomposition n'est pas trop avancée.

Sélénite d'ytterbium, Yb^2O^3, $4SeO^2 + 5H^2O$.

Obtenu en additionnant de sélénite neutre de soude une solution du sulfate d'ytterbium. Le précipité blanc, volumineux, est lavé puis on le dissout dans l'eau contenant un grand excès d'acide sélénieux. On évapore et on obtient de petits prismes blancs, cristallins, de sélénite d'ytterbium. Ce sel est insoluble dans l'eau. Il perd $4H^2O$ à 100° C.

Pyrophosphate d'ytterbium et de sodium, $YbNaP^2O^7$.

Obtenu par Wallroth, en fondant l'ytterbine dans le sel de phosphore. Prismes rhombiques.

Oxalate d'ytterbium, $Yb^2(C^2O^4)^3 + 10\ H^2O$.

Obtenu par addition d'acide oxalique à une solution chaude de sulfate.

Poudre blanche, en cristaux microscopiques, insolubles dans l'eau, légèrement solubles dans les acides dilués, inaltérables à l'air. Perd 7 parties d'eau à 100° C.

SCANDIUM

Constantes physiques. — *Poids atomique* Sc = 45 (Cleve), 44 (Nilson), 44,12 (Clarke).

Historique. — M. Nilson, en 1879, en étudiant l'erbine extraite de l'euxénite et de la gadolinite, trouva un nouvel oxyde dont les caractéristiques étaient son faible poids atomique, sa faible basicité et son spectre brillant, formé de raies très vives. Il dénomma le radical de cet oxyde, *scandium*. M. Cleve (*C. R.*, LXXXIX, p. 419), en étudiant la keilhauite et la gadolinite, trouva le même oxyde et en fixa les caractères principaux. Il démontra que le scandium était identique avec l'élément hypothétique de M. Mendeleef, l'*ekabore,* dont ce savant avait prévu l'existence, dans sa classification.

M. Nilson a vérifié (*C. R.*, t. XCI, p. 118) les résultats de M. Cleve, sur l'oxyde de scandium extrait de l'euxénite.

Etat naturel. — Se trouve avec les terres du groupe yttrique, dans la gadolinite, l'euxénite et la keilhauite.

Poids atomique et classification. — Transformation de l'oxyde en sulfate (Cleve), 44,91 et 45,12 ; (Nilson) 44,07, 43,99.

Oxyde de scandium, scandine, Sc^2O^3.

Poids spécifique = 3,8 (Cleve), 3,864 (Nilson).

Chaleur spécifique = 0,1530 (Nilson et Petersson).

On l'obtient par la décomposition partielle des azotates de l'yttria, par fusion (procédé Debray).

L'azotate de scandium se décompose le premier. Par des décompositions répétées on obtient l'oxyde pur.

L'oxyde donne une poudre blanche infusible, donnant par dissolution dans les acides, des sels incolores.

Hydrate de scandium. — Précipité blanc, gélatineux, insoluble dans les alcalis.

SELS DE SCANDIUM A RADICAUX HALOGÉNÉS

Chlorure de scandium. — Obtenu par dissolution de l'oxyde dans l'acide chlorhydrique. La solution sirupeuse dépose des aiguilles radiées, peu déliquescentes. Le chlorure donne un sel basique par la chaleur, sous forme de poudre amorphe, extrêmement divisée.

SELS DE SCANDIUM A RADICAUX OXYGÉNÉS

Azotate de scandium, $Sc^2(AzO^3)^6$ (?).

Obtenu en dissolvant la scandine ou l'hydrate de scandium dans l'acide nitrique dilué. En concentrant la liqueur, on obtient des prismes aplatis, déliquescents. Quand on le chauffe, il se décompose en donnant un sel basique en poudre extrêmement fine (Nilson).

Sulfate de scandium, $Sc^2(SO^4)^3 + 6H^2O$.

Densité = 2,579. Chaleur spécifique = 0,1639 (Nilson).

Obtenu par dissolution de l'oxyde ou de l'hydrate dans l'acide sulfurique.

En concentrant, on obtient des aiguilles radiées. Ce sel est très soluble. Il perd $4H^2O$ à 100°C., et à une température plus élevée, devient anhydre.

Sulfate double de scandium et d'ammonium, $Sc^2(SO^4)^3 + (AzH^4)^2SO^4$.

Ce sulfate double se dépose d'une solution saturée de sulfate d'ammoniaque, sous forme de poudre blanche peu cristalline.

Sulfate double de scandium et de potassium, $Sc^2(SO^4)^3 + 3K^2SO^4$.

Obtenu par addition d'une solution saturée de sulfate de potassium à une solution neutre de sulfate de scandium.

Insoluble dans une solution saturée de sulfate de potassium (Nilson), $Sc^2(SO^{10})^3 + 2K^{28}O^4$.

Obtenu par addition de sulfate de potassium à une solution acide de sulfate de scandium.

Sulfate double de scandium et de sodium, $Sc^2(SO^4)^3 + 3Na^2SO^4 + 12H^2O$.

Obtenu par le même procédé que pour le sulfate double de potassium et de scandium. Forme des prismes microscopiques (Cleve).

Sélénites de scandium. — 1° *Sel neutre*. — Obtenu par Nilson, en mélangeant des quantités équivalentes de sulfate de scandium et de sélénite de sodium. Sel amorphe. 2° $Sc^2O^3(SeO^2)^6 + 3H^2O$.

Obtenu en chauffant le sel précédent avec 3 molécules d'acide sélénieux.

Prismes microscopiques.

3° $3Sc^2O^3, 10SeO^2 + 4H^2O$.

Obtenu par Cleve, en additionnant d'acide sélénieux une solution d'acétate de scandium.

SELS DE SCANDIUM A RADICAUX ORGANIQUES

Formiate de scandium. — Cristaux tabulaires bien définis, solubles dans l'eau.

Acétate de scandium. — Petits cristaux facilement solubles dans l'eau.

Oxalate de scandium, $Sc^2(C^2O^4)^3 + 6H^2O$.

Obtenu en précipitant un sel de scandium par l'acide

oxalique. Poudre blanche en cristaux microscopiques; peu soluble dans l'eau, surtout en présence d'acides. A 100° perd $4H^2O$.

Oxalate double de scandium et de potassium, $Sc^2(C^2O^4)^3 + K^2C^2O^4 + 3H^2O$.

Obtenu en précipitant un sel de scandium par l'oxalate acide de potassium (Cleve). Poudre cristalline.

THULIUM

Constantes physiques. — *Poids atomique*. Thu = 170,4 (Cleve). 170,70 (Clarke).

Historique. — Son nom vient de *Thulé*, l'ancien nom de la Scandinavie.

Fut découvert par Cleve, en 1879. Ce savant, cherchant à obtenir l'erbine vraie à l'aide de l'ancienne erbine de Mosander, trouva que le spectre de cette dernière terre était formé du spectre de trois oxydes, l'*ytterbine*, l'*erbine vraie*, et le troisième, la *thuline*, qui se trouve dans les fractions intermédiaires, entre l'ytterbine et l'erbine vraie, obtenues par décomposition partielle des azotates.

La présence de ce nouvel oxyde a été confirmée en partie par les travaux de MM. Nilson et Soret (*C. R.*, t. LXXXIX, p. 251).

En 1888, MM. Krüss et Nilson ont déclaré que le thulium est formé de deux éléments.

Etat naturel. — Dans la gadolinite, avec les terres du groupe yttrique.

Oxyde de thulium ou thuline, Thu^2O^3. — En 1880, M. Cleve dit avoir isolé la thuline, sous forme d'une poudre blanche, donnant des sels incolores ou peu colorés, présentant un spectre d'absorption composé d'une bande très intense dans la partie rouge ($\lambda = 680{,}707$) et d'une autre dans la partie bleue $\lambda = (465)$.

Cette dernière n'est visible que dans les solutions riches en oxyde de thulium.

Le spectre d'émission par l'étincelle est caractérisé par deux lignes brillantes : 5896-5306, dans la partie orangée et dans la partie verte du spectre.

HOLMIUM

Constantes physiques. — *Poids atomique*. Ho = 162 environ (Cleve).

Historique. — Le nom d'holmium dérivant de Stockholm fut proposé par M. Cleve. (Voir *Historique de l'yttrium*, p. 136.)

L'holmium de M. Cleve ou terre *X* de M. Soret a été dédoublé par M. Lecoq de Boisbaudran en holmium vrai et en un nouvel élément, le *dysprosium*.

Etat naturel. — Se trouve avec les terres yttriques, dans la samarskite, la gadolinite, la fergusonite, etc.

Oxyde d'holmium, Ho^2O^3.

N'a pas encore été isolé; il paraît être jaune et ses sels sont probablement orangés.

Les sels d'holmium ont un spectre d'absorption caractéristique.

DYSPROSIUM

Constantes physiques. — Poids atomique = Dys. Pas déterminé.

Historique. — M. Lecoq de Boisbaudran, au moyen

de plusieurs centaines de fractionnements par l'ammoniaque et le sulfate de potasse, a dédoublé l'holmium en holmium vrai donnant les bandes d'absorption 640,4 et 536,3, et en dysprosium (Dys), qui veut dire *d'un abord difficile*), donnant les bandes 753 et 451,5.

Dans les fractionnements par le sulfate de potasse et l'alcool, les premiers précipités renferment surtout la terbine, puis le dysprosium, l'holmium et enfin l'erbine (*Comptes rendus*, t. CIII).

On suppose que le dysprosium serait lui-même un mélange.

On aurait les dysprosiums Dys α ($\lambda = 451,5$) Dys β ($\lambda = 475,05$) Dys γ ($\lambda = 756,5$ Dys δ ($\lambda = 427,50$).

Ces quatre bandes d'absorption sont celles déterminées par M. Lecoq de Boisbaudran, dans son étude sur l'holmium et sur le dysprosium.

PHILIPPIUM

Constantes physiques. — *Poids atomique* : Pp = 120 (Pp^2O^3). (M. Delafontaine).

Chaleur spécifique = ?

Poids spécifique = ?

Historique. — Voir *Historique de l'Erbium*, p. 149. Dédié par M. Delafontaine à Philippe Plantamour, de Genève.

Etat naturel. — Le philippium a été trouvé dans la gadolinite, la samarskite et dans un minéral de Bluffton (comté de Slano, Texas) décrit et analysé comme fergusonite, par MM. Hidden et Mackintosh. Ce minéral est le meilleur pour l'extraction du philippium.

Poids atomique et classification. — Le poids atomique a été déterminé par synthèse du sulfate et a donné

Pp = 80, 120 ou 160, selon que l'on admet la formule de l'oxyde être PpO, Pp^2O^3, PpO^2.

Le philippium ressemble plus au cérium et au terbium qu'aux autres éléments des groupes cérique et yttrique.

Son équivalent, la couleur de ses nitrates basiques, et celle des sels philippiques, la solubilité de son formiate, le différencient du terbium. Ces caractères ainsi que la solubilité du sulfate double de philippium et de potassium, dans les solutions de sulfate de potassium, le distinguent aussi des deux cériums de M. Brauner et M. Schützenberger.

Le résidu de nitrates basiques de cérium ne ressemble pas au composé correspondant de philippium. Enfin, le nitrate de terbium fond en un verre incolore, lequel après décomposition partielle n'est pas jaune et ne laisse aucun résidu jaune après le lavage.

Séparation de la philippine. — 500 grammes de fergusonite pulvérisée sont traités, dans une grande capsule en plomb, par trois fois leur poids d'acide fluorhydrique concentré. La réaction a lieu avec effervescence et grand dégagement de chaleur. Quand le dégagement de bulles a cessé, on chauffe légèrement jusqu'à cessation de dégagement de gaz. On ajoute un égal volume d'eau, les fluorures acides se dissolvent et les fluorures terreux forment un dépôt coloré en vert par l'uranium. Le liquide surnageant est décanté et les fluorures insolubles sont lavés à plusieurs reprises. On les introduit dans une grande capsule de platine et on les décompose par l'acide sulfurique. La solution des sulfates contient l'uranium sous forme de sels au minimum d'oxydation, que l'on oxyde par l'eau oxygénée ou par le peroxyde de sodium.

On précipite par l'acide oxalique, qui sépare les terres et laisse en dissolution l'uranium et le fer.

On calcine les oxalates, lesquels donnent une poudre

jaune assez foncée, facilement soluble dans l'acide nitrique.

Le mélange des sels donne un spectre d'absorption, montrant une très petite proportion de didyme et pas beaucoup plus d'erbium. La couleur rose de la solution est cependant beaucoup plus foncée qu'elle ne devrait l'être avec une si petite proportion de nitrates à spectre d'absorption. Le même fait avait été remarqué précédemment par M. Marignac et M. Delafontaine en diverses occasions.

Le philippium peut être séparé du mélange des nitrates par différentes méthodes, toutes basées sur le fait que sa basicité est moindre que celle de ses congénères.

Aux précipitations fractionnées par l'ammoniaque diluée, ou par l'oxalate acide de potassium. M. Delafontaine a donné la préférence à la décomposition fractionnée des nitrates par la chaleur. De cette manière, le philippium se sépare d'abord, puis une terre faiblement colorée, sans spectre d'absorption, puis les terres de l'erbine et finalement la terbine et l'yttria.

La masse des nitrates est chauffée dans une capsule à fond plat. Après quelques minutes de fusion tranquille, on laisse refroidir. On obtient ainsi un verre coloré en rouge orangé, duquel l'eau dissout seulement une partie, en laissant comme résidu un sel basique gélatineux, jaune foncé.

Le même procédé est répété sur la dissolution, tant que celle-ci laisse un résidu coloré. Il arrive quelquefois que la masse vitrifiée se redissout entièrement dans l'eau, en donnant un liquide opalescent ou jaune laiteux, avec une fluorescence verte. On remédie à cela, par addition d'ammoniaque diluée, suivie par une digestion de plusieurs heures dans un lieu chaud. Les sels basiques ainsi obtenus furent soumis à une nouvelle série de décompositions, jusqu'à ce qu'un nitrate basique, jaune orange clair, fut obtenu, lequel se dissolvait lentement dans l'acide nitrique modérément dilué et donnait une solution transparente rouge orangé foncé. Quelquefois la solution est incolore de suite, par suite de la formation du sel philippeux.

On connaît deux oxydes de philippium : l'oxyde philippeux et l'oxyde philippique.

Oxyde philippeux. — Cet oxyde est blanc. Il donne des sels incolores, tout à fait stables et cristallisant généralement bien. Ils correspondent aux sels d'yttrium et de lanthane. Leurs solutions ne semblent pas posséder de spectre d'absorption. Quelques sels observés offraient quelques bandes de l'erbium sous une épaisseur de 5 à 6 centimètres, car il est très difficile de priver complètement l'oxyde de philippium des métaux de l'erbium.

Azotate philippeux. — Cristaux incolores, fondant à la chaleur et se décomposant en un verre rougeâtre, incomplètement soluble dans l'eau, mais formant une solution colloïde passant très lentement à travers les filtres.

Sulfate double de philippium et de potassium. — Ce sulfate double est soluble dans une solution saturée de sulfate de potassium.

Formiate philippeux. — Cristallise très lentement d'une solution sirupeuse, en masses radiées.

Oxalate philippeux. — L'oxalate philippeux, séché à 130° C. donne par calcination 51,5 p. 100 de l'oxyde orangé.

Oxyde philippique. — Possède une couleur rouge orange foncé, plus intense dans l'oxyde obtenu par calcination du nitrate ou de l'acétate. L'hydrate est jaune clair. Séché à l'air, il se rassemble en masses plus foncées, et calciné il devient rouge sombre. Il donne une solution jaune, avec l'acide nitrique froid modérément dilué. Dans l'acide concentré, il se dissout avec effervescence et dégagement de chaleur, et donne le nitrate philippeux incolore.

L'oxyde philippique, avec l'acide chlorhydrique, donne le chlorure philippeux, avec dégagement de chlore. Les autres acides le dissolvent par ébullition, en présence d'un peu d'alcool.

MÉTAL Σ

Sous ce nom, M. Demarçay a décrit récemment (*Comptes rendus*. t. CXXII, p. 728) un nouvel élément qu'il a isolé, par fractionnement des terres rares voisines du samarium.

On sait que M. Marignac a obtenu par fractionnement des terres voisines du samarium à sulfates potassiques peu solubles, une terre qu'il nomma d'abord Yα puis gadolinium, après que M. Lecoq de Boisbaudran l'eut plus nettement caractérisée par son spectre particulier.

En fractionnant par cristallisation dans l'acide nitrique fumant ($D = 1,45$) la portion des terres rares riches en samarium, M. Demarçay a séparé d'abord un azotate incolore, peu soluble à froid, ne donnant plus que de faibles traces des bandes d'absorption du samarium et montrant avec l'étincelle, un très riche spectre du gadolinium, puis des fractions plus solubles de plus en plus jaunes, jusqu'à des portions d'un jaune orangé très intense. Ces dernières fournissent un beau spectre de lignes ne contenant ni raies ni bandes de gadolinium. Si l'on examine à l'étincelle les fractions internes, on voit les raies fortes du gadolinium s'affaiblir à mesure que les azotates deviennent plus solubles, et inversement les très faibles raies du samarium augmenter de plus en plus.

Mais, à côté de ces dernières, il en existe d'autres d'intensité moyenne dans le premier spectre, qui atteignent leur maximum d'éclat au moment où les raies du gadolinium sont presque disparues et où celles du samarium ne sont pas encore très fortes.

Il existe donc un azotate particulier, plus soluble dans l'acide azotique concentré que celui du gadolinium et moins que celui du samarium. L'oxyde extrait de ce nitrate diffère des oxydes actuellement connus.

1° Par ses sels incolores sans spectre d'absorption ;

2° En ce qu'il est incolore (différence avec la terbine) ;

3° En ce qu'il diffère par son spectre des oxydes de lanthane, cérium, gadolinium, ytterbium et terbium.

Il se distingue des oxydes de lanthane et de cérium par sa basicité relativement faible, son sulfate double potassique relativement soluble ; de l'ytterbine, par l'inverse des caractères précédents. Il se rapproche de la samarine et de la gadoline, dont son spectre le distingue. Cette terre aurait pour formule Σ^2O^3.

LUCIUM

Ce nouvel élément, qui a donné lieu à de nombreuses recherches et dont l'existence attaquée et défendue avec une égale énergie vient d'être presque réduite à néant par les derniers travaux de M. G. Urbain, fut découvert par M. P. Barrière au cours de recherches sur les sables monazités, à l'époque où ces derniers commençaient à être employés en grande quantité dans la fabrication des manchons pour l'incandescence par le gaz.

MM. Schützenberger et Boudouard, étaient parvenus à isoler, par un grand nombre de fractionnements des sulfates, ou des azotates par la chaleur, des parties indédoublables, ayant un caractère de stabilité assez grand et dont le poids atomique était voisin de 102. (*Comptes rendus*, 1896-1897.)

M. Drossbach (*Berichte*, t. XXIX, n° 15, p. 2452) était arrivé, en étudiant les sables monazités, aux mêmes conclusions.

MM. Urbain et Budischowsky, en employant la méthode des acétylacétonates, avaient aussi obtenu comme limite de termes indédoublables, par cette méthode, des fractions ayant un poids atomique de 95, nombre très éloigné de 89, poids atomique de l'yttrium.

M. Urbain, en étudiant une nouvelle méthode de fractionnement des terres yttriques (*B. S. C.* [3] XIX-XX, p. 376), a retrouvé les résultats obtenus précédemment par les méthodes des acétylacétonates et est arrivé à obtenir une limite inférieure de fractionnement à poids atomique 97 qu'il a démontrée être, en collaboration avec M. E. Urbain, de l'oxyde d'yttrium souillé d'erbium. Par suite de la découverte de ce fait, la légende du lucium semble disparaître complètement.

M. Crookes ayant examiné un échantillon d'oxyde de lucium, avait conclu de l'analyse spectrale que ce n'était que de l'oxyde d'yttrium impur. Ce savant a démontré que l'hyposulfite de sodium précipite partiellement l'yttrium. Or, la précipitation à l'aide de ce réactif est un des principaux caractères du lucium.

Le poids atomique du lucium égalait environ 104.

État naturel. — A été jusqu'ici trouvé dans les sables monazités dans une proportion de 1,5 à 6 p. 100.

Malgré les preuves acquises actuellement de la non-existence du lucium, nous décrirons dans les lignes suivantes le procédé qui avait permis de croire à la découverte d'un nouvel élément.

Séparation du lucium. — Le minerai, pulvérisé très finement, est mélangé avec deux fois son poids de carbonate de soude; le mélange est lentement fondu. On maintient la fusion pendant trois heures environ. Après refroidissement, la masse fondue est pulvérisée et traitée par l'eau froide qui élimine le phosphate et le silicate de soude. Le résidu insoluble est dissous dans l'acide sulfurique et l'excès de ce dernier est chassé par calcination lente Les sulfates obtenus sont dissous dans l'eau glacée et leur solution précipitée par l'ammoniaque. Le précipité obtenu est lavé, redissous dans l'acide chlorhydrique en léger excès. La solution est additionnée d'acide oxalique. Les oxalates sont lavés et convertis en sulfates que l'on calcine pour chasser l'excès d'acide. On pulvérise et on projette par petites portions dans l'eau glacée.

La solution est précipitée par l'ammoniaque. Le précipité obtenu après lavage complet est redissous dans l'acide sulfurique, et la solution est additionnée de sulfate de soude à saturation et abandonnée pendant six heures. Les oxydes de La, Di et Ce sont précipités sous forme de sulfates doubles. On filtre, on sature par du sulfate de potassium qui précipite le thorium. On filtre et on additionne la solution restante d'une solution concentrée d'hyposulfite de sodium légèrement chauffée.

Le *lucium* se précipite, entraînant avec lui quelques impuretés du groupe de l'ytterbine. On lave à l'eau froide et on redissout dans l'acide chlorhydrique. On précipite par l'ammoniaque et on obtient l'oxyde de lucium?

Les propriétés chimiques de cet élément sont les suivantes : Les sels de lucium ne donnent pas de sulfates doubles insolubles avec le sulfate de soude, ni avec le sulfate de potasse. Ils précipitent par l'hyposulfite de sodium, contrairement aux sels d'yttrium, ytterbium et erbium.

Le lucium diffère du glucinium par son oxalate insoluble dans l'acide oxalique.

L'oxyde de lucium se dissout dans l'acide sulfurique, nitrique ou acétique en donnant des sels incolores. Le spectre du lucium se rapproche de celui de l'erbium. Mais l'oxyde de lucium est blanc et son nitrate également.

CHAPITRE IV

Métaux tétratomiques

ZIRCONIUM

Constantes physiques. — *Poids atomique*, Zr = 90,40.

Chaleur spécifique = 0,066 de 0° à 100° (Mixter et Dana).

Poids spécifique = 4,15 (Troost), 4,25 (Moissan).

Point de fusion = vers 1.300° C (Troost).

Historique. — Découvert en 1789 par Klaproth, dans le *zircon* ou *jargon*. Berzélius, en 1824, isola le zirconium. A été étudié par Svanberg (1845), Berlin, Marignac (*Ann. de Ch. et Ph.* (3), 60, 257), Hermann, Troost, Forbes, Moissan, Venable, etc.

État naturel. — Se trouve dans le *zircon* ou *jargon*, qui est son principal minerai. C'est un silicate de zirconium. On le trouve aussi dans l'eudialyte, la kataplé-jite, l'erdmannite, la wœhlérite, l'alvite, la samarskite, la colombite, et dans les sables monazités de la Caroline du Nord et du Brésil. Le zirconium est très répandu dans la nature; il a été trouvé aussi dans les granits de Suède, de Suisse, du Tyrol, de la Caroline du Nord, en Tasmanie, etc.

Poids atomique. — Le poids atomique du zirconium a été déterminé en 1825 par Berzélius en faisant l'analyse du sulfate (89,45), par Hermann à l'aide du chlorure (90,14), par Marignac à l'aide du fluozirconate de potassium (90,64), par Mixter et Dana en déterminant la chaleur spécifique du zirconium, par Deville et Troost, par la détermination de la densité de vapeur du chlorure de zirconium, par Bailey (90,65).

Le zirconium est le troisième élément du groupe IV de la classification périodique.

La zircone hydratée réagit comme un acide faible, vis-à-vis des bases fortes, en donnant des zirconates; on connaît des sels de l'acide hydrofluozirconique, etc.

Préparation et propriétés du zirconium. — Comme le silicium, le zirconium existe, d'après M. Troost (*C. R.*, t. LXI, p. 109) sous trois états allotropiques : cristallisé, graphitoïde et amorphe.

Zirconium amorphe. — La zircone, finement pulvérisée et tamisée, est mélangée avec deux à trois fois son poids de fluorure de potassium ; le mélange est chauffé au rouge vif pendant quinze minutes, et après refroidissement on fait bouillir avec de l'eau contenant un peu d'acide fluorhydrique.

Le fluosilicate de potassium est enlevé par filtration, et par refroidissement on obtient des cristaux de fluozirconate de potassium.

On le fait recristalliser, on le sèche et on le mélange avec du potassium.

Puis on chauffe dans un récipient en fer. On lave à l'eau, on fait digérer assez longtemps avec de l'acide chlorhydrique concentré à 40° C., puis on lave avec de l'eau contenant du chlorhydrate d'ammoniaque et finalement à l'alcool.

Bailey obtient le zirconium amorphe en chauffant la zircone avec 2 p. de magnésium en feuilles, puis traitant par l'acide chlorhydrique dilué.

Le zirconium amorphe est une poudre noire extrêmement poreuse, ressemblant à du noir animal pulvérisé. Chauffé fortement, et refroidi dans le vide, il brûle au contact de l'air. Il ne conduit pas l'électricité. Selon Bailey, il se dissout dans l'acide sulfurique concentré et froid. L'acide fluorhydrique le dissout rapidement avec dégagement d'hydrogène. Il s'oxyde à l'air quand on le chauffe, ou par fusion avec les alcalis caustiques carbonatés, ou avec le nitrate ou le chlorate de potassium.

Zirconium cristallisé. — On mélange une partie de fluozirconate de potassium desséché avec une demi-partie d'aluminium, et le mélange est chauffé au point de fusion du fer dans un creuset en charbon de cornue. Le produit est mis en digestion avec de l'acide chlorhydrique dilué de deux fois son volume d'eau. Quand la totalité de l'aluminium est dissoute, il reste un alliage de zirconium et d'aluminium mélangé de zirconium cristallisé.

Ce dernier se présente sous forme d'un métal gris, brillant, cassant et ressemblant à l'antimoine, très dur et rayant facilement le verre et le rubis (Moissan, *C. R.*, t. CXVI, p. 1222).

Il brûle dans la flamme du chalumeau oxyhydrique. Chauffé au rouge blanc dans l'oxygène, il n'est pas oxydé. Il se dissout lentement dans l'acide chlorhydrique concentré et chaud. L'acide fluorhydrique froid le dissout rapidement. Il n'est pas altéré par fusion avec le nitrate ou le chlorate de potassium.

Zirconium graphitoïde. — Obtenu par décomposition du zirconate de sodium par le fer, à une température de 850° C. Petites écailles légères, gris d'acier.

Zircone ou oxyde de zirconium, ZrO^2.

Se trouve associée à l'acide silicique dans le zircon, qui provient en général d'Espailly (Haute-Loire), de l'Oural, de Brewig (Norvège), de la Caroline du Nord, et qui sert ordinairement pour l'extraction de la zircone.

Il contient environ 67 p. 100 de zircone.

Pour l'extraction de la zircone, on étonne d'abord le minéral, puis on le pulvérise finement et on opère ensuite selon une des méthodes suivantes :

Méthode de Marignac. — On épuise d'abord le minéral par l'acide chlorhydrique, on le lave et on le sèche. On le mélange ensuite avec trois ou quatre parties de fluorhydrate de fluorure de potassium, puis on le chauffe dans une capsule de platine jusqu'à obtention d'une masse sèche et dure qu'on pulvérise ensuite après refroidissement.

On le chauffe ensuite au rouge dans un creuset de platine.

Le produit devient parfaitement fluide et peut être coulé; on laisse refroidir, on pulvérise et on épuise par l'eau bouillante qui enlève le fluozirconate de potassium.

La solution filtrée abandonne par refroidissement des cristaux qu'on purifie par redissolution.

L'oxyde s'obtient en traitant le fluozirconate de potassium par l'acide sulfurique et en calcinant le sulfate obtenu.

Procédé Weibull. — On enduit intérieurement un creuset réfractaire d'une couche de charbon de cornue pulvérisé et d'amidon. Puis on introduit un mélange de une partie de zircone pulvérisé et de quatre parties de carbonate de soude anhydre.

On ferme le creuset et on le chauffe au rouge blanc pendant une heure. On laisse refroidir, on casse le creuset, on enlève le contenu qu'on pulvérise et qu'on épuise par l'eau. Il reste un dépôt insoluble, blanc, de zirconate de soude tandis que le silicate de soude entre en solution. On lave le résidu à l'eau bouillante et on le chauffe avec de l'acide sulfurique aqueux (1 : 1).

Puis on étend d'eau, on ajoute de l'ammoniaque;

l'hydrate de zircone se précipite, et on fait bouillir. On filtre, on lave, on dissout l'hydrate dans l'acide chlorhydrique et on le reprécipite par l'hyposulfite de soude. On fait bouillir jusqu'à non-dégagement d'acide sulfureux. On lave à l'eau, on redissout et on reprécipite par l'ammoniaque.

Procédé Mitchell. — Pour purifier la zircone, on la dissout dans l'acide chlorhydrique, on neutralise avec l'ammoniaque et on fait passer dans la solution un courant d'acide sulfureux.

Il se précipite un sulfite basique de zirconium (Venable).

Procédé Moissan et Lengfeld. — Le zircon trié est pulvérisé, mélangé de charbon de sucre, puis chauffé au four électrique dans un creuset de charbon, à l'aide d'un courant de 1 000 ampères et 40 volts, pendant dix minutes.

Le silicium, étant beaucoup plus volatil que le zirconium, se dégage, et il reste une masse d'aspect métallique, bien fondue et formée en majeure partie de carbure de zirconium, contenant un peu de silicium. Ce carbure est attaqué au rouge sombre, par un courant de chlore. Il se produit un mélange de chlorure de zirconium, de silicium et de fer. On reprend ces chlorures par l'acide chlorhydrique concentré bouillant. Le chlorure de zirconium se sépare à peu près pur. On le recueille et on le lave à l'acide chlorhydrique concentré puis on le dissout dans l'eau et on le traite par l'acide chlorhydrique, enfin on évapore à sec.

La température ne doit pas être trop élevée. Le résidu est repris par l'eau distillée et la solution est finalement précipitée par l'ammoniaque. On obtient un hydrate tout à fait blanc, exempt de fer et de silicium, que l'on calcine au four Perrot.

Propriétés de la zircone. — Densité de l'oxyde = 5,628 à 5,850. 5,489 (Venable et Belden).

Chaleur spécifique de l'oxyde = 0,1076 (Nilson et Petersson).

La zircone pure est une poudre blanche, insipide, quelquefois formée de fragments durs rayant le verre.

Elle est complètement infusible, et chauffée dans la flamme du chalumeau oxhydrique, elle produit une incandescence extrêmement vive. C'est pour cette raison que MM. Caron, Tessié du Mothay, etc., l'avaient recommandée pour remplacer la chaux dans la lumière de Drummond.

Dans cette application qui date de 1868, résidait donc déjà, sous une forme fruste et grossière, l'idée du manchon à incandescence actuel, car l'on sait que les premiers manchons Auer étaient constitués principalement par un treillis de zircone [1].

La zircone fortement calcinée est insoluble dans les acides. La zircone finement pulvérisée est complètement insoluble dans l'acide sulfurique concentré.

Elle n'est attaquée que très difficilement par l'acide fluorhydrique. Le bisulfate de potassium fondu l'attaque facilement. Un chauffage prolongé avec du carbonate de soude n'attaque la zircone que très faiblement.

Zircone cristallisée. — Densité = 5,1 (Moissan), 5,42 (Knap).

Obtenue par MM. Deville et Caron, par l'action du fluorure de zirconium sur l'acide borique, sous forme de cristaux inattaquables par la potasse ou les acides concentrés.

M. Nordenskiöld a fondu la zircone avec du borax au four à porcelaine. Il a obtenu des prismes tétragonaux de zircone pure, isomorphes avec la cassitérite SnO^2, le rutile et la brookite (TiO^2).

M. Moissan l'obtient en fondant la zircone et la vola-

---

[1] P. Truchot. *L'Eclairage à incandescence par le gaz et les liquides gazéifiés.* G. Carré et C. Naud, éditeurs.

tilisant au fourneau électrique, en employant un courant de 360 ampères et de 70 volts. Elle se présente sous forme de cristaux extrêmement durs et rayant facilement le verre.

Hydrate de zirconium, $Zr(OH)^4$.

Obtenu en précipitant les sels de zirconium par la potasse, la soude, l'ammoniaque, le sulfure d'ammonium ou le cyanure de potassium. Précipité gélatineux volumineux, insoluble dans les alcalis. Récemment précipité, se dissout facilement dans les acides (HCl, HBr, HF, AzO^3H), mais après des lavages à l'eau bouillante il est beaucoup moins soluble. L'acide oxalique le dissout très facilement. Les dissolutions saturées d'acide tartrique et citrique en dissolvent moins de 1 p. 1000. L'acide acétique glacial en dissout très peu.

Forme facilement des laques avec les matières organiques.

D'après Dammer, on ne connaîtrait que l'hydrate $ZrO(OH)^2$, obtenu par précipitation d'un sel de zirconium par l'ammoniaque.

Une dissolution de potasse à 50 p. 100 dissout $0^{gr},00233$ d'hydrate de zirconium par centimètre cube et une dissolution de soude à 33 p. 100 en dissout $0^{gr},00245$.

Les solutions saturées de carbonate d'ammonium en dissolvent environ 1 p. 100.

L'hydrate de zirconium absorbe l'acide carbonique très facilement. La quantité absorbée varie avec les différents carbonates basiques qui peuvent être formés. Les carbonates : $Zr(CO^3)^2, 2Zr(OH)^4$ contenant 16,88 p. 100 d'acide carbonique ; $Zr(CO^3)^2, 6Zr(OH)^4$ contenant 7,55 p. 100 et $Zr(CO^3)^2, 8Zr(OH)^4$ en contenant 5,96 p. 100.

Monoxyde de zirconium, ZrO (?)

Obtenu par Winkler, en chauffant la zircone, mélangée à du magnésium, dans le rapport de leurs équivalents, dans un courant d'hydrogène. On laisse refroidir dans l'hydrogène, on traite par l'acide chlorhydrique aqueux, puis on lave à l'eau, à l'alcool et à l'éther, et finalement on sèche dans le vide. Poudre noire, inattaquable par les acides chlorhydrique, nitrique ou sulfurique, même à chaud. Chauffée à l'air donne ZrO^2.

Peroxyde de zirconium, ZrO^3.

Obtenu par Cleve, en ajoutant de l'eau oxygénée et de l'ammoniaque, en solution, à une dissolution de sulfate de zirconium.

Bailey (*Proceedings of the Roy. Soc.*, 1889, t. XLVI, p. 74) donne la formule $ZrO^3 + 3H^2O$, à l'oxyde précipité par l'eau oxygénée en solution alcaline ou acide, après dessiccation sur l'anhydride phosphorique.

Sulfure de zirconium. — Chauffés dans un courant d'hydrogène, le zirconium amorphe et le soufre se combinent avec légère incandescence (Berzélius).

La réaction donne une poudre brune, inattaquable par les acides et les solutions alcalines (excepté l'acide fluorhydrique). Les alcalis en fusion le décomposent en donnant de l'oxyde de zirconium et le sulfure alcalin correspondant.

M. Frémy a obtenu un sulfure graphitoïde, par l'action du sulfure de carbone en vapeur. L'acide azotique le décompose en donnant du soufre.

M. Paykull, en sublimant du chlorure de zirconium, dans une atmosphère d'hydrogène sulfuré, a obtenu un sulfure.

Azoture de zirconium. — Obtenu par Mallet, en fondant le zirconium amorphe avec de l'aluminium dans un creuset de chaux (*Am. Sc.* [2], XXVIII, p. 346) sous forme de masse solide, poreuse, qui traitée par l'acide chlorhydrique aqueux, donne des cristaux microscopiques jaunes, composés probablement d'azoture de zirconium.

Carbure de zirconium, CZr.

Obtenu par MM. Moissan et Lengfeld en mélangeant de l'oxyde de zirconium anhydre avec du charbon de sucre et de l'huile, comprimant ce mélange en cylindres et calcinant légèrement. On place ce mélange dans un tube en charbon fermé à une de ses extrémités, et on chauffe dix minutes au four électrique avec un courant de 1.000 ampères et 50 volts. Une partie de la zircone fond et se volatilise. Ce n'est que dans la partie la plus chaude du tube, c'est-à-dire au fond, qu'on rencontre un culot ou des globules métalliques. Avec un courant moins intense, le carbure obtenu contient de l'azote.

Propriétés. — Ce carbure est de couleur grise, à aspect métallique ; ne se délite pas dans l'air sec ou humide, même à 100°. Raye facilement le verre et le quartz, mais n'a aucune action sur le rubis.

Les hydracides l'attaquent facilement ; le fluor à froid, le chlore à 250° avec une belle incandescence, le brome à 300° et l'iode vers 400°.

Il brûle dans l'oxygène au rouge sombre, avec un éclat très vif. Maintenu liquide dans le four électrique, il dissout du carbone, qu'il abandonne par refroidissement sous forme de graphite.

A la température ordinaire et au rouge sombre, l'eau et l'ammoniaque sont sans action.

Étendu ou concentré, l'acide chlorhydrique, même à l'ébullition, n'a aucune action.

L'acide azotique dilué l'attaque peu, mais l'acide concentré réagit de suite et avec violence, en élevant la température. L'acide sulfurique concentré et l'eau régale le décomposent lentement à froid, plus rapidement à chaud.

Les oxydants (azotate, permanganate et chlorate de potassium) l'attaquent avec énergie. Le chlorate a même une réaction explosive.

Le cyanure de potassium fondu est inactif, tandis que la potasse en fusion le dissout facilement.

Le zirconium (Zr), qui dans la classification de Mendeleef appartient au même groupe que le thorium (Th), en diffère donc par son carbure qui est beaucoup plus stable, car il ne se décompose pas par l'eau même à 100° C., tandis que le carbure de thorium est attaqué par l'eau froide avec dégagement d'acétylène, éthylène, méthane et hydrogène.

SELS DE ZIRCONIUM A RADICAUX HALOGÉNÉS

Chlorure de zirconium, $ZrCl^4$.

Obtenu en chauffant au rouge un mélange intime de zircone et de charbon dans un courant de chlore desséché.

Masse blanche cristalline, sublimable. Soluble dans l'eau.

En évaporant la solution aqueuse, on obtient des aiguilles soyeuses radiées d'oxychlorure hydraté, $ZrOCl^2+8H^2O$, peu stable. Le chlorure de zirconium absorbe le gaz ammoniac desséché (Paykull).

Chlorure double de zirconium et de sodium, $ZrCl^4$, $2NaCl$.

Sublimation du chlorure de zirconium sur du chlorure de sodium dans un courant de chlore (Paykull).

Chlorure double de zirconium et de potassium, $ZrCl^4$ $2KCl$.

Même méthode que pour le sel de sodium (Weibull).

Oxychlorures de zirconium, $ZrOCl^2+8H^2O$.

La solution aqueuse de chlorure, additionnée d'acide chlorhydrique et évaporée, donne des aiguilles soyeuses, radiées, d'oxychlorure. Très soluble dans l'eau et dans l'alcool, presque insoluble dans l'acide chlorhydrique.

L'oxychlorure de zirconium se combine aux chlorures platineux et platinique pour donner des sels doubles.

$ZrOCl^2, PtCl^2+8H^2O$ et $ZrOCl^2, PtCl^4+12H^2O$.

D'après M. Venable, il y a au moins trois oxychlorures de zirconium :

1° $ZrOCl^2 + 3H^2O$, après cristallisation dans l'acide chlorhydrique concentré ;

2° $ZrOCl^2 + 8H^2O$, après cristallisation dans l'eau ;

3° $ZrOCl^2 + 6H^2O$, lorsqu'il est obtenu par précipitation d'une solution aqueuse par l'acide chlorhydrique.

Séchés dans un courant de gaz chlorhydrique à 100-125°, ils reviennent tous au type à $3H^2O$.

Bromure de zirconium, $ZrBr^4$.

S'obtient de la même façon que le chlorure.

Poudre cristalline blanche, volatile et déliquescente.

Se transforme par l'action de l'eau en oxybromure.

L'hydrate de zirconium se dissout facilement dans l'acide bromhydrique, en donnant de l'oxybromure par évaporation.

Pendant l'évaporation, il se dégage des vapeurs d'acide bromhydrique et il reste une masse gommeuse, soluble dans l'eau, $ZrOBrOH+4H^2O$.

Fluorure de zirconium, ZrF^4.

S'obtient : 1° en chauffant la zircone avec un excès de fluorhydrate d'ammonium ;

2° En faisant agir le gaz chlorhydrique au rouge, sur un mélange de zircone et de fluorure de calcium.

Forme des cristaux brillants, donnant de l'oxyfluorure par dissolution dans l'eau.

Le fluorure de zirconium hydraté ZrF^4+3H^2O s'obtient en dissolvant l'hydrate de zirconium dans l'acide fluorhydrique. Sa solution aqueuse se trouble en déposant un sel basique amorphe. Le fluorure hydraté se décompose par la chaleur en acide fluorhydrique et oxyde de zirconium. Le fluorure de zirconium se combine à l'acide fluorhydrique et aux fluorures métalliques pour donner l'acide fluozirconique et des fluozirconates, analogues aux fluostannates, fluotitanates, fluosilicates, avec lesquels ils sont isomorphes.

Fluozirconates. — Les fluozirconates s'obtiennent en dissolvant la zircone dans un excès d'acide fluorhydrique afin d'obtenir l'acide fluozirconique, et ajoutant ensuite le métal sous forme d'oxyde ou de carbonate.

Le plus grand nombre des fluozirconates sont solubles et cristallisables.

Chauffés en présence d'air et de vapeur d'eau, ils dégagent de l'acide fluorhydrique et laissent un résidu de zircone et d'oxyde métallique. Seuls, les fluozirconates de sodium et de potassium résistent.

Fluozirconates de potassium. 1° *Sel neutre*, $2KF, ZrF^4$.

Obtenu en fondant de la zircone pulvérisée avec du fluorhydrate de fluorure de potassium. Prismes rhomboïdaux droits (Marignac). La solution saturée et bouillante donne une masse de fines aiguilles par le refroidissement.

2° *Sel acide*, $4KF, ZrF^4$. Se forme en présence d'un excès de fluorure de zirconium.

3° *Sel basique*, $3KF, ZrF^4$. Cristallise en présence d'un excès de fluorure de potassium.

Petits octaèdres ou cuboctaèdres réguliers. Décrépite par la chaleur.

Fluozirconate de sodium, $5NaF, 2ZrF^4$.

Par double décomposition entre le chlorure de sodium et le fluozirconate de potassium. On évapore à 50° C.

Fluozirconates d'ammonium. Isomorphes avec les sels de potassium.

1° *Sel neutre*, $2AzH^4F, ZrF^4$.

Cristaux rhombiques, isomorphes avec le fluozirconate de potassium.

2° $3AzH^4F, ZrF^4$. Petits octaèdres offrant le phénomène de la double réfraction.

Fluozirconates de cadmium. 1° $2CdF^2, ZrF^4 + 6H^2O$.

Cristaux monocliniques, isomorphes avec les sels de manganèse.

2° $CdF^2 . 2ZrF^4 + 6H^2O$.

Groupe de cristaux disposés en feuilles lamellaires, offrant l'aspect d'un éventail.

Fluozirconates de nickel, $NiF^2 . ZrF^4 + 6H^2O$. Prismes hexagonaux (2°) $2NiF^2, ZrF^4 + 12H^2O$. Cristaux monocliniques.

Fluozirconates de zinc, 1° $ZnF^2 + ZrF^4 + 6H^2O$.

Isomorphe avec le fluosilicate de zinc, $ZnSiF^6 + 6H^2O$.

2° $ZnF^2, ZrF^4 + 12H^2O$. Prismes hexagonaux réguliers solubles dans l'eau.

Iodure de zirconium, ZrI^4.

Obtenu par MM. Dennis et Spencer en chauffant le zirconium métallique dans un courant d'acide iodhydrique gazeux.

L'acide iodhydrique était obtenu par la méthode Merz et Holzmann, qui consiste à faire passer de l'hydrogène desséché et de la vapeur d'iode dans un tube chauffé au rouge et rempli de pierre ponce. Le zirconium est placé dans un second tube que l'on maintient au rouge vif pendant trois à quatre heures.

Il se forme d'abord un sublimé blanc amorphe, puis à la température du rouge, un sublimé cristallin blanc. Ces cristaux sont formés d'iodure de zirconium, ils sont insolubles dans l'eau, l'acide nitrique, l'acide chlorhydrique, l'eau régale et le sulfure de carbone. Ils sont décomposés et dissous par l'acide sulfurique concentré. Les cristaux sont formés par des cubes incolores.

Chauffé pendant quelques heures dans un courant d'hydrogène, l'iodure de zirconium devient noir et il se forme de l'iode et de l'acide iodhydrique. Chauffé à l'air, il fond et se sublime.

L'oxyiodure s'obtient par dissolution de l'hydrate dans l'acide iodhydrique.

Ferrocyanure de zirconium, $Fe.ZrO^2(CAz)^6$.

Précipité blanc verdâtre, obtenu en précipitant les sels de zirconium par le ferrocyanure de potassium.

SELS DE ZIRCONIUM A RADICAUX OXYGÉNÉS

Azotate de zirconium. — *Sel neutre*, $Zr(AzO^3)^4 + 5H^2O$.

Obtenu en dissolvant l'hydrate de zirconium dans l'acide azotique. La solution donne par évaporation dans le vide des lamelles incolores, très solubles, fumant à l'air.

Sel basique. — Obtenu en évaporant la solution précédente à 75° C.

Poudre blanche soluble dans l'eau et l'alcool.

Sulfates de zirconium. — *Sulfate neutre*, $Zr(SO^4) + 4H^2O$.

Le sulfate anhydre $Zr(SO^4)^2$ s'obtient en évaporant à sec et calcinant légèrement la solution de zircone dans l'acide sulfurique. Forme une masse blanche, soluble dans l'eau froide. La solution évaporée en présence d'un peu d'acide libre, donne le sel à $4H^2O$ en croûtes blanches et mamelonnées.

L'alcool transforme ce sel en acide libre et en sels basiques.

Ce sel hydraté se boursoufle par la calcination, comme

de l'alun, et perd 3 H^2O à 100° C. La quatrième molécule d'eau se dégage à 250° C. Chauffé au rouge, il se décompose complètement, en donnant un résidu de zircone pure.

Sulfates basiques. — Le sulfate neutre $Zr(SO^4)^2$ se décompose facilement par l'eau, en sels basiques et en acide libre.

Le sulfate de potassium et l'alcool produisent le même effet.

Quelques-uns de ses sels basiques, qui sont très nombreux, sont solubles dans l'eau et même cristallisables.

Une solution concentrée de sulfate neutre dissout de l'hydrate de zircone, et donne par évaporation un résidu gommeux, soluble dans l'eau, $ZrO.SO^4.nH^2O$. Ce sel se décompose par addition d'une grande quantité d'eau et donne un sel basique insoluble.

Sulfite de zirconium. — L'oxychlorure de zirconium donne, avec le sulfite de potassium ou de sodium, un précipité blanc de sulfite basique, qui est soluble dans la solution d'acide sulfureux, et dans les acides forts, lorsqu'il est récemment précipité.

Les sels de zirconium sont précipités par une solution de sulfite d'ammonium. Le précipité est soluble dans un excès. Cette solution ne précipite pas par les alcalis caustiques (Hermann), mais la solution donne un précipité par la chaleur.

Hyposulfite de zirconium. — Une solution froide d'oxychlorure de zirconium, additionnée de cristaux d'hyposulfite de soude, donne un précipité formé d'un mélange de soufre et d'un hyposulfite basique.

Une solution d'un sel de zirconium portée à l'ébullition donne un précipité de sulfite basique de zirconium, mélangé de soufre, lorsqu'on l'additionne d'hyposulfite de sodium.

Il se dégage, pendant l'ébullition, du gaz sulfureux. Cette réaction est employée en analyse pour la séparation du zirconium.

Sélénites de zirconium. *Sel neutre*, $Zr(SeO^3)^2$.

Obtenu en chauffant le sel basique avec un grand excès d'acide sélénieux. Cristaux microscopiques.

Sels basiques. 1° $ZrOSeO^3 + 2 H^2O$.

2° $(ZrO.OH)^2.(ZrO)^2 3 SeO^3 + 17 H^2O$.

Le premier de ces sels est obtenu en additionnant la solution d'un sel de zirconium, d'acide sélénieux (Weibull).

Le second, obtenu par M. Nilson, en précipitant l'oxychlorure avec du sélénite de sodium. Poudres amorphes et blanches.

Séléniate de zirconium. *Sel neutre*, $ZrO(SeO^4)^2 + 4 H^2O$.

Sel basique. — Obtenu en traitant le sel précédent par beaucoup d'eau bouillante ; le sel basique se dépose.

Phosphates de zirconium, 1° $P^2O^5.ZrO^2$.

Obtenu en ajoutant de l'acide phosphorique à un sel de zirconium en solution. Se précipite sous forme de masse gélatineuse, semblable à de l'alumine, un peu soluble dans l'acide phosphorique. Les phosphates alcalins donnent le même sel.

Suivant Paykull (*B. S. C.*, t. XX, p. 67), le précipité obtenu par les phosphates alcalins a une composition variable.

Il a trouvé la formule $(PO^4)^8Zr^5H^4 + 6 H^2O$.

On connaît :

$$ZrO^2.P^2O^5 + 2H^2O$$
$$5ZrO^2.4P^2O^5 + 8H^2O$$
$$3ZrO^2.2P^2O^5 + 5H^2O$$
$$5ZrO^2.3P^2O^5 + 9H^2O$$

Phosphate de zirconium et de sodium — Obtenu en traitant l'oxyde de zirconium par le sel de phosphore fondu. On traite ensuite la masse fondue par l'acide chlorhydrique. On obtient des cristaux microscopiques du phosphate double.

Pyrophosphate de zirconium, $ZrP^2O^7 + 1\ 1/2\ H^2O$.

Obtenu en précipitant une solution de sulfate de zirconium par du pyrophosphate de sodium. Précipité blanc amorphe.

Silicates de zirconium.

Orthosilicate, $Zr.SiO^4$. — Se trouve dans la nature, où il constitue le minéral appelé *zircon*, *hyacinthe* ou *jargon* (voir p. 37).

Reproduit artificiellement par Deville et Caron (fluorure de silicium sur la zircone), par Daubrée, Troost (chlorure de silicium sur la zircone), et enfin par Troost, Hautefeuille et Perrey.

L'auerbachite $2\ SiO^4Zr.SiO^2$ est isomorphe avec le zircon.

L'eudialite est un silicate complexe renfermant ZrO^2, Na^2O, CaO, FeO et MnO.

Bisilicate. — Combiné dans la *kataplèjite* avec du bisilicate de sodium et de calcium $(Zr.Na)\ 3\ SiO^3.\ 2\ H^2O$.

La wolherite paraît être un mélange isomorphe des bisilicates et des bizirconates de sodium et de calcium avec les niobates des mêmes métaux.

Carbonate de zirconium, $3\ ZrO^2, CO^2 + 8\ H^2O$.

Obtenu en faisant passer un courant d'acide carbonique sur l'hydrate de zirconium en suspension dans l'eau ou en précipitant les sels de zirconium par les carbonates alcalins.

L'hydrate de zirconium récemment précipité se dissout dans le carbonate d'ammonium, mais pas dans les carbonates de potassium et de sodium.

En ajoutant une solution d'un sel de zirconium à un carbonate alcalin en solution, le précipité se redissout d'abord, et la solution amenée à l'ébullition, dépose la presque totalité de la zircone dissoute. Les bicarbonates alcalins ont une action dissolvante encore plus énergique.

Chromate de zirconium. — Obtenu par précipitation de l'oxychlorure par l'acide chromique en solution. Précipité jaune décomposable par l'eau.

Zirconates. — La zircone joue plutôt généralement le rôle de base que celui d'acide, bien qu'elle forme des combinaisons avec les oxydes alcalins et alcalino-terreux.

Les zirconates se préparent, d'une manière générale, en fondant la zircone avec les bases correspondantes.

Les zirconates ont été étudiés principalement par Hiortdahl (*Ann. Chem. Pharm.*, 137, 34, 236) et Ouvrard (*C. R.*, t. CXII, p. 1444 ; t. CXIII, p. 1021).

Zirconate de sodium, $ZrO^2 . 2 Na^2O$.

Obtenu par calcination prolongée d'un mélange de zircone avec un excès de carbonate de sodium. La masse traitée par l'eau se dédouble en soude et en zirconate acide $8 ZrO^2 . Na^2O + 12 H^2O$, qui se dépose, insoluble, en lamelles hexagonales.

Zirconate de lithium, $Li^2 . ZrO^3$.

Obtenu en fondant le chlorure de lithium LiCl avec la zircone et refroidissant lentement.

Zirconate de calcium. — Obtenu en chauffant au rouge vif pendant 5 à 6 heures, du zircon avec du chlorure de calcium. On reprend par l'acide chlorhydrique étendu. Poudre cristalline.

Zirconate de magnésium. — Obtenu en chauffant au rouge-blanc, pendant une heure, un mélange de zircon et de chlorure de magnésium anhydre et épuisant par l'acide chlorhydrique dilué. Cristaux prismatiques.

MM. F. Venable et T. Clarke ont publié dernièrement un travail dans lequel ils ont critiqué les travaux précédents, après avoir employé les méthodes suivantes de préparation des zirconates : Fusion de la zircone [1° avec l'acide borique et une base ; 2° avec les carbonates alcalins (Hiortdahl) ; 3° avec les alcalis caustiques ; 4° avec les chlorures alcalins ou alcalino-terreux].

Précipitation des solutions de sels de zirconium avec les alcalis caustiques (Watts), et enfin, dissolution de l'hydrate de zirconium dans les solutions concentrées de potasse ou de soude caustique et précipitant ensuite par dilution ou neutralisation par un acide.

De l'ensemble de ces recherches, ils concluent que la méthode donnant les meilleurs rendements consiste soit à fondre la zircone desséchée à basse température avec les alcalins caustiques, soit à la chauffer d'une manière prolongée avec les oxydes.

Zirconates doubles.

Zirconate double de potassium et de calcium. — Obtenu par MM. Venable et Clarke en chauffant pendant quatre heures un mélange de zircone, de potasse caustique et de chaux, par parties égales. La masse est ensuite traitée par l'acide acétique dilué, puis elle est bien lavée.

Zirconate double de potassium et d'aluminium. — On fond pendant huit heures un mélange de 2 grammes de zircone, 2 grammes de potasse caustique et 3 grammes d'alumine. La masse est épuisée par l'acide acétique dilué. Le résidu est traité par l'acide chlorhydrique dilué et la partie insoluble séparée par filtration.

L'analyse a donné $ZrO^2 = 72,38$ p. 100, $Al^2O^3 = 7,66$ p. 100 et $K^2O = 20$ p. 100.

SELS DE ZIRCONIUM A RADICAUX ORGANIQUES

Formiate de zirconium $(CHO^2)^4Zr$. — N'est pas cristallisable.

Acétate de zirconium $(ZrO.OH)\ C^2H^3O^2 + H^2O$.
Obtenu en dissolvant l'hydrate dans l'acide acétique. Masse gommeuse obtenue par évaporation de la dissolution (Weibull).

Oxalates de zirconium. — Si l'on additionne une solution d'oxychlorure de zirconium d'acide oxalique, il se forme un précipité blanc, qui se dissout par agitation. Avec une plus grande quantité d'acide, le précipité devient persistant, puis se redissout dans un grand excès de précipitant.

Paykull n'a pu obtenir l'oxalate neutre de zirconium. MM. Venable et Baskerville ont obtenu des oxalates basiques et acides.

Si l'on additionne une solution légèrement acide de chlorure de zirconium, d'une solution saturée d'acide oxalique jusqu'à précipitation complète, on obtient un précipité gélatineux ayant presque la composition suivante : $Zr(C^2O^4)^2.\ 2Zr(OH)^4$. Le filtrat, qui est louche, donne un précipité basique ayant comme composition $2Zr(C^2O^4)^2.3Zr(OH)^4$.

Ces oxalates basiques sont très difficilement solubles dans les acides, extrêmement divisés, et passent à travers les meilleurs filtres.

On obtient un oxalate acide en dissolvant l'hydrate de zirconium dans un grand excès d'acide oxalique. Si l'on acidifie la solution au moyen de l'acide chlorhydrique, on obtient un précipité très divisé. Si l'on évapore la solution oxalique de façon à obtenir une série de cristallisations fractionnées, on obtient d'abord de l'acide oxalique, puis une série d'oxalates acides, mais jamais on n'a obtenu ainsi l'oxalate neutre.

Paykull a obtenu les oxalates doubles suivants :

$$Zr(C^2O^4)^2 + 2K^2C^2O^4 + 4H^2O$$
$$Zr(C^2O^4)^2 + 2Na^2C^2O^4 + 3H^2O$$
$$Zr(C^2O^4)^2 + 2(AzH^4)^2C^2O^4 + 3 \text{ ou } 4H^2O$$

MM. Venable et Baskerville ont montré cependant que l'oxalate de zirconium n'entre que difficilement en composition définie avec les oxalates alcalins. (*Journ. of Amer. Chem. Soc.*, 19, p. 12.)

Tartrate de zirconium. — L'hydrate de zirconium se dissout difficilement dans l'acide tartrique. Il est insoluble dans les dissolutions de bitartrates. L'acide tartrique donne avec les sels de zirconium un précipité de sel basique $ZrO(C^4H^4O^6) + ZrO(OH)^2$ (?). Les tartrates alcalins donnent un précipité blanc, soluble dans la potasse et l'acide tartrique.

Ce tartrate renferme 1 atome de zirconium pour une molécule d'acide tartrique. On peut le représenter par la formule $C^4H^4(ZrO)^4O^6$ qui renferme le radical $(ZrO)''$ bivalent, le *zirconyle*.

THORIUM

Constantes physiques. — *Poids atomique* Th = 230,87 (H = 1), 232,63 (O = 16).

Chaleur spécifique = 0,02787 (Nilson).

Poids spécifique = 10,92 (Nilson), 11,23 (métal cristallisé).

Volume spécifique = 20,9.

Forme cristalline = octaèdre et hexagone réguliers, isomorphes avec le silicium (Brögger).

Historique. — Thorium (de *Thor*, fils d'Odin, dieu de la guerre en Scandinavie). Découvert par Berzélius, en 1828, dans un minéral des environs de Brewig (*Pogg. Ann.*, XVI, p. 385).

Le thorium, que l'on avait considéré jusqu'ici comme un élément excessivement rare, est, au contraire, assez répandu dans la nature, comme l'ont prouvé les nombreuses recherches faites dans le but de son application, sous forme d'oxyde, à l'éclairage par incandescence par le gaz ou les liquides combustibles gazéifiés [1].

Etat naturel. — Le thorium se trouve dans plusieurs silicates : la *thorite* (50 à 59 p. 100 ThO^2) ; l'*orangite*, variété de couleur orangée (50 à 70 p. 100 ThO^2). Ces deux minéraux se rencontrent surtout à Brewig (Norvège). On le trouve à l'état de phosphate de thorium dans la *monazite*. Les sables monazités (voir p. 21) de la Caroline du Nord contiennent, d'après Glaser, 1,50 à 2,80 de ThO^2. Chydenius a trouvé 6,28 p. 100 d'oxyde de thorium dans l'*euxénite*. Plusieurs niobates et tantalates (pyrochlore, æschynite, samarskite, etc.) en contiennent une plus ou moins grande quantité. Certains minéraux contenant du thorium ont été découverts, par Hidden et Mackintosch, dans la Caroline du Nord et le Colorado, entre autres un silicophosphate de thorium, un silicate de thorium et d'yttrium, un silicate de thorium et d'uranium et un uranate de thorium, de plomb et d'yttrium. (*Amer. Scien.* (3), 36, 461 ; 38, 474.)

Poids atomique et classification. — En 1828, Berzélius a déterminé son poids atomique par l'analyse du sulfate et du sulfate double potassique. Il obtint en moyenne 237,28. Delafontaine, en 1863, obtint 231,52.

Cleve, par l'oxalate 233,97, et par calcination du sulfate anhydre 233,81.

M. Nilson, par calcination des sulfates cristallisé et anhydre, en dix expériences, obtint comme moyenne 232,4.

---

[1] P. Truchot. *L'Eclairage à incandescence par le gaz.* G. Carré et Naud, éditeurs.

Préparation et propriétés du thorium. — Isolé pour la première fois par Berzélius, à l'aide du chlorure double, ou du fluorure double de thorium et de potassium, soumis à l'action du potassium.

Chydenius emploie le sodium comme réducteur.

Le métal obtenu formait une poudre noire ou grise, prenant l'éclat métallique au brunissage. Sa densité est 7,657 à 7,795 (Chydenius). A 120°, il n'est pas altéré.

M. Nilson (*Deutsch. chem. Gesellsch.*, 1882-1883) a fait de nouvelles recherches sur le thorium et l'a obtenu par réduction du chlorure double de potassium et de thorium, par le sodium, dans un cylindre en fer hermétiquement clos. Il forme une poudre foncée, composée, d'après M. Brögger, de cubo-octaèdres.

Sa densité est 10,92, chiffre qui s'éloigne beaucoup de celui de Chydenius. Sa chaleur spécifique est 0,02787.

Chauffé à l'air, le métal s'enflamme au-dessous du rouge, en produisant des étincelles extrêmement brillantes et donnant un résidu blanc d'oxyde.

Chauffé dans un courant de chlore ou dans la vapeur d'iode ou de brome, il brûle en donnant du chlorure, bromure ou iodure de thorium. L'eau n'attaque pas le thorium, même à l'ébullition. Le métal se dissout facilement dans l'acide chlorhydrique et dans l'eau régale. L'acide sulfurique dilué le dissout lentement avec dégagement d'hydrogène. L'acide concentré le dissout en dégageant de l'acide sulfureux.

L'acide fluorhydrique et les alcalis sont sans action sur lui (Berzélius).

Oxyde de thorium, ThO^2.

Densité = 10,22 à 17° C. (Nilson).

Chaleur spécifique = 0,0548 (de 0 à 100°) (Nilson et Petersson).

L'oxyde de thorium s'obtient facilement par calcination de l'hydrate, du sulfate ou de l'oxalate de thorium.

La thorine s'extrait généralement de la *thorite* ou de sa variété la plus riche, l'*orangite*. Ces minéraux sont des silicates hydratés de thorium. Ils proviennent en général des environs de Brewig et d'Arendal (Norvége).

L'orangite contient environ 50 à 75 p. 100 d'oxyde (ThO^2), mélangés à quelques centièmes des terres rares des groupes cérique et yttrique. Ce minéral contient quelquefois de l'uranium. La monazite, dont on l'extrait presque entièrement actuellement, en contient de 1,5 à 18 p. 100 selon sa provenance; le pyrochlore, 4 à 5 p. 100, et l'euxénite, 6,28 p. 100.

Plusieurs procédés ont été proposés pour l'extraction de l'oxyde de thorium.

1° *Procédé Nilson.* — Le minéral (*thorite*) bien pulvérisé est attaqué par l'acide chlorhydrique concentré et bouillant. On évapore à sec et on reprend le résidu par de l'eau acidulée, puis on filtre. On traite par l'hydrogène sulfuré, qui élimine le plomb et l'étain, et on filtre. La solution est précipitée par un excès d'ammoniaque, et le précipité redissous dans l'acide chlorhydrique. On additionne d'acide oxalique, l'oxalate de thorium insoluble se précipite. On lave, on sèche et on calcine. L'oxyde obtenu est ensuite mis en digestion avec l'acide sulfurique concentré, puis on chasse l'excès d'acide. Il faut avoir bien soin de chasser *toute trace d'acide libre*. On réduit le sulfate anhydre en poudre fine et on le projette dans l'eau glacée, *par très petites portions*. La présence de l'acétate d'ammoniaque favorise énormément, d'après M. Urbain, la dissolution de tous les sulfates du groupe. On filtre, puis on chauffe à 20° C. A cette température, le sulfate de thorium presque pur se sépare. On calcine à nouveau et on répète le traitement plusieurs fois (Nilson).

2° *Procédé Chydenius.* — Le thorium et les métaux du groupe cérique peuvent être précipités sous forme de sulfates doubles potassiques, dans une solution saturée de sulfate de potassium. Les sels doubles sont décomposés par la soude caustique et les oxydes redissous dans l'acide chlorhydrique. On neutralise, on étend la solution et on précipite par l'hyposulfite de soude. Seul le thorium se précipite (Chydenius). On redissout le précipité dans l'acide chlorhydrique et on reprécipite par l'acide oxalique, afin de séparer un peu de zircone entraînée. L'oxalate est ensuite calciné pour avoir la thorine. Ce procédé est assez bon, quoique la séparation d'avec les autres oxydes soit ordinairement incomplète.

3° On suit le premier procédé jusqu'à obtention du mélange des oxalates des terres rares. On les lave afin d'entraîner le fer, le calcium, le magnésium, etc. ; puis on les traite par une solution saturée d'oxalate d'ammoniaque, qui dissout l'oxalate de thorium seul sans toucher aux autres terres rares. On filtre, on traite par l'acide azotique, qui laisse déposer l'oxalate de thorium. On répète cette dissolution et cette précipitation jusqu'à obtention d'un oxyde absolument pur. Cette méthode est peu satisfaisante. Nous verrons plus loin la manière de contrôler cette pureté. Dans la dissolution par l'oxalate d'ammoniaque on entraîne en général des quantités notables de cérium.

4° *Procédé Lecoq de Boisbaudran.* — M. Lecoq de Boisbaudran a proposé l'emploi du protoxyde de cuivre, qui précipite la thorine à l'ébullition et laisse l'oxyde de cérium en dissolution.

5° *Procédé Cleve.* — M. Cleve traite le précipité obtenu par l'ammoniaque, après séparation de la silice, du plomb et de l'étain, par l'acide azotique, jusqu'à dégagement de vapeurs nitreuses. On reprend la masse par l'eau froide, qui dissout presque toutes les terres et laisse la thorine mélangée d'un peu de cérine, sous forme de sous-nitrates. On sépare ces derniers par décantation et on les transforme en sulfates cérique et thorique qui sont dissous dans l'eau glacée. En ajoutant à la liqueur de l'eau bouillante, on précipite la majeure partie du cérium sous forme de sulfate cérique. La thorine reste en solution.

6° *Procédé Dennis.* — M. Dennis (*Journ. of Amer. Chem. Soc.*, 1896, p. 947) a basé une méthode de séparation de l'oxyde de thorium, sur l'action d'une solution d'azoture de potassium sur une dissolution neutre des terres rares.

Les terres rares sont traitées par un des procédés précédents, afin d'en extraire les oxalates. Ces derniers sont mis en digestion avec une solution concentrée et chaude d'oxalate d'ammoniaque qui dissout l'oxalate de thorium. Ce dernier est reprécipité sous forme d'oxyde, transformé en chlorure, puis dissous dans l'eau. La solution est ensuite neutralisée exactement par l'ammoniaque diluée. On ajoute enfin un léger excès de solution d'azoture de potassium (contenant 0,2 à 0,3 gr. de KAz^3 par litre). On fait bouillir pendant une minute.

L'oxyde de thorium se précipite intégralement, la petite quantité des autres oxydes présents restant en solution.

L'azoture de potassium est actuellement le plus sensible des réactifs connus du thorium.

7° *Procédé Urbain.* — M. Urbain a obtenu du thorium ne décelant plus trace de cérium, en traitant les oxalates bruts par l'oxalate d'ammoniaque, puis précipitant l'oxyde par l'ammoniaque. L'hydrate obtenu est redissous dans l'acide chlorhydrique et reprécipité à l'état d'hydrate par l'hyposulfite de soude. Ce dernier réactif ne précipite pas l'oxalate double de thorium et d'ammonium.

L'hydrate est ensuite transformé en acétylacétonate en le traitant, en suspension dans l'alcool étendu, par l'acétylacétone. On évapore presque à sec au bain-marie et l'on reprend par le chloroforme qui dissout l'acétylacétonate de thorium et le dépose par évaporation lente en cristaux nets.

L'acétylacétonate traité par l'acide nitrique donne le nitrate de thorium, qui, calciné, fournit la thorine absolument pure.

Contrôle de la pureté de l'oxyde de thorium. — 1° L'oxyde de thorium, en solution à 20 p. 100 d'oxyde, ne doit donner au spectroscope aucune bande d'absorption sur une longueur de 20 centimètres.

2° La solution neutralisée par l'ammoniaque diluée, doit précipiter complètement par une ébullition de une minute avec une solution à 0,3 gr. par litre d'azoture de potassium.

3° Un manchon incandescent fabriqué avec la solution d'oxyde ne doit fournir qu'une lumière blafarde, sans éclat et de couleur lilas. Ces deux derniers caractères sont extrêmement sensibles.

4° L'hydrate de thorium ne doit donner aucune coloration par l'action de l'eau oxygénée ammoniacale.

La thorine obtenue par calcination de l'oxalate ou du sulfate donne une poudre absolument blanche, tandis que par calcination de l'hydrate elle donne des fragments transparents et durs, brun grisâtre. Elle est infusible, inattaquable à chaud par les alcalis, irréductible par le charbon.

Les acides l'attaquent faiblement, à part l'acide sulfurique, qui donne lieu à une réaction extrêmement vive.

M. Nordenskjöld, en chauffant de la thorine avec du borax à haute température, a obtenu une poudre dure et cristalline.

Sa densité varie de 9,228 à 9,402.

Peroxyde de thorium, Th^2O^7.

Obtenu en ajoutant de l'eau oxygénée et de l'ammoniaque à une solution d'un sel de thorium. (Cleve, *B. S. C.* [2], 43-53; Lecoq de Boisbaudran, *C. R.*, t. C, p. 605.)

Hydrates de thorium, $Th(OH)^4$.

Obtenu par précipitation des sels de thorium, par la potasse, la soude, l'ammoniaque, le sulfure d'ammonium et le cyanure de potassium. Précipité blanc, gélatineux, insoluble dans un excès de précipitant. A l'état sec, donne des fragments durs et transparents, attirant l'acide carbonique de l'air.

Facilement soluble dans les acides étendus.

En précipitant par l'ammoniaque la solution partielle de l'oxyde (provenant de la calcination de l'oxalate), dans l'acide chlorhydrique, on obtient l'hydrate $Th^4O^7(OH)^2$, insoluble dans les acides concentrés.

L'hydrate se prépare aisément en traitant le sulfate de thorium solide par l'ammoniaque, en ayant soin de bien agiter le mélange (Krüss). Le produit obtenu est une poudre lourde, se lavant facilement. On le fait bouillir avec de l'ammoniaque, afin d'éliminer les traces d'acide sulfurique, puis on lave à l'eau.

SELS DE THORIUM A RADICAUX HALOGÉNÉS

Chlorures de thorium.

Sel anhydre, $ThCl^4$.

Obtenu par action du chlore sec sur un mélange d'oxyde de thorium et de charbon. Se sublime en aiguilles blanches, solubles dans l'eau et dans l'alcool. Krüss et Nilson le préparent en chauffant le thorium dans un courant d'HCl sec.

Il fond au chalumeau à gaz (Chydenius) et ne se volatilise pas à 440°. M. Troost, en déterminant la densité de vapeur du chlorure de thorium, est arrivé à un chiffre correspondant à la formule d'un protochlorure $ThCl^2$, ce qui donnerait à la thorine la formule ThO.

Chlorure hydraté, 1° $ThCl^4 + 8H^2O$.

La solution aqueuse du chlorure anhydre, évaporée a consistance sirupeuse, cristallise par refroidissement en masses arrondies ressemblant à la wavellite (fluophosphate d'alumine). Prismes blancs.

Ce sel est très hygroscopique, mais perd une partie de son eau de cristallisation, par dessiccation sur l'acide sulfurique.

Avant dessiccation, il contient 11 à 12 H^2O et après il en retient 8 H^2O (Cleve).

2° $ThCl^4 + 7H^2O$. — Ce chlorure est obtenu en traitant l'hydrate en suspension dans l'alcool absolu, par un courant de gaz chlorhydrique. Il cristallise par évaporation dans le vide, sur l'acide sulfurique. Pyramides rhombiques, déliquescentes. On ne peut pas obtenir le chlorure anhydre à l'aide de ce sel. Le produit obtenu est un oxychlorure impur (G. Krüss).

L'éther précipite le sel, de la solution alcoolique.

Chlorure double de thorium et de potassium, $ThCl^4$ $KCl + 18H^2O$.

Ce sel se dépose en petits cristaux blancs par évaporation spontanée d'une solution très concentrée. Ces cristaux perdent une partie de leur eau à l'air sec (Cleve).

Chlorure double de thorium et d'ammonium, $ThCl^4$, $8AzH^4Cl + 8H^2O$.

Forme une masse cristalline perdant 6 H^2O à 100°.

Chloroplatinite de thorium. — D'après M. Nilson, le chlorure de thorium s'unit au protochlorure de platine en donnant un sel double ($2ThCl^4$, $3PtCl^2 + 24H^2O$).

Cristallise en rhomboèdres déliquescents.

Chloroplatinate de thorium, $ThCl^4$, $PtCl^4 + 12H^2O$.

Se dépose d'une solution très concentrée en tables cristallines orangées, bien développées, déliquescentes (Cleve).

Bromure de thorium, $ThBr^4$.

Obtenu par évaporation d'une solution d'hydrate dans l'acide bromhydrique. Forme une masse gommeuse (Berzélius). MM. Lesinsky et Gundlich ont préparé le bromure de thorium pur $ThBr^4 + 8\,H^2O$, en dissolvant l'hydrate fraîchement précipité du nitrate, dans l'acide bromhydrique et évaporant dans le vide à l'obscurité. Sel très soluble dans l'eau et l'alcool, fondant à 100° C. dans son eau de cristallisation.

Iodure de thorium, ThI^4.

Forme une masse gommeuse, confusément cristalline (Chydenius).

Fluorure de thorium, $ThF^4 + 4\,H^2O$.

Si, à la solution aqueuse du chlorure, on ajoute de l'acide fluorhydrique, il se forme un précipité d'abord gélatineux, puis pulvérulent. Insoluble dans l'eau et dans un excès d'acide chlorhydrique. A 100° C. perd H^2O et $2\,H^2O$ à 140° C.

Calciné, laisse un résidu d'oxyde pur et il se dégage de l'acide fluorhydrique.

L'oxyde de thorium, chauffé en présence de fluorure de calcium et d'acide sulfurique, ne donne aucune combinaison volatile (Chydenius).

Fluorure double de thorium et de potassium, 1° ThF^4, $2\,KF + 4\,H^2O$.

Obtenu en faisant bouillir l'hydrate de thorium avec le fluorure acide de potassium. Poudre pesante, presque insoluble.

2° $2\,(ThF^4.KF) + H^2O$. — Obtenu en mélangeant des solutions de chlorure de thorium et de fluorure acide de potassium. Précipité volumineux, se transformant en poudre blanche (Chydenius).

Fluosilicate de thorium. — On le prépare en faisant digérer l'hydrate de thorium avec l'acide hydrofluosilicique. Masse volumineuse, composée d'aiguilles microscopiques. Le fluosilicate de thorium se décompose, sur l'acide sulfurique, en dégageant des vapeurs acides (Cleve).

Ferrocyanure de thorium, $Fe(CAz)^6Th + 4H^2O$.

Obtenu en précipitant le chlorure de thorium par l'addition de ferrocyanure de potassium. Précipité blanc amorphe.

Platinocyanure de thorium, $(PtCy^4)^2Th + 16H^2O$.

Se forme par double décomposition entre le platinocyanure de baryum et le sulfate de thorium. Prismes orthorhombiques, bien développés, d'un jaune verdâtre. Densité = 2,460 (Topsoé). Est très soluble dans l'eau chaude. A la température de 100° ou sur l'acide sulfurique, perd $14H^2O$ (Cleve).

Sulfocyanate de thorium. — Masse sirupeuse, non cristalline, qui se combine au cyanure de mercure pour donner des sels doubles (Cleve).

Hydrure de thorium. — Obtenu par Winkler en chauffant la thorine avec un excès de poudre de magnésium dans un courant d'hydrogène. Poudre grise, dégageant de l'hydrogène avec l'acide chlorhydrique dilué. Brûle dans l'oxygène. Contient 72,86 p. 100 de thorium, 0.50 p. 100 d'hydrogène, 17,57 p. 100 de magnésium et 9.07 p. 100 d'oxygène.

Phosphure de thorium. — En chauffant le thorium dans la vapeur de phosphore, Berzélius a obtenu un corps gris foncé à aspect métallique, qui se transforme en phosphate de thorium lorsqu'on le chauffe au contact de l'air.

Sulfure de thorium, ThS^2.

Dans la vapeur de soufre, le thorium brûle vivement, avec incandescence, et donne un sulfure jaune (Berzélius).

En chauffant au rouge-blanc un mélange de sulfate de thorium et de charbon, on obtient une poudre noire qui après compression prend un éclat métallique. Elle est inattaquable par l'acide chlorhydrique. L'acide azotique l'attaque lentement et elle se dissout aisément dans l'eau régale (Chydenius).

La densité de ce sulfure est de 8,29.

Carbure de thorium, C^2Th.

Densité à 18° C. = 8,96.

M. Troost a obtenu au four électrique une fonte de thorium s'altérant à l'air en foisonnant. (*C. R.*, t. CXVI, p. 1227.)

MM. Moissan et Etard ont obtenu le carbure de thorium cristallisé, en chauffant au four électrique un mélange de 72 grammes de thorine pure et de 6 grammes de charbon, agglomérés en petits cylindres.

La réduction s'accomplit en quatre minutes, avec un courant de 900 ampères et de 50 volts.

Le carbure de thorium pur C^2Th forme une matière homogène, bien fondue, à cassure cristalline et se clivant avec facilité.

Examiné au microscope, il est formé de petits cristaux jaunes, transparents, mélangés de quelques lamelles de graphite.

Légèrement chauffé, il brûle dans l'oxygène avec un éclat éblouissant.

Dans la vapeur de soufre, donne une très belle incandescence et fournit un sulfure de couleur foncée attaquable par l'acide chlorhydrique.

Dans la vapeur de sélénium, il y a incandescence très vive, au dessous du rouge, et formation d'un séléniure attaquable par l'acide chlorhydrique étendu, avec dégagement d'hydrogène sélénié.

L'acide chlorhydrique gazeux attaque le carbure de thorium au rouge sombre avec incandescence et formation d'un chlorure peu volatil.

L'hydrogène sulfuré au rouge, le décompose lentement et sans incandescence.

Dans le gaz ammoniac au rouge sombre, il se dégage de l'hydrogène et il se forme un azoture de thorium.

Les acides concentrés l'attaquent peu, tandis que les acides faibles l'attaquent rapidement.

La potasse, le chlorate et le nitrate de potassium le décomposent avec incandescence.

Projeté dans l'eau froide, il se décompose en dégageant, comme presque tous ces carbures métalliques, des hydrocarbures (acétylène, méthane, éthylène et de l'hydrogène). Il se forme aussi des hydrocarbures liquides et solides en petite quantité.

Les carbures gazeux obtenus à l'aide du carbure de thorium dans deux expériences différentes ont fourni à l'analyse les résultats suivants :

	1	2
Acétylène	47,05	48,44
Méthane	31,06	27,69
Éthylène	5,88	5,64
Hydrogène	16,01	18,23

La composition de ces carbures était la suivante :

	1	2	THÉORIE pour C^2Th
Thorium	89,70	89,55	90,62
Carbone	10,30	10,45	9,37

Fonte de thorium. — La fonte de thorium a été préparée par MM. Moissan et Etard en chauffant, dans les mêmes conditions que pour l'obtention du carbure, un mélange d'oxyde de thorium et de charbon de sucre pulvérisé dans les proportions de l'équation suivante :

$$ThO^2 + 2C = Th + 2CO$$

ce qui correspond à 26gr,40 de ThO^2 et à 2gr,40 de charbon. On obtient une masse fondue à cassure métallique brillante, possédant un peu la couleur du titane, mais quelquefois plus jaune. Cette teinte provient d'un peu d'azoture de thorium présent.

Cette fonte est très dure, elle raye profondément le verre, mais n'agit pas sur le quartz. Frappée avec un morceau d'acier elle donne des étincelles brillantes. On peut la polir à l'aide de rubis pulvérisé. Sa densité à 17° C. = 9,47.

Chauffée dans un courant de chlore, elle devient incandescente avant le rouge sombre, et la réaction se continue sans chauffer davantage. On obtient des vapeurs denses de chlorure de thorium. Dans la vapeur de brome, cette fonte brûle avec une belle incandescence et donne un bromure volatil. La réaction est la même avec l'iode.

Pulvérisée et projetée dans la flamme d'un Bunsen, elle donne de brillantes étincelles. Elle brûle dans l'oxygène au-dessous du rouge et prend feu lorsqu'elle est projetée à la surface du chlorate de potassium en fusion.

Elle se combine au rouge, avec la vapeur de soufre, en devenant incandescente.

Au contact de l'eau froide, il se produit un dégagement relativement lent de gaz. Trois échantillons ont donné les chiffres suivants :

	1	2	3
Acétylène	14,49	14,90	15,23
Éthylène et homologues	3,81	5,70	6,01
Méthane	38,47	34,20	30,32
Hydrogène	43,33	45,20	48,44

L'échantillon n° 3 était plus riche en thorium.

Le rendement en hydrogène, dans le cas de la fonte, est donc beaucoup plus grand que dans celui du carbure de thorium. Les échantillons nos 1 et 3 ont donné comme composition :

	1	2
Thorium	91,16	92,90
Carbone	7,83	7,02
Azote	0,88	Traces.

SELS DE THORIUM A RADICAUX OXYGÉNÉS

Azotate de thorium, $(AzO^3)^4Th + 12H^2O$.

Obtenu par dissolution de l'hydrate dans l'acide azotique et évaporation dans le vide sur l'acide sulfurique.

Grandes tables cristallines, bien formées, déliquescentes, solubles dans l'alcool. Séché à 100° C., il perd $8H^2O$. C'est le sel commercial.

On peut obtenir le nitrate de thorium cristallisé et ayant pour formule $(AzO^3)^4Th + 6H^2O$, en évaporant et faisant cristalliser à chaud la solution aqueuse du nitrate. Il forme des pyramides quadratiques allongées.

Sulfates de thorium, $Th(SO^4)^2$. — Densité = 4,053 à 22° C.

Chaleur spécifique = 0,0972 (Nilson).

Sel anhydre. — Obtenu en chauffant l'oxyde avec l'acide sulfurique étendu de 50 p. 100 d'eau et chassant l'excès d'acide à 400° C. Poudre blanche, terreuse, soluble dans 20,6 parties d'eau à 0° C. et dans 30 p. à 100° C.

Sels hydratés, $Th(SO^4)^2 + 9H^2O$. — Densité = 2,767.

Le sulfate de thorium cristallise avec des quantités d'eau très variables.

1° Par évaporation spontanée d'une solution légèrement acidulée, on obtient des cristaux clinorhombiques, volumineux, ayant pour formule $Th(SO^4)^2 + 9H^2O$ (Chydenius, Delafontaine, Cleve). Soluble dans 88 parties d'eau.

2° Quand la solution est neutre, on obtient souvent un sulfate à 8 molécules d'eau (Cleve).

3° Par ébullition de la solution il se dépose un sel qui renferme 2 ou $3H^2O$ (Chydenius), ou $4\,1/2\,H^2O$ (Delafontaine).

4° En évaporant la solution à 25° C., Chydenius a obtenu un sel à $4H^2O$.

Le sulfate cristallisé se dissout très peu dans l'eau. D'après Demarçay, 100 parties de la solution contiennent : à 0° ; 1,2 partie ; à 30°, 2,5 parties ; à 54°, 8,5 parties, et à 60°, la solution précipite du sulfate cotonneux.

La solution neutre et étendue du sulfate, se décompose lorsqu'on la chauffe. Le sulfate à $9H^2O$, mélangé avec 10 ou 15 fois son poids d'eau, se convertit à 60° C. en sulfate cotonneux. Ce dernier, maintenu pendant vingt-quatre heures à 100°, se transforme en un sel basique insoluble dans l'eau, $Th^4(OH)^2.7SO^4 + 7H^2O$.

Une dissolution saturée à froid d'acétate d'ammoniaque et étendue de 2 fois son volume d'eau dissout instantanément le sulfate de thorium cotonneux (G. Urbain).

Le sulfate à $8H^2O$ forme des mamelons cristallins, lesquels traités par la dissolution d'acétate d'ammoniaque saturée, donnent un feutre composé de fines aiguilles d'acétate de thorium.

En solution plus étendue la dissolution est complète.

Elle précipite légèrement à l'ébullition et le louche produit ne disparaît que par addition d'acide chlorhydrique.

La présence de l'acide acétique libre diminue beaucoup la solubilité des acétates.

Le sulfate de thorium à $4H^2O$ donne une masse blanche (Chydenius).

Le sulfate à $3H^2O$ cristallise en aiguilles flexibles et cotonneuses peu solubles dans l'eau bouillante, facilement solubles dans l'eau froide

Sulfates doubles.

Sulfate double de thorium et de potassium, 1° $Th(SO^4)^2 + 2K^2SO^4 + 2H^2O$.

Cristaux blancs, pulvérulents, peu solubles dans l'eau.

A l'ébullition, il y a décomposition et formation d'un sel basique qui se dépose. Complètement insoluble dans une solution saturée de sulfate de potassium.

2° $Th(SO^4)^2 + 4K^2SO^4 + 2H^2O$.

Cristaux minces, s'altérant à l'air. S'obtiennent par évaporation de la solution du sulfate précédent.

Sulfate double de thorium et de sodium, $Th(SO^4)^2 + Na^2SO^4 + 6H^2O$.

Masses arrondies formées d'aiguilles soyeuses.

Ce sel est soluble dans une solution de sulfate de sodium. 100 parties d'une solution saturée de sulfate de soude dissolvent 4 parties de sulfate double (Cleve).

Sulfate double de thorium et d'ammonium, $Th(SO^4)^2 + 2(AzH^4)^2SO^4$.

Aiguilles microscopiques formant des croûtes cristallines, solubles dans l'eau et dans une solution saturée de sulfate d'ammoniaque (Cleve).

Sulfite de thorium, $Th(SO^3)^2 + H^2O$.

La dissolution de l'hydrate de thorium dans l'eau saturée d'acide sulfureux est difficile. A chaud, le sulfite se dépose sous forme de poudre blanche (Cleve).

Hyposulfite de thorium. — Le précipité que l'on obtient à l'aide d'hyposulfite de soude et d'un sel de thorium, à la température de l'ébullition, est formé d'oxyde de thorium.

Séléniate de thorium, $(SeO^4)^2\,Th + 9H^2O$.

Ce sel ressemble absolument au sulfate. Est inaltérable à l'air.

Se dissout dans environ 200 parties d'eau à 0° C. et dans 50 parties à 100° C. Sa densité est de 3,026 (Topsoë).

Donne des cristaux clinorhombiques, isomorphes avec le sulfate. M. Cleve a obtenu des cristaux magnifiques par évaporation spontanée d'une solution d'hydrate de thorium dans l'acide sélénique.

Sélénite de thorium, $(SeO^3)^2Th + H^2O$.

Produit par addition d'une solution d'acide sélénieux à une dissolution de chlorure de thorium (Cleve). Forme un précipité blanc, volumineux.

M. Nilson a obtenu, en précipitant le sulfate de thorium par du sélénite neutre de sodium en excès, un sel qui, après dessiccation entre des doubles de papier, a pour formule $Th(SeO^3)^2 + 8H^2O$. Quand on chauffe le sel neutre avec l'acide sélénieux, on obtient des sels acides, non cristallisables, qui paraissent être des mélanges

Phosphates de thorium.

Métaphosphate de thorium. — Obtenu par M. Troost, par voie sèche, en faisant réagir du chlorure de thorium anhydre sur un excès d'acide métaphosphorique en fusion. Forme des cristaux insolubles dans l'eau, d'une densité (16°,4) = 4,08 et offrant l'aspect de tables carrées du système orthorhombique, peu épaisses et douées d'un faible pouvoir rotatoire.

Ce corps ne présente aucune analogie avec le métaphosphate de silicium ou acide phosphosilicique $P^2O^5.\,SiO^2$.

Métaphosphate double de thorium et de sodium, $NaO.\,4\,ThO^2.\,3PhO^5$.

Le métaphosphate de sodium en fusion dissout facilement au rouge, la thorine, le phosphate ou le chlorure de thorium. Si on ajoute de la thorine ou du phosphate à refus, on obtient par refroidissement des prismes allongés, agissant énergiquement sur la lumière polarisée. Insolubles dans l'acide nitrique, l'acide chlorhydrique et l'eau régale. Densité à 16° = 5,62.

Orthophosphate de thorium, sel neutre, $(PO^4)^4 Th^3 + 4H^2O$.

Obtenu par précipitation de l'azotate de thorium par le phosphate acide de sodium. Précipité gélatineux insoluble dans l'eau, l'acide phosphorique et l'acide acétique. Soluble dans les acides chlorhydrique et nitrique.

Sel acide, $(PO^4)^2H^2Th + H^2O$.

Obtenu en additionnant d'acide phosphorique une dissolution de chlorure de thorium (Cleve). Précipité blanc et volumineux.

Pyrophosphate de thorium, $P^2O^7 Th + 2H^2O$.

Obtenu par précipitation des solutions des sels de thorium par l'acide pyrophosphorique ou le pyrophosphate de sodium.

Précipité volumineux, soluble dans un excès du précipitant. Cette dissolution n'est précipitée ni par l'ammoniaque, ni par l'acide oxalique (Cleve).

Pyrophosphate de thorium et de sodium, $Th\,Na^4(P^2O^7)^2 + 2H^2O$.

Obtenu par refroidissement d'une solution bouillante dans le pyrophosphate de sodium. Poudre blanche, cristalline.

Silicates de thorium. — Se trouvent dans la nature.

L'orthosilicate constitue la *thorite*, Th. SiO^4.

Très rarement cristallisée. Les cristaux sont du système cubique et hémièdres (Des Cloizeaux).

M. Zschau a décrit des cristaux tétragonaux.

Carbonate de thorium, $Th(CO^3)^2$.

Obtenu par précipitation des sels de thorium par le carbonate de soude ou en traitant l'hydrate en suspension par le gaz carbonique. L'hydrate de thorium humide, absorbe l'acide carbonique de l'air pour donner un carbonate basique.

L'oxyde de thorium n'est pas soluble dans l'eau chargée d'acide carbonique (Berzélius).

Carbonate double de thorium et de sodium, $Th.Na^6 5CO^3 + 12H^2O$.

Obtenu en ajoutant à une solution bouillante de carbonate de sodium, une solution d'azotate de thorium. Il se forme un précipité qui se redissout.

En additionnant d'alcool, il se précipite des cristaux microscopiques brillants. Par dessiccation sur l'acide sulfurique, ce sel perd 8 H^2O et à 100°, 10 H^2O. Décomposable par l'eau (Cleve).

Chromates de thorium, $Th(CrO^4)^2$.

L'hydrate de thorium se dissout dans une solution concentrée d'acide chromique, en donnant un chromate neutre hydraté ; $Th(CrO^4)^2 + H^2O$, qui se précipite au bout d'un certain temps. Poudre cristalline orangée. (Palmer, *Amer. chem. Jour.*, 1895.)

En liqueur plus étendue on obtient des lamelles oranges, $Th(CrO^4)^2 + 3H^2O$. Le chromate monohydraté se précipite également en mélangeant des solutions de nitrate de thorium et de bichromate de potassium.

Avec le chromate neutre, on obtient un précipité jaune d'or de chromate basique de thorium, $Th(OH)^2 CrO^4$.

Le chromate anhydre est une poudre couleur jaune d'ocre.

SELS DE THORIUM A RADICAUX ORGANIQUES

Formiate de thorium, $(CHO^2)^4 Th + 3H^2O$.

Obtenu en dissolvant l'hydrate de thorium, dans une dissolution d'acide formique et laissant évaporer spontanément.

Cristaux aiguillés, aplatis. Perdent $2H^2O$ sur l'acide sulfurique et la totalité ($3H^2O$) à 100° C.

Mis en digestion avec de l'eau chaude, donne des sels basiques.

Acétate de thorium, $(C^2H^3O^2)^4 Th$.

Petits cristaux aciculaires, très peu solubles dans l'acide acétique étendu.

Acétylacétonate de thorium, $(C^5H^7O^2)^4 Th$.

Obtenu par M. Urbain, en traitant l'hydrate de thorium en suspension dans l'alcool étendu, par l'acétylacétone, évaporant presque à sec au bain-marie et reprenant par le chloroforme, lequel abandonne l'acétylacétonate, par évaporation lente.

Obtenu également par double décomposition entre l'acétylacétonate de sodium et un sel de thorium. On agite avec du chloroforme et l'on distille ensuite pour éliminer le dissolvant.

Ce sel est peu soluble dans l'eau, soluble dans les dissolvants organiques. Très soluble dans l'alcool et le chloroforme, moins dans l'éther et le bromure d'éthylène.

Cristaux clinorhombiques fondant à 171-172° C. et se sublimant dans le vide.

Oxalate de thorium, $(C^2O^4)^2 Th + 2H^2O$.

Obtenu en précipitant un sel de thorium par l'acide oxalique. Précipité blanc amorphe, passant au travers des filtres.

Insoluble dans l'eau, soluble dans l'oxalate d'ammoniaque. Dans la précipitation du sulfate de thorium par l'acide oxalique, il y a toujours des quantités notables d'acide sulfurique entraîné.

Oxalate double de thorium et de potassium. — L'oxalate de potassium dissout l'oxalate de thorium en solution concentrée.

Croûtes blanches, décomposables par l'eau, en donnant un sel basique.

Tartrate de thorium, $(C^4H^4O^6)^4Th^3(OH)^4 + 5H^2O$.

Obtenu en laissant évaporer spontanément une solution de chlorure de thorium, additionnée d'acide tartrique.

A 100° C. perd $5H^2O$ (Chydenius, Cleve).

Tartrate double de thorium et de potassium. — Obtenu en faisant bouillir de l'hydrate de thorium avec une solution de bitartrate de potassium.

Masse cristalline, soluble dans l'eau chaude.

Citrate de thorium. — Obtenu par digestion de l'hydrate de thorium avec une solution d'acide citrique. (Chydenius).

Soluble dans l'ammoniaque.

GERMANIUM

Constantes physiques. — *Poids atomique* Ge = 72,32.

Chaleur spécifique = 0,0737 à 0,0757 (de 100 à 440° C.).

Poids spécifique = 5,469 à 20°,4.

Point de fusion = vers 900° C.

Historique. — Découvert récemment par Cl. Winckler, dans l'argyrodite ou sulfure d'argent de Freyberg.

Ce minerai d'argent avait été découvert en 1885 dans la mine de Himmelsfürst par Richter. En analysant ce minerai et après y avoir dosé l'argent, le soufre, le mercure, le fer et le zinc, Winckler ne trouvait que 93 à 94 p. 100. Après un long travail, il parvint à découvrir que le reste du minéral était constitué par un nouvel élément, qu'il nomma *germanium*. Cet élément fut trouvé identique avec l'*ekasilicium* qui avait été prévu par Mendeleef, dans sa classification périodique. Le raisonnement qui avait conduit Mendeleef à établir les propriétés de l'ekasilicium était le même que celui sur lequel il s'était basé dans sa prédiction des propriétés de l'eka-aluminium, identique avec le gallium, découvert et isolé depuis par M. Lecoq de Boisbaudran.

Etat naturel. — Se trouve dans l'*argyrodite* (environ 6,9 p. 100).

Ce minerai a la composition approximative suivante : $2Ag^2S,GeS^2$; il contient environ 0,66 p. 100 de fer, 0,22 p. 100 de zinc et 0,31 p. 100 de mercure.

Le germanium a aussi été trouvé dans l'*euxénite* (environ 7 p. 100) par Krüss (*Berichte Deuts. chem. Gesell.*, 21, 131).

On l'a trouvé aussi dans un nouveau minéral, la *canfieldite* AgS,GeS^6, en Bolivie, identique comme composition avec l'argyrodite de Freyberg, mais cristallisant sous une autre forme (Penfield, *Amer. Scient.* (3), 46, 107).

Poids atomique et classification. — Le poids atomique a été déterminé par l'analyse du chlorure $GeCl^4$ et par la densité de vapeur. Les mêmes expériences furent faites avec GeI^4 et GeS. (Winkler, *Journ. für prak. Che.* (2), 34.77). Le nombre 72,3 fut confirmé par la chaleur spécifique du germanium à 100-400°.

Lecoq de Boisbaudran a calculé le poids atomique,

d'après l'observation des lignes spectrales du germanium (*C. R.*, t. CII, p. 1291).

Le germanium appartient à la même famille que le silicium, l'étain, le plomb. Il possède les propriétés chimiques d'un métal et d'un métalloïde. Il forme des germanates semblables aux stannates.

Les analogies sont très nombreuses, en particulier la composition et les propriétés des chlorures, iodures et fluorures germaniques, la formation du liquide $GeHCl^3$, analogue à $SiHCl^3$ et à $CHCl^3$ (chloroforme), et enfin la découverte de l'acide hydrofluogermanique H^2GeF^6 et de ses sels, semblable à l'acide hydrofluosilicique.

Le germanium paraît aussi capable de remplacer le silicium dans l'outremer.

Préparation du germanium. — On chauffe l'argyrodite pulvérisée, au rouge sombre, avec du carbonate de soude anhydre et de la fleur de soufre. Le produit obtenu est épuisé par l'eau et on ajoute une quantité d'acide sulfurique dilué suffisante pour neutraliser et décomposer le sulfure de sodium. On laisse reposer un jour et on filtre, puis on ajoute au filtrat de l'acide chlorhydrique dilué jusqu'à précipitation complète. On sature par l'acide sulfhydrique et on filtre.

Le précipité est lavé avec de l'alcool à 90 p. 100 saturé d'hydrogène sulfuré. Le sulfure de germanium ainsi obtenu est grillé à basse température et chauffé avec de l'acide nitrique dilué. L'oxyde de germanium obtenu est alors fortement chauffé et réduit, soit dans un courant d'hydrogène, soit en le chauffant au rouge entre deux couches de noir animal et fondant ensuite sous le borax.

Propriétés du germanium. — Le germanium cristallise en octaèdres réguliers, blanc grisâtre, brillants et très cassants. Il se volatilise faiblement quand il est chauffé dans l'hydrogène ou dans l'azote vers 1350°

(Meyer). Ne s'oxyde pas à l'air à la température ordinaire, mais s'oxyde quand il est chauffé sous forme de poudre et donne GeO^2. Insoluble dans l'acide chlorhydrique dilué, se dissout dans l'acide sulfurique.

L'acide nitrique le transforme en GeO^2.

Il se combine directement avec le chlore, le brome, l'iode, en donnant $GeCl^4$, $GeBr^4$, GeI^4.

Chauffé dans un courant d'acide chlorhydrique gazeux, il donne $GeHCl^3$. En présence de chlorure ou de bromure mercurique, il donne $GeCl^4$ ou $GeBr^4$.

SELS DE GERMANIUM A RADICAUX HALOGÉNÉS

Chlorure de germanium, $GeCl^4$.

Densité de vapeur = 107,5 (de 200 à 650°) (Nilson et Petersson).

Poids spécifique = 1,887 à 18° C.

Obtenu en chauffant le germanium dans un courant de chlore, agitant le produit obtenu avec du mercure et distillant, ou bien en chauffant le germanium pulvérisé avec 8 fois son poids de bichlorure de mercure (Winkler).

Lorsqu'on fait passer un courant d'acide chlorhydrique sur du sulfure de germanium, ce doit être un chlorure inférieur à $GeCl^4$ que l'on obtient. Liquide incolore, fumant à l'air, décomposable par l'eau.

Bromure de germanium, $GeBr^4$.

Obtenu en chauffant le germanium dans le brome ou avec du bromure mercurique.

Liquide incolore, fumant fortement, se solidifie un peu au-dessous de 0° en cristaux blancs. Décomposable par l'eau avec précipitation d'oxyde GeO^2.

Iodure de germanium, GeI^4.

Densité de vapeur = 272,5 à 440° (Nilson et Petersson).

Obtenu en chauffant le germanium dans un courant d'acide carbonique contenant de la vapeur d'iode.

Est dissocié probablement en GeI^2 et I, vers 650°.

Masse solide jaune, très hygroscopique, sa vapeur est inflammable.

Mélangée avec de l'air et chauffée, elle détone.

Fluorure de germanium, $GeF^4 . 3H^2O$.

Obtenu en dissolvant l'oxyde de germanium dans l'acide fluorhydrique concentré et évaporant sur l'acide sulfurique.

Cristaux très déliquescents. Chauffés, se dédoublent en acide fluorhydrique, eau et oxyde. Le fluorure anhydre n'a pas encore été obtenu.

Acide hydrofluogermanique, $H^2GeF^6 + H^2O$.

Obtenu en condensant dans l'eau les vapeurs de fluorure de germanium obtenues en chauffant fortement $GeF^4 + 3H^2O$.

Fluogermanite de potassium, K^2GeF^6.

Obtenu en additionnant de fluorure de potassium une solution d'oxyde de germanium dans l'acide fluorhydrique (Nilson et Petersson), ou en employant le chlorure de potassium au lieu du fluorure (Winkler), laissant reposer le précipité, filtrant et séchant au rouge sombre. Selon Nilson et Petersson, ce sel fond sans perte de poids au rouge brillant.

Il n'est pas hygroscopique. A 100° il s'en dissout 2,6 parties dans 100 parties d'eau.

Cristallise dans le système hexagonal, en cristaux isomorphes avec le fluosilicate d'ammonium.

Oxychlorure de germanium, $GeOCl^2$.

Lorsque l'on chauffe le germanium dans un courant d'acide chlorhydrique desséché, on obtient deux liquides ayant presque même densité. Le distillat se sépare lentement en deux couches; la plus légère est un oxychlorure, probablement $GeOCl^2$.

Liquide huileux, incolore, ne fumant pas, adhérant au verre et bouillant au-dessus de 100° C., peut-être sans décomposition (Winkler).

Sulfures de germanium.

On a isolé deux sulfures de germanium, GeS^2 et GeS.

Sulfure germanique, GeS^2.

Obtenu par addition de sulfhydrate d'ammoniaque à une solution alcaline d'oxyde germanique, puis ajoutant un grand excès d'acide sulfurique dilué, saturant d'acide sulfhydrique, filtrant, lavant avec de l'acide sulfurique dilué saturé d'hydrogène sulfuré, puis à l'alcool et séchant dans le vide.

Poudre blanche. Chauffé dans l'acide carbonique sec, se volatilise et se décompose partiellement. Si on lave le sulfure avec de l'eau jusqu'à non-acidité et qu'on le mette en suspension dans l'eau, il se forme une émulsion qui demande plusieurs semaines pour s'éclaircir. Environ 1 partie du sulfure ainsi traité se dissout dans 229,1 parties d'eau. La solution est faiblement acide au tournesol. GeS^2 se dissout aisément dans les sulfures alcalins, probablement avec formation de sulfogermanates.

Sulfure germanieux, GeS.

Obtenu en chauffant le sulfure germanique dans un courant lent d'hydrogène

Masses noires grisâtres, très brillantes, rouges par transmission.

Chauffé à l'air, donne GeO^2. Se dissout aisément dans la potasse à chaud, en donnant un résidu de germanium.

L'addition d'hydrogène sulfuré à la solution précipite du sulfure de germanium, sous forme de précipité amorphe rouge brun.

Oxydes de germanium. — On connaît deux oxydes, l'oxyde germanique et l'oxyde germanieux.

Oxyde germanique, GeO^2. — Poids spécifique = 4,703 à 18°.

Obtenu par combustion du germanium dans l'oxygène, ou en oxydant le métal par l'acide nitrique, ou en décomposant le chlorure de germanium par l'eau.

Solide, blanc, dense.

Solubilité dans l'eau à 20° = 0,4, à 100° = 1,05.

Se sépare de sa solution aqueuse en cristaux rhombiques microscopiques. La solution aqueuse a un goût aigre.

L'oxyde germanique se dissout rapidement dans la potasse ou le carbonate de potasse fondus.

Oxyde germanieux, GeO.

Décrit par Winkler, comme ayant été obtenu par ébullition de chlorure germanieux $GeCl^2$, avec la potasse caustique diluée, et chauffant l'hydroxyde ainsi formé ($Ge(OH)^2$ probablement) dans l'acide carbonique. Mais on a des doutes sur l'isolement du chlorure germanieux.

GeO se forme aussi en petite quantité en fondant le germanium pulvérisé sous du borax.

Produit noir grisâtre, soluble dans l'acide chlorhydrique dilué, en donnant une solution qui réduit le permanganate de potassium et précipite l'or et le mercure de leurs sels.

COMPOSÉS DU GERMANIUM A RADICAUX ORGANIQUES

Germano-chloroforme, $GeHCl^3$. — Densité de vapeur = 80,3 à 178° C.

Point d'ébullition = 72° C.

Obtenu en chauffant doucement le germanium dans l'acide chlorhydrique sec et séparant le liquide le plus dense du plus léger. Liquide incolore.

Germanium éthyle, $Ge(C^2H^5)^4$. — Densité de vapeur $= 123$.

Point d'ébullition $= 160°$ C.

Obtenu en mélangeant le zinc-éthyle avec du chlorure germanique $GeCl^4$ et refroidissant ce mélange.

Liquide incolore, à légère odeur alliacée, un peu plus léger que l'eau et insoluble dans ce liquide.

S'enflamme au contact de l'air en donnant GeO^2.

TROISIÈME PARTIE

ANALYSE

CHAPITRE PREMIER

Analyse spectrale.

Les analyses et les recherches concernant les divers métaux rares que nous venons de décrire, nécessitant l'emploi continu du spectroscope, soit pour suivre la marche du fractionnement, soit pour caractériser exactement un oxyde, nous allons décrire rapidement la manière de procéder dans ce genre d'analyse. Dans les recherches un peu sérieuses, il faudra malgré tout consulter les travaux originaux de MM. Lecoq de Boisbaudran, Thalén, Soret, Demarçay, Urbain, etc.

Afin de pouvoir se reporter facilement aux sources, nous donnerons plus loin une bibliographie spectroscopique.

Spectroscope. — M. Lecoq de Boisbaudran et M. Salet emploient un spectroscope horizontal à un seul prisme, dont le pouvoir dispersif est absolument suffisant pour les recherches qui nous occupent.

Cet instrument se compose d'une fente montée sur un collimateur, d'un prisme en flint, de 60° (si le prisme est bon, la raie du sodium (raie D) doit se dédoubler lorsque la fente est aussi étroite que possible), d'une lunette mobile autour du centre de l'appareil, et d'une échelle divisée, dont l'image permet de repérer exactement chacune des raies des différents spectres.

Les observations spectroscopiques peuvent se faire de différentes façons.

1° La flamme d'un bec Bunsen servant de source calorifique;

2° En faisant éclater l'étincelle d'induction à la surface de la solution;

3° En faisant jaillir l'étincelle d'induction à la surface du corps fondu;

4° En observant le *spectre d'absorption* produit par le passage des rayons émanant d'un spectre continu à travers la solution.

Les corps composés donnent deux classes fondamentales de spectres (De Grammont).

1° Les *spectres de lignes* dus aux éléments eux-mêmes et probablement à l'atome de l'élément mis en liberté, soit par la chaleur d'une flamme à température élevée, soit par l'étincelle d'induction;

2° Les *spectres de bandes* dus aux composés volatilisés et non décomposés par les flammes à température peu élevée. Ils sont dus à la molécule du composé et varient avec celui-ci. Ils sont différents avec les divers sels d'une même série d'un seul métal.

Avec les procédés usuels, flamme du bec Bunsen, étincelle électrique de la bobine seule éclatant soit sur une dissolution, soit sur un sel fondu, on obtient un mélange des deux classes de spectres. A cette catégorie se rapportent les belles planches de l'Atlas de M. Lecoq de Boisbaudran.

Les spectres de dissociation de M. de Grammont rentrent dans la première catégorie. Ils sont obtenus à l'aide d'une bobine à long fil et de deux, trois ou quatre bouteilles de Leyde comme condensateurs.

Lorsqu'on supprime la condensation, les spectres des métalloïdes disparaissent.

M. de Grammont, dans ses études sur l'analyse spectrale directe des minéraux, a signalé un certain nombre de faits intéressants :

1° Celui de l'apparition et de la disparition successives et *dans un ordre constant* des différentes raies d'un même spectre élémentaire ;

2° Celui des indications à tirer de la *durée d'apparition* du spectre entier ou des lignes principales d'un corps dans le spectre d'un composé où il n'est pas prédominant ;

3° Celui de l'*intermittence* et de l'irrégularité des raies de certains corps, au milieu d'un spectre fixe, lesquelles peuvent donner une idée de la structure ou de la répartition des éléments dans le composé étudié.

La faible teneur d'un élément dans une substance peut donc se manifester de trois façons différentes :

1° Par un spectre persistant, mais réduit à certaines raies capitales ;

2° Par un spectre passager, mais de durée égale, pour une même substance étudiée ;

3° Par un spectre intermittent et irrégulier.

Il serait intéressant que cette nouvelle méthode d'analyse spectrale directe fût appliquée aux minéraux des terres rares, que nous avons décrits précédemment.

Mode opératoire. — Avant de faire une observation quelconque, il est indispensable d'étudier les spectres des sources calorifiques, puisqu'ils sont observés en même temps que ceux que l'on étudie.

Les fils de platine ne donnent pas en général, dans la flamme du gaz ou dans l'étincelle, les raies de ce métal.

Règles générales. — Voici les différentes règles qu'il faut observer :

1° On met le micromètre et l'oculaire au point. On place ordinairement le milieu de la raie jaune D sur la division 100 ou 50, mais on peut la mettre à une division quelconque se rapprochant de celles-ci pour la facilité de l'observation ; puis on rend le fil micrométrique parallèle à la direction des raies.

Pendant l'observation, on modifie la largeur de la fente selon les circonstances. Suivant M. Lecoq de Boisbaudran, pour chercher sur un fond peu éclairé une raie nette, mais faible, il faut ouvrir la fente, surtout dans le rouge et le violet extrêmes. Si l'on observe une raie sur un fond assez lumineux, on diminue la largeur de la fente pour atténuer l'éclat du fond.

Une fente étroite est nécessaire pour résoudre un groupe de raies voisines et avantageuse pour l'observation de certaines raies nébuleuses perdues dans des fonds éclairés.

En regardant à une petite distance de la raie que l'on cherche sur un fond obscur, on arrive à la distinguer plus facilement.

L'auteur de cet ouvrage a fait souvent cette remarque.

Le changement de concentration des solutions en expérience modifie assez souvent l'intensité relative des raies.

Il est plus commode en général, pour l'observation, de faire empiéter un peu l'échelle divisée sur le spectre lui-même.

Pour la comparaison des spectres, la méthode par juxtaposition est la meilleure.

Pour examiner des raies de diverses réfrangibilités, il est bon d'allonger ou de raccoùrcir la lunette oculaire. On devra modifier le tirage d'après des règles fixes.

Dans ce but, on grave quelques divisions sur le tuyau mobile et on note jusqu'à quelle division il faut enfoncer la lunette pour observer telle ou telle portion du spectre. A chaque division du micromètre correspond un tirage différent de la lunette. A l'aide de ces données, on construit ensuite une courbe permettant, sans tâtonnement, de mettre au point une raie quelconque de position donnée.

Dispositif et pratique de l'observation des spectres de lignes. — Les substances à examiner sont portées dans la flamme par plusieurs dispositifs.

M. Lecoq de Boisbaudran et M. Salet ont combiné deux systèmes, dans lesquels l'électrode supérieure positive (+) est constituée par un gros fil de platine. L'électrode inférieure (—) n'émerge pas du liquide, lequel peut remplir une petite coupelle.

Pour remédier au ménisque qui peut se produire dans un tube, et qui gêne l'observation, MM. Delachanal et Mermet ont combiné un autre dispositif. L'électrode négative est à l'intérieur d'un petit tube capillaire, qui dépasse le niveau du liquide et le fil. La solution y monte par capillarité. Dans cet appareil, l'étincelle est bien visible ; il n'y a pas de projection, mais le verre est attaqué par l'étincelle. Il a aussi ce grand avantage, c'est de permettre de conserver une collection de tubes tout montés et contenant les différentes solutions métalliques pures, ce qui, dans le cas de comparaison des spectres, est extrêmement utile.

Les substances peu volatiles sont placées sur des fils fins en platine, ayant $0^{mm},2$ à $0^{mm},4$.

Les fils, avant l'observation, doivent être essayés au point de vue de la propreté, en les mouillant avec de l'acide chlorhydrique.

Dans les recherches délicates, il est bon d'employer, au lieu de becs en cuivre, des becs de verre (Lecoq de Boisbaudran).

Le dispositif Auer von Welsbach est formé par une baguette de charbon cylindrique de $0^{m},02$ de longueur et de 5 millimètres de diamètre, laquelle est destinée à supporter la substance à examiner.

L'autre pôle est formé par un fil de platine de 3 centimètres de long et de 6 millimètres de diamètre, soudé à un fragment de fil de cuivre recourbé à angle droit. La baguette de charbon est assujettie dans un manchon en cuivre fixé à un support. Le fil de platine est relié au trembleur de la bobine Ruhmkorff. M. Demarçay emploie une petite mèche de 8 fils de platine de $0^{mm},15$ comme pôle négatif, et un gros fil comme pôle positif.

Etincelle sur solution. — La solution assez concentrée est introduite dans le tube à étincelles d'un système quelconque. On touche le liquide avec l'électrode supérieure et l'on fait éclater les étincelles.

La solution doit être *négative.*

On modifie ensuite l'écartement du fil positif, de manière à avoir assez d'éclat, sans produire le trait de feu, qui donnerait les raies de l'air. Dans les solutions étendues, les étincelles doivent avoir 1 millimètre au plus. Si l'étincelle lèche le verre, ce dernier s'attaque.

Bobine d'induction. — Les étincelles sont produites par une bobine Ruhmkorff, pouvant donner dans l'air des étincelles de 2 à 5 centimètres.

Cette bobine possède un interrupteur à lame vibrante et est actionnée par une batterie de 4 éléments Bunsen ou de 4 à 6 éléments au bichromate de potassium.

M. Auer emploie une bobine grand modèle excitée au moyen de 4 éléments Bunsen en tension, avec condensateur.

Etincelle sur sels fondus. — La substance est fondue sur la boucle d'un fil de platine. On emploie une étincelle courte.

Fig. 5.

Spectres d'absorption. — Pour l'observation des spectres d'absorption, les liquides s'introduisent dans un tube à essai, ou dans un flacon plat en cristal taillé (fig. 5), ou dans une cuve faite de lames de verre collées à la gomme laque.

Les dissolutions doivent être observées, autant que possible, dans les mêmes conditions de *dilution*, d'*acidité*, de *température* et d'*éclairement*, afin de supprimer les causes d'erreur inhérentes à ces diverses variables.

En général, les spectres d'absorption des dissolutions des divers sels d'un même élément absorbant sont sensiblement identiques.

Les corps absorbants sont placés tout près de la fente.

La source de lumière employée est une flamme de gaz papillon vue sur la tranche, ou mieux une pelote de fil de platine chauffée au blanc par un chalumeau (fig. 6).

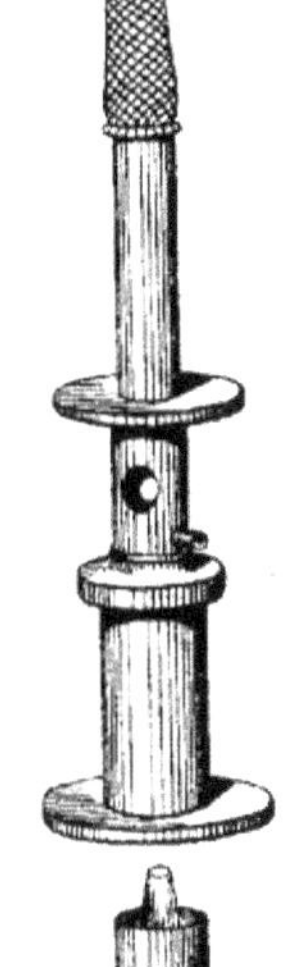

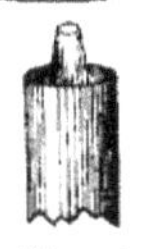

Fig. 6.

Les bandes sont ordinairement nébuleuses. Lorsqu'on élargit la fente, elles s'empâtent et se réunissent.

Un vif éclairement du spectre continu nuit à l'observation de faibles bandes, lesquelles gagnent à être observées avec une fente étroite.

Dans le bleu, l'indigo et le violet, les bandes sont plus nettes lorsque l'incandescence est vive.

Pour séparer des raies fines, mais intenses, on peut employer une vive lumière et une fente étroite.

Dans le cours d'un fractionnement, certaines lignes, au début, fixes et nettes, s'estompent ensuite, phénomène dû évidemment à la superposition de bandes appartenant à des éléments distincts.

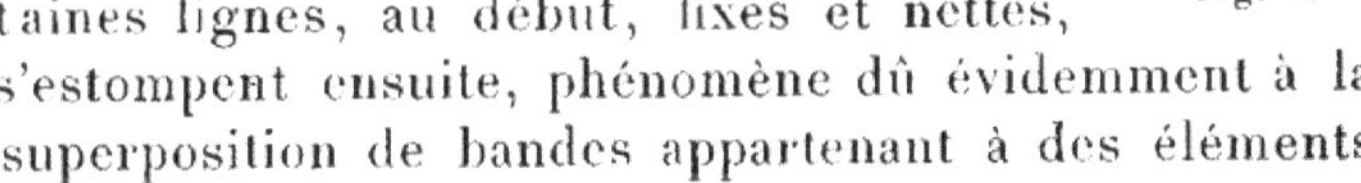

Observation et identification des raies. — Les lectures se font soit en notant sur quelle division et fraction de division chaque raie amenée *au milieu du champ* se projette, soit en amenant le *fil vertical et un peu gros* du réticule exactement sur la raie et en lisant sa position sur l'échelle.

La situation et l'intensité approchée des raies ou bandes observées est reportée sur un papier quadrillé, sans négliger les raies étrangères du verre, de l'air, etc., que l'on éliminera ensuite dans la discussion du spectre.

Après cet examen spectral, il faut transformer les données numériques de l'observation en chiffres comparables avec ceux des autres instruments.

On a construit à l'avance la courbe de l'instrument, laquelle donne pour chaque division du micromètre la longueur d'onde correspondante.

On écrit donc sous chaque raie sa longueur d'onde et l'on recherche dans les ouvrages spéciaux (voir *Bibliographie*, p. 228) un ou plusieurs spectres dont les raies principales paraissent coïncider avec les raies observées *comme position, comme intensité relative et comme aspect*.

Construction de la courbe de l'instrument. — Pour construire la courbe de correspondance des numéros du micromètre aux longueurs d'onde, on se procure du papier quadrillé et l'on marque sur une ligne horizontale la position d'un certain nombre de raies bien caractéristiques. Chaque millimètre représentera, par exemple, une division du micromètre. Cela fait, on cherche dans les ouvrages spéciaux les longueurs d'onde correspondant aux raies enregistrées et l'on marque ces longueurs d'onde de la même manière sur une ligne verticale. Chaque millimètre pourra représenter une variation de 2 millionièmes de millimètre dans la longueur d'onde.

On indique par un point l'intersection des lignes horizontale et verticale correspondant aux longueurs d'onde et au numéro de chaque raie, puis on réunit tous les points par une courbe continue. Voici les sources de lumière qui permettent de construire la courbe : étincelle de la bouteille de Leyde éclatant dans l'air entre les pôles de platine; éclatant entre des pôles de zinc, de zinc mouillé de mercure, d'étain, de cuivre; flamme colorée par les sels de soude, de thallium, de potassium et de lithium.

Dans la description des spectres suivants, d'après Thalén, ce sont les nombres employés par ce savant qui figurent dans la colonne des intensités relatives. Cette notation est légèrement insuffisante, car l'intensité est sujette à de légères variations qu'un chiffre ne peut indiquer d'une façon absolue. C'est pourquoi la méthode employée par M. Lecoq de Boisbaudran dans la description de ces spectres, rend bien mieux compte de l'intensité et de l'aspect variable de chacune des lignes ou bandes.

Le spectre ultra-violet du germanium n'a pas encore été photographié.

Le cérium, le lanthane, le didyme, le samarium, l'yttrium, le scandium, l'erbium, le terbium ne donnent pas de spectre dans la flamme et ne fournissent qu'un spectre peu intense avec les étincelles faibles.

Le cérium, le didyme, l'yttrium, le samarium, le scandium et le terbium donnent un spectre très compliqué avec les étincelles puissantes.

Le spectre du cérium dans l'ultra-violet est remarquable par le nombre énorme de ses lignes.

Les chlorures d'yttrium et de scandium donnent un spectre composé de bandes qui sont très caractéristiques dans les régions visibles.

Le lanthane donne un grand nombre de lignes dans la région visible, mais très peu dans l'ultra-violet.

Dans les recherches comportant de nombreuses séries de fractionnements, on peut suivre l'élimination des oxydes à spectre d'absorption, en observant à l'aide d'un petit spectroscope de poche la lumière réfléchie à la surface de la solution.

Pour la facilité des recherches et la comparaison des résultats spectroscopiques, il vaudrait mieux que la détermination des spectres d'étincelles se fît toujours dans des conditions aussi exactement fixées que possible, tant pour l'intensité et la force électromotrice du courant employé, que pour l'écartement des pôles, etc. Toute communication d'analyse spectrale devrait donc faire connaître en même temps l'intensité et le potentiel exacts du courant utilisé, ainsi que les divers détails du mode opératoire employé.

Le tableau suivant représente les longueurs d'onde des principales raies du spectre solaire, d'après l'*Annuaire du Bureau des longitudes*, exprimées en millioniėmes de millimètre.

RÉGION du spectre.	RAIES	LONGUEUR d'onde.	COULEURS	ÉLÉMENTS correspondants.
Infra-rouge	Limite. . . .	19 400	—	—
	Raie.	14 450	—	—
	Raie.	12 200	—	—
Visible. . .	Raie A. . . .	7 604	Rouge limite.	—
	— B. . . .	6 867	Rouge.	—
	— C. . . .	6 562	Orangé.	Hydrogène.
	— D double	5 895 5 889	Jaune.	Sodium.
	— F. . . .	4 861	Vert bleu.	Hydrogène.
	— G. . . .	4 307	Bleu.	Fer.
	— H. . . .	3 967	Violet.	Calcium.
	— K. . . .	3 933	Violet limite.	—
Ultra-violet	— L. . . .	3 819	—	Fer.
	— M. . . .	3 729	—	—
	— N. . . .	3 580	—	—
	— O. . . .	3 440	—	—
	— P. . . .	3 360	—	—
	— Q. . . .	3 286	—	—
	— R. . . .	3 179	—	—
	— S_2. . . .	3 099	—	—
	— T. . . .	3 020	—	—
	— U. . . .	2 948	—	—

Abréviations employées dans la description des spectres :

Les intensités sont indiquées d'après l'échelle de Thalén. Elles sont en décroissance de 1 à 6.

l, veut dire large ; *f*, forte ; *I. R.* infra rouge ; *R.* Rouge ; *O*, orangé ; *J*, jaune ; *V*, vert ; *B*, bleu ; *Vio*, violet ; *U. V.* ultra violet.

SPECTRES D'ÉTINCELLE

Spectres des métaux du groupe thorique.

THORIUM (THALÉN)		ZIRCONIUM (THALÉN)		GERMANIUM	
Longueur d'onde.	Intensité	Longueur d'onde.	Intensité	Longueur d'onde.	Intensité
		6 343,5 O	3		
		6 310,0 »	3		
		6 140,5 »	1		
		6 132,5 »	3		
		6 127,0 »	1		
5 698,5 J	5	5 384,5 J	4		
5 640,0 »	5	5 349,5 »	3		
5 537,0 »	3	5 190,5 V	3		
5 546,0 »	3	4 815,0 B	1		
5 374,5 »	3	4 771,0 »	1		
4 919,0 B	3	4 738,5 »	1		
4 863,5 »	3	4 709,5 »	1		
4 392,5 I	1	4 686,5 »	1		
4 381,5 »	1	4 497,5 I	4		
4 281,0 »	1	4 494,5 »	4		
4 277,5 »	2	4 443,0 »	4		
4 272,5 »	3	4 380,0 »	4		
		4 370,0 »	4		
		4 360,0 »	4		
		4 242,0 »	4		
		4 241,5 »	4		
		4 228,5 Vio	4		
		4 209,5 »	4		
		4 209,0 »	4		
		4 155,0 »	2		
		4 149,0 »	2		

Spectres des métaux du groupe cérique.

CÉRIUM (THALÉN)		LANTHANE (THALÉN)		DIDYME (THALÉN)	
Longueur d'onde.	Intensité	Longueur d'onde.	Intensité	Longueur d'onde.	Intensité
5 654,0 J	5	6 456,0 R	4	5 688,0 J	4
5 600,0 »	5	6 410,0 »	4	5 675,0 »	4
5 564,0 »	5	6 392,5 »	2	5 593,5 »	4
5 511,0 »	2	6 389,0 »	5	5 485,0 »	3

CÉRIUM (THALÉN)		LANTHANE (THALÉN)		DIDYME (THALÉN)	
Longueur d'onde.	Intensité	Longueur d'onde.	Intensité	Longueur d'onde.	Intensité
5 472,0 J	3	6 325,0 R	5	5 371,0 J	3
5 467,0 »	4	6 318,0 »	5	5 360,5 »	3
5 463,0 »	5	6 310,0 »	5	5 356,5 »	4
5 408,5 »	2	6 294,0 O	4	5 322,0 V	4
5 392,5 »	2	6 264,0 »	5	5 319,0 »	2
5 352,0 »	1	6 261,5 »	4	5 292,5 »	2
5 330,0 V	3	6 249,0 »	2	5 272,5 »	3
5 273,0 »	1	6 187,0 »	5	5 258,5 »	4
5 190,5 »	4	6 132,0 »	5	5 254,5 »	4
5 187,0 »	3	6 128,0 »	5	5 248,5 »	2
5 161,0 »	5	6 124,0 »	4	5 191,5 »	3
5 079,0 »	3	6 111,0 »	6	5 190,5 »	3
5 072,0 »	4	6 107,0 »	4(Cl?)	5 179,0 »	4
4 970,0 »	5	6 099,0 »	5	5 173,0 »	4
4 713,5 B	2 l.	6 006,0 »	4	5 129,5 »	3
4 628,0 »	1	5 973,0 »	3	5 123,0 »	4
4 624,0 »	5	5 929,0 »	2	5 110,5 »	4
4 605,5 »	5	5 873,0 »	6	5 102,0 »	4
4 594,0 »	3	5 867,0 »	6	4 958,0 »	4
4 582,5 »	5	5 862,5 »	4	4 954,0 »	4
4 578,5 »	5	5 855,0 »	5	4 943,0 »	4
4 572,5 »	1	5 851,0 »	6	4 923,5 »	3
4 564,5 »	5	5 847,5 »	5	4 920,0 B	4
4 562,0 »	1	5 828,0 »	6	4 901,0 »	4
4 560,5 »	2 l.	5 821,5 »	6	4 896,5 »	3,5
4 539,5 I	2	5 820,0 »	4	4 890,0 »	3,5
4 527,5 »	2 l.	5 807,0 »	6	4 881,0 »	3,5
4 526,5 »	1	5 804,5 »	3	4 854,4 »	4
4 523,0 »	2	5 794,0 »	3	4 824,0 »	4
4 486,0 »	5	5 790,5 »	3	4 811,0 »	4
4 482,5 »	5	5 787,0 »	3	4 706,0 »	4
4 479,0 »	5	5 769,0 »	2	4 682,5 I	4
4 471,5 »	2 l.	5 761,0 »	4	4 633,0 »	4
4 467,0 »	5	5 743,0 »	4	4 621,5 »	4
4 462,5 »	5	5 740,0 »	4	4 462,5 »	2,5
4 459,5 »	1 l.	5 734,0 »	5	4 451,5 »	2,5
4 448,5 »	3 l.	5 718,5 »	5	4 446,0 »	2,5
4 443,5 »	3	5 702,5 »	6	4 429,0 »	4
4 428,0 »	2	5 673,0 J	3	4 410,0 »	4
4 419,0 »	2	5 656,5 »	4	4 385,5 »	3,5
4 410,0 »	5	5 646,5 »	5	4 357,5 »	4 l.
4 398,5 »	5	5 631,0 »	3 d	4 325,0 Vio	4
4 391,5 »	2	5 602,0 »	6	4 303,0 »	3 l.
4 385,5 »	2	5 599,0 »	6	4 247,5 »	4 l.
4 382,0 »	2	5 587,0 »	3		
4 365,0 »	5	5 567,5 »	4		
4 296,0 »	1 l.	5 564,5 »	4		

CÉRIUM (THALÉN)		LANTHANE (THALÉN)		DIDYME (THALÉN)	
Longueur d'onde.	Intensité	Longueur d'onde.	Intensité	Longueur d'onde.	Intensité
4 289,0 I	1 l.	5 549,5 J	4		
4 185,5 »	3 l.	5 534,0 »	3		
4 165,0 »	4 l.	5 516,0 »	5		
4 149,0 »	4 l.	5 513,5 »	6		
4 136,5 »	4	5 505,0 »	5		
4 132,5 »	4	5 502,0 »	5		
4 127,0 »	5	5 500,5 »	2		
4 124,0 »	5	5 493,0 »	6		
		5 491,0 »	6		
		5 482,0 »	6		
		5 479,5 »	6		
		5 475,0 »	6		
		5 463,5 »	6		
		5 458,0 »	6		
		5 454,5 »	2		
		5 381,0 »	2		
		5 380,3 »	2		
		5 375,5 »	2		
		5 339,5 »	2		
		5 302,5 »	2		
		5 301,8 »	2		
		5 301,0 »	2		
		5 279,5 V	5		
		5 276,0 »	5		
		5 270,5 »	4		
		5 259,0 »	5		
		5 252,5 »	4		
		5 234,0 »	4		
		5 187,5 »	2		
		5 182,5 »	1		
		4 920,8 »	1		
		4 920,0 »	1		
		4 899,0 »	1		
		4 860,0 B	2		
		4 823,5 »	1		
		4 808,0 »	2		
		4 803,0 »	2		
		4 747,5 »	2		
		4 741,5 »	2		
		4 738,5 »	2		
		4 702,5 »	2		
		4 691,5 »	2		
		4 670,5 »	2		
		4 668,0 »	2		
		4 662,5 »	2		
		4 661,0 »	2		
		4 654,5 »	1		

CÉRIUM (THALÉN)		LANTHANE (THALÉN)		DIDYME (THALÉN)	
Longueur d'onde.	Intensité	Longueur d'onde.	Intensité	Longueur d'onde.	Intensité
		4 619,0 B	2		
		4 612,5 »	2		
		4 579,5 I	2		
		4 557,5 »	1		
		4 522,0 »	1		
		4 430,0 »	1		
		4 382,5 »	2		
		4 354,0 »	2		
		4 333,5 »	1		
		4 295,0 »	1		
		4 286,0 »	1		
		4 268,0 »	1		
		4 238,0 »	1		
		4 216,5 Vio	2		
		4 196,0 »	1		
		4 151,5 »	1		
		4 121,0 »	1		
		4 086,0 »	1		
		4 076,5 »	1		

Spectres des métaux du groupe yttrique.

YTTRIUM		ERBIUM		YTTERBIUM	
Longueur d'onde.	Intensité	Longueur d'onde.	Intensité	Longueur d'onde.	Intensité
6 613,0 R	3	6 076,0 O	4	6 489,0 R	5
6 434,5 »	2	6 044,0 »	5	6 463,0 O	5
6 313,0 »	6	6 014,5 »	5	6 274,0 »	5
6 296,0 »	6	5 881,0 »	4	6 261,0 »	6
6 273,0 »	6	5 871,0 »	4	6 221,0 »	1
6 236,0 O	5	5 854,0 J	5	6 199,0 »	6
6 221,5 »	5	5 850,0 »	6	6 159,5 »	4
6 217,6 »	4	5 826,0 »	2	6 151,5 »	4
6 206,0 »	6	5 762,0 »	3	6 054,0 »	6
6 199,2 »	4	5 756,0 »	4	6 004,0 »	3
6 190,5 »	1	5 738,0 »	5	5 990,0 »	4
6 181,0 »	3	5 732,0 »	5	5 983,5 »	3
6 163,5 »	2	5 626,0 »	6	5 944,0 »	4

YTTRIUM		ERBIUM		YTTERBIUM	
Longueur d'onde.	Intensité	Longueur d'onde.	Intensité	Longueur d'onde.	Intensité
6 149,0 O	2	5 485,0 J	4	5 907,0 O	6
6 137,0 »	6	5 456,0 »	5	5 836,0 J	3
6 131,0 »	1	5 343,5 V	3	5 818,0 »	3
6 126,0 »	6	5 256,0 »	2	5 770,0 »	4
6 114,0 »	5	5 217,0 »	3	5 766,0 »	5
6 106,5 »	5	5 188,0 »	3	5 749,5 »	6
6 095,0 »	5	5 164,0 »	4	5 736,0 »	5
6 088,0 »	5	5 133,0 »	5	5 729,5 »	5
6 071,0 »	5 l.	5 070,0 »	5	5 718,5 »	4
6 053,0 »	5	5 041,5 »	5	5 651,0 »	4
6 036,0 »	4	4 951,0 »	2	5 630,5 »	6
6 022,5 »	6	4 899,0 B	2	5 619,5 »	5
6 018,5 »	3	4 871,5 »	3	5 587,5 »	4
6 008,5 »	6	4 830,0 »	4	5 580,0 »	6
6 002,5 »	2	4 819,0 »	3	5 559,5 »	6
5 986,5 »	1	4 794,5 »	4	5 555,5 »	1
5 970,5 »	1	4 762,0 »	5	5 536,0 »	5
5 774,0 J	4	4 758,0 »	5	5 528,5 »	5
5 742,5 »	5	4 750,0 »	6	5 476,0 »	1
5 727,5 »	4	4 678,0 »	5	5 453,0 »	5
5 705,5 »	6	4 674,0 »	2	5 447,5 »	4
5 662,0 »	1	4 605,5 »	2	5 431,7 »	4
5 629,0 »	3	4 565,5 »	6	5 426,5 »	5
5 604,5 »	3	4 562,5 »	5	5 414,0 »	5
5 580,5 »	2	4 552,5 I	5	5 352,0 »	1
5 576,0 »	3	4 500,5 »	3	5 346,5 V	2
5 544,5 »	3	4 474,5 »	6	5 345,0 »	2
5 543,0 »	3	4 458,5 »	5 l.	5 334,0 »	1
5 526,5 »	2	4 419,0 »	4	5 300,0 »	4
5 520,0 »	3	4 409,0 »	5	5 279,0 »	4
5 509,0 »	2	4 326,0 »	6	5 257,0 »	4
5 496,0 »	1			4 993,5 »	4
5 479,5 »	3			4 935,0 »	3
5 473,0 »	3			4 785,5 B	2
5 466,0 »	2			4 725,0 »	2
5 402,0 V	1			4 575,5 »	4
5 205,0 »	1			4 518,0 I	4
5 199,5 »	1			4 513,0 »	5
5 122,5 »	2			4 438,5 »	5
5 118,0 »	3			4 218,0 Vio	6
5 087,5 »	1			4 183,0 »	6
4 899,5 B	1			4 180,0 »	5
4 881,0 »	1				
4 854,0 »	1				
4 758,0 »	3				
4 673,5 »	3				
4 643,0 »	2				

YTTRIUM		ERBIUM		YTTERBIUM	
Longueur d'onde.	Intensité	Longueur d'onde.	Intensité	Longueur d'onde.	Intensité
4 526,5 I	3				
4 422,0 »	2				
4 374,0 »	1				
4 309,0 »	1				
4 176,5 Vio	2				
4 167,0 »	3				

Spectres des métaux du groupe yttrique.

THULIUM (THALÉN)		SCANDIUM (THALÉN)		SAMARIUM (THALÉN)	
Longueur d'onde.	Intensité	Longueur d'onde.	Intensité	Longueur d'onde.	Intensité
5 961,5 O	6	6 304,0 O	1	5 551,0 J	4
5 896,0 »	2	6 279,0 »	5	5 515,0 »	3,5
5 675,0 J	4	6 258,0 »	5	5 493,5 »	3,5
5 305,7 V	2	6 246,0 »	3	5 465,5 »	4
5 033,5 »	3	6 238,0 »	3	5 452,0 »	3,5
4 733,0 B	6	6 210,0 »	2	5 367,5 »	4
4 615,0 »	5	6 192,5 »	5	5 340,5 V	4
4 522,0 I	4	6 153,0 »	3	5 320,0 »	4
4 481,0 »	5	6 145,0 »	5	5 282,0 »	4
4 386,5 »	4	6 140,0 »	4	5 271,0 »	3
4 359,5 »	4	6 115,0 »	2	5 251,0 »	4
4 241,5 »	5	6 109,5 »	3	5 200,0 »	3
4 204,0 Vio	5	6 100,5 »	3	5 174,5 »	4
4 187,5 »	5	6 079,0 »	1	5 121,5 »	4 l.
4 106,5 »	6	6 071,5 »	2	5 117,0 »	3
4 093,0 »	6	6 064,0 »	2	5 071,0 »	4
		6 037,0 »	1	5 052,5 »	4
		6 016,0 »	4	5 044,0 »	3 l.
		5 918,0 »	5	4 919,0 B	4
		5 918,0 »	Min.	4 910,5 »	4
		5 886,5 »	Max.	4 883,5 »	3
		5 886,5 »	Min.	4 847,0 »	4
		5 877,0 »	Max.	4 841,0 »	3 l.
		5 848,5 »	Max.	4 815,0 »	3
		5 848,5 »	Min.	4 785,0 »	4
		5 842,0 »	Max.	4 782,5 »	4
		5 809,0 »	Max.	4 759,5 »	3
		5 809,0 »	Min.	4 745,0 »	4

THULIUM (THALÉN)		SCANDIUM (THALÉN)		SAMARIUM (THALÉN)	
Longueur d'onde.	Intensité	Longueur d'onde.	Intensité	Longueur d'onde.	Intensité
		5 801,5 O	Max.	4 728,0 B	3
		5 772,0 »	Max.	4 703,5 »	3
		5 772,0 »	Min.	4 673,5 »	4
		5 736,5 »	Max.	4 668,5 »	4
		5 736,5 »	Min.	4 648,5 »	4
		5 723,5 »	4	4 642,0 »	4
		5 716,0 »	4	4 626,5 »	4
		5 710,5 »	2	4 615,5 »	4
		5 707,5 »	4	4 593,0 »	4
		5 699,5 »	2 *a*	4 581,0 »	4
		5 686,0 »	2	4 567,0 »	4
		5 671,0 »	2	4 544,0 I	4
		5 656,5 »	2	4 537,5 »	4
		5 640,0 »	3	4 524,0 »	4
		5 526,0 »	1 tf.	4 522,5 »	4
		5 519,5 »	3	4 519,5 »	4
		5 513,5 »	3	4 511,0 »	4
		5 484,0 »	3	4 498,0 »	4
		5 445,5 »	4	4 477,5 »	4
		5 391,3 »	3	4 466,5 »	2
		5 355,0 »	3	4 457,5 »	4
		5 348,5 »	3	4 454,0 »	3
		5 284,5 V	4	4 452,5 »	3
		5 257,5 »	4	4 433,5 »	2 l.
		5 239,0 »	2	4 424,5 »	2
		5 098,5 »	4	4 420,5 »	4 l.
		5 086,5 »	4,5	4 390,0 »	3
		5 085,0 »	4 *b*	4 347,0 »	4
		5 083,0 »	3,5	4 318,5 »	4
		5 081,0 »	3	4 296,5 »	4
		5 070,0 »	4	4 280,0 »	4
		5 030,5 »	1	4 256,5 »	4
		4 743,0 B	3		
		4 739,5 »	3		
		4 737,0 »	4 *c*		
		4 733,2 »	4		
		4 728,5 »	4		
		4 609,5 »	2		
		4 415,0 I	1		
		4 400,0 »	1		
		4 374,0 »	1		
		4 324,5 »	1		
		4 320,0 »	1		
		4 314,0 »	1		
		4 248,5 »	1		

a, *b*, *c*, groupes très caractéristiques.

Spectre du gadolinium (Lecoq de Boisbaudran).

LONGUEUR D'ONDE	INTENSITÉ
622,3	Forte.
582,7	Milieu de bande assez forte.
572,3	Raie d'intensité modérée.
570,5	— assez bien marquée.
569,8	Assez forte.
568,6	Raie assez bien marquée.
566,9	— plus faible que 570,5.
546,4	
510,1	— peu distincte.
492,9	— facilement visible.
490,8	— assez bien marquée.
488,8	— bien marquée.
479,3	— un peu nébuleuse.
463,3	— bien marquée.
461,7	— très bien marquée.
446,7	— facilement visible.
436,7	

Spectres d'absorption.

DIDYME (Soret et Becquerel, Lecoq de Boisbaudran).		NÉODYME (Forsling).	PRASÉODYME (Forsling)	
			Prα	Prβ
860	I-R			
796	»			
743	»			
730,7	R			
689,4	»			
678,6	»	689,4		
622,5	O	679,8		
596,2	»	672,0		
588,5	»	636,0	596,5	
582,4	J	628,5	591,7	
578,8	»	625,0	588,5	
574.7	»	621,5		
571,9	»	583,4		
531,2	V	580,8		
522,3	»	578,5		
521,9	»	575,4		

DIDYME (Soret et Becquerel, Lecoq de Boisbaudran).	NÉODYME (Forsling).	PRASÉODYME (Forsling).	
		Pr α	Pr β
521,1 V	573,3		
520,5 »	571,6		
512,5 »	532,3		
508,7 »	524,4		
482,2 B	521,6		
475,8 »	520,5		
469,1 »	512,0		
461,8 »	511,0		
445,8 I	508,9		
444,1 »	474,5		481,3
442,5 »	450,5		468,7
427,5 Vio	434,0		
353,0 U.V	432,5		445,8
347,0 »	427,3		442,5
330,5-328,5	380,6		354,0
	380,0		353,2

Spectre d'absorption du samarium.

LONGUEUR D'ONDE		
D'après Lecoq de Boisbaudran.	Soret.	Thalén.
559 J	559 J	556-559 J
551-500 »	500 »	501,5-497 »
489 B indistinctes	» B	» B
486-474 »	480 milieu.	486-472 forte.
464-463 »	463,5 milieu.	466-460 forte.
»	»	445-437 pas forte.
417 Vio	419-415 Vio	418,5-415 V
»	408-406 »	409 limite.
400,75 »	(Moins réfrangible que H très intense.)	»
»	375-373 U.V.	»
»	364-360	»
»	344	»

Dans la partie infra-rouge M. Becquerel a trouvé deux raies très fortes qui appartiennent au samarium. Leur longueur d'onde est 1145 et 1040.

Spectres d'absorption de l'erbium et de l'holmium.

ERBIUM (Thalén).		HOLMIUM (Soret).	
Longueur d'onde.	Intensité.	Longueur d'onde.	Intensité.
666-668 R	Faible.	804 (?) R	Très forte.
651,5-654,5 »	Forte.	753,5 » (Dys)	Assez faible.
647,5-651,5 »	Demi-forte.	640,4 R 536,3 V	Très caractéristique
540,0-541,6 J	—	485,5 »	
522,5-523,5 V	Très forte.	474,5 » (Dys)	
518,5-522,5 »	Forte.	453-449 (Dys) 430 »	Douteuse.
486,5-487,7 B	—	414,5 »	
447,5-451,5 I	Demi-forte.	389-387 »	

Spectre d'absorption du dysprosium
(Lecoq de Boisbaudran).

LONGUEURS D'ONDE	
840	Douteuse.
756,5	Assez peu large, correspond à 753 de M. Soret.
475,0	Très nébuleuse.
451,5	A bords nébuleux, mais moins indécis que ceux de la précédente. Beaucoup plus forte que 475.
427,5	Assez peu large, paraissant l'être un peu plus que 756,5.

Spectre d'absorption du thulium. — Les sels de thulium ont un spectre d'absorption présentant une bande très intense dans la partie rouge (longueur d'onde 680-707) et une autre dans la partie bleue (longueur d'onde 465). Cette dernière visible seulement dans les solutions riches en thuline, assez large, mais peu intense.

BIBLIOGRAPHIE SPECTROSCOPIQUE

AMES. — Sur les relations entre les lignes des différents spectres (*Philosophical Magazine* (5), t. XXX et XXXIII, 1890).

O. BOUDOUARD. — Sur les terres yttriques et sur le néodyme (*Bull. Soc. Chim.* (3), t. XIX, p. 227, 236 et 382).

W. CROOKES. — Spectre d'absorption des terres rares et spectres de phosphorescences (*Journ. of Chem. Soc.*, t. LV, p. 250, 1889).

DEMARÇAY. — Sur le spectre et la nature du néodyme (*Comptes rendus*, t. CVII, p. 1039).

DESLANDRES. — Loi générale de répartition des raies dans les spectres de bandes. Analogie avec la loi de succession des sons d'un corps solide (*Comptes rendus*, t. CIII, p. 375, 1886 ; t. CIV, p. 972, 1887).

ERDMANN. — Sur l'analyse spectrale (*Journ. für prak. Chem.*, t. LXXXV, p. 394, 1862).

GLADSTONE. — Spectre du didyme (*Journ. für prakt. Chem.*, t. LXXIII, p. 380, 1858).

DE GRAMMONT. — Spectre des métalloïdes dans les sels fondus (*Comptes rendus*, t. CXXIV, p. 192. — *Bull. Soc. Chim.* (3), t. XIII-XIV, p. 945 ; t. XVII-XVIII, p. 774).

HARTLEY. — Sur le caractère physique des raies du spectre d'étincelle des éléments (*Proceed. of the Royal Soc.*, t. XLIX, p. 448, 1891).

HARTLEY ET ADNEY. — Mesure des longueurs d'onde (*Trans. of the Roy. Soc.*, t. CLXXV, p. 63).

LECOQ DE BOISBAUDRAN. — Spectres lumineux, Paris, Masson, 1874.

— Nouvelles raies spectrales observées dans les substances extraites de la samarskite (*Comptes rendus*, t. LXXXVIII, p. 322, 1879).

— Recherches sur le samarium (*Comptes rendus*, t. LXXXIX, p. 212, 1879.

LIVEING ET DEWAR. — Spectre des éléments (*Trans. of Roy. Soc.*, t. CLXXIV, p. 210 (1883) ; t. CLXXIX, p. 231 (1888).

NORDENSKJOLD. — Sur un rapport simple entre les longueurs d'onde des spectres (*Comptes rendus*, t. CV, p. 989, 1887).

NORMANN LOCKYER. — Analyse spectrale.

SORET. — Sur l'absorption des rayons ultra-violets (*Arch. des sciences phys. et nat.* (3), t. IV, p. 261, 1880).

SORET. — Sur les spectres d'absorption du didyme et des métaux de la samarskite (*Comptes rendus*, t. LXXXVIII, p. 422, 1879).

— Sur le spectre des terres des groupes yttriques (*Comptes rendus*, t. LXXXIX, p. 521).

THALÉN. — Sur les spectres de l'yttrium, erbium, didyme et lanthane (*Oefr. of. Kongl. Vetensk. Aka. Hand*, t. XII, n° 4, 1874).

— Sur les spectres du scandium, de l'ytterbium, de l'erbium et du thulium (*Comptes rendus*, XCI, p. 45).

— Sur les spectres brillants du didyme et du samarium (*Journ. de physique* (2), t. II, p. 446, 1883).

G. URBAIN. — Nouvelle méthode de fractionnement des terres yttriques (*Bull. Soc. Chim.* (3), t. XIX, p. 376).

— Séparation du didyme et du praséodyme (*Bull. Soc. Chim.* (3), t. XIX, n° 10).

CHAPITRE II

Méthodes de fractionnement et de séparation des Terres rares.

Généralités. — Les Terres rares dont nous nous occupons dans cet ouvrage ont été l'objet de nombreuses recherches, qui se poursuivent depuis un siècle environ. La séparation de ces oxydes est extrêmement longue et délicate, à cause des grandes analogies et des nombreux points de contact et caractères de ressemblance qui existent entre ces divers corps.

Durant ces dernières années, grâce à la multiplication et aux perfectionnements apportés dans les méthodes de séparation, et surtout grâce à l'emploi de l'analyse spectrale, on est arrivé à augmenter considérablement le nombre des espèces distinctes, et à dédoubler, comme nous l'avons déjà dit, un grand nombre d'oxydes, que jusqu'ici on avait considérés comme des composés définis.

Nous allons donc étudier, dans ce chapitre, les divers procédés de fractionnement, en développant particulièrement ceux qui ont été employés avec le plus de succès.

Dans chacune de ces méthodes, la séparation n'est jamais immédiate, et comme nous le verrons, les opérations doivent être répétées, la plupart du temps, un très grand nombre de fois, avant d'arriver à isoler un corps jouissant d'une composition parfaitement définie.

Les divers moyens de contrôler la pureté de l'oxyde obtenu et de suivre le fractionnement sont les suivants :

1° *Détermination du poids atomique* du métal;

2° *Coloration* des oxydes ou des solutions ;

3° *Examen spectroscopique*, comprenant lui-même :

1° Étude des raies fournies par le spectre d'étincelles, éclatant à la surface d'une solution de chlorure ;

2° Etude du spectre d'absorption ;

3° Etude du spectre d'incandescence ou de phosphorescence.

C'est souvent grâce aux caractères spectroscopiques que la découverte des éléments nouveaux a eu lieu.

1° Les éléments ayant un *spectre d'absorption* sont les suivants :

Erbium, holmium, dysprosium, thulium, néodyme, praséodyme, samarium.

2° Tous les oxydes des métaux rares sont blancs, excepté :

Oxyde d'erbium.	Rose.
Oxydes d'holmium et thulium.	Rose (?)
— de décipium	Orange.
— de néodyme.	Bleu.
— praséodyme	Brun foncé.
— gadolinium	Blanc ou jaune pâle (Marignac).
— de philippium (PpO^2).	Orange.
— de terbium	Orange.

L'oxyde de cérium pur, d'après les récentes recherches de M. Moissan, de M. Wyrouboff et de M. Schützenberger, est blanc, et non jaune pâle, comme on l'avait toujours cru. Cette coloration était due à des impuretés.

Basicité des terres rares. — Les terres rares proprement dites qui précipitent par le sulfate de potassium, sont toutes beaucoup plus basiques que celles qui ne précipitent pas. L'ordre de basicité des groupes cériques et yttriques, en commençant par les plus basiques, est comme suit :

Groupe cérique La > Pr > Nd > Sm > Gd > Dp.
— yttrique Y > Tr > Er, Ho, Thu > Yb > Sc.

La basicité d'un oxyde est en raison de la facilité plus ou moins grande avec laquelle il est déplacé de ses sels.

Par exemple, dans le groupe cérique, la décipine étant le moins basique des oxydes, s'accumule dans les premières portions précipitées et le lanthane reste en solution. L'ordre de séparation des éléments varie avec les méthodes de fractionnement employées.

Pour les constantes caractéristiques des divers éléments, on s'en référera aux divers tableaux des constantes, pages 42-45.

En général, pour extraire les oxydes des terres rares, ou un oxyde en particulier, on s'adresse aux minéraux dans lesquels ils prédominent.

Dans le but d'extraire les oxydes du groupe cérique, on traitera, soit la *cérite*, qui contient surtout du cérium, du didyme et du lanthane, avec un peu de samarine, de décipine et des traces de gadoline. Au contraire, pour étudier les oxydes du groupe yttrique, on emploiera, soit la *gadolinite* et l'*euxénite*, riches en yttrium, en erbium, holmium, avec un peu d'ytterbium et de scandium;

Soit la *samarskite*, qui contient yttrium, terbium, samarium, gadolinium;

Soit la *fergusonite*, la *xénotime* ou l'*aeschynite*.

Les oxydes cériques sont extraits en grande partie actuellement, y compris la thorine, des sables monazités, dont le minéral le plus intéressant à ce point de vue est la monazite.

L'*euxénite* est ordinairement choisi pour l'étude des métaux du groupe erbique.

Détermination du poids atomique. — Cette opération se fait assez rapidement par l'analyse ou par la synthèse du sulfate, les métaux des terres rares possédant des poids atomiques assez distincts.

On dissout un poids connu d'oxyde, dans l'acide nitrique, dans une capsule de platine. On ajoute ensuite à la solution un excès d'acide sulfurique et on évapore *lentement* à siccité, afin d'éviter les projections. On calcine ensuite entre 300 et 350° C. au bain d'air.

L'augmentation de poids correspond à $3SO^3$ pour M^2O^3.

Souvent on obtient, à l'aide des méthodes diverses employées pour la séparation des terres rares, des limites de fractionnement fournissant des produits dont la constance relative du poids atomique offre un caractère insuffisant pour l'identification de l'élément supposé. M. G. Urbain, dans ses dernières recherches sur les terres yttriques, a souvent observé de semblables limites, au delà desquelles un mélange ne se fractionne plus. Ces limites, très voisines pour divers sels, nous démontrent combien il est difficile de se prononcer sur l'existence d'un nouvel élément, même lorsque l'on obtient par des méthodes différentes des poids atomiques paraissant constants.

Les principaux procédés de séparation employés jusqu'ici sont les suivants :

1° Formation de sulfates doubles de potasse ; les uns à peu près insolubles dans un excès du précipitant, les autres étant solubles.

2° Formation de formiates insolubles (méthode Cleve).

3° Calcination ménagée des nitrates, donnant lieu à la formation de sous-nitrates solubles à chaud, cristallisables, puis de sous-nitrates insolubles et enfin d'oxydes.

Ce procédé est très employé, mais est assez délicat comme emploi (méthode Debray).

4° En opérant par précipitations fractionnées des

hydrates par l'ammoniaque diluée (Lecoq de Boisbaudran).

5° En soumettant les nitrates doubles d'ammonium des métaux rares à de nombreuses séries de cristallisations fractionnées dans l'acide nitrique étendu (méthode Auer von Welsbach).

6° En précipitant les nitrates basiques, par addition d'un oxyde à la solution bouillante des nitrates (Auer von Welsbach).

7° M. Urbain emploie les sels organiques des terres rares tels que les acétylacétonates et les éthylsulfates, lesquels dans le fractionnement des terres du groupe yttrique lui ont donné d'excellents résultats.

Dans les pages suivantes, nous étudierons successivement le traitement des divers minéraux par différentes méthodes, en vue d'en extraire les oxydes rares en général, ou un oxyde en particulier.

TRAITEMENT DE LA CÉRITE

Séparation et extraction des oxydes de cérium, lanthane, néodyme et praséodyme.

Les principales méthodes de traitement de la cérite sont :

1° Procédé Marignac ;
2° Procédé Mosander ;
3° Procédé Debray ;
4° Procédé Auer von Welsbach ;
5° Procédé Schützenberger ;
6° Procédé Wyrouboff et Verneuil ;
7° Procédés Berzélius, Bunsen, Czudnowicz ;
8° Procédés Brauner, Popp, etc.

Procédé Marignac. — La cérite broyée finement est mélangée avec de l'acide sulfurique concentré étendu d'eau de manière à former une pâte assez épaisse. On chauffe ; il se produit une assez vive réaction. La masse s'échauffe beaucoup, blanchit, il y a dégagement de fumées blanches d'acide sulfurique et, au bout de quelques minutes, on obtient une poudre blanche et sèche. On l'introduit dans un têt à rôtir et on chauffe un peu au-dessous du rouge, afin de chasser l'excès d'acide. On laisse refroidir et on pulvérise. La poudre est ensuite projetée dans l'eau glacée, par petites portions et en agitant le liquide. Les sulfates se dissolvent et il reste un résidu de silice et d'oxyde de fer. On filtre et on fait bouillir. Les sulfates de Ce, La, Di se précipitent en grande partie dans un état assez grand de pureté.

Les eaux-mères ne renferment plus grand'chose, et on peut séparer ce qui reste d'oxydes sous forme de sulfates, en saturant le liquide de sulfate de potasse. On obtient un dépôt de sulfates doubles. Le mélange des sulfates est purifié par une nouvelle dissolution et une reprécipitation. On précipite ensuite les oxydes sous forme d'oxalates par l'oxalate d'ammoniaque. Les oxalates sont lavés, séchés et calcinés. On obtient ainsi un mélange des oxydes de cérium, lanthane, néodyme, praséodyme, etc.

Séparation du lanthane et du didyme.

Procédé Mosander. — Cette méthode repose sur la différence de solubilité des sulfates à différentes températures.

Les deux sulfates sont très solubles dans l'eau à 5 ou 6 et se précipitent en grande partie à une plus haute température. Mais le sulfate de lanthane se précipite d'une solution concentrée à moins de 50° C., tandis que le sulfate de didyme reste presque en entier dans la liqueur et ne se précipite qu'à une température plus élevée.

Après avoir converti le mélange des oxydes en sulfates, on les calcine au rouge sombre, on les pulvérise et on les dissout dans l'eau glacée en observant les précautions ordinaires. On filtre et on abandonne la dissolution pendant quelques heures à 30-35° C. Le sulfate de lanthane se précipite en petits cristaux incolores, tandis que le sulfate de didyme reste dans la solution. On décante, on lave les cristaux avec un peu d'eau, puis on calcine de nouveau et on recommence la même opération. On continue ainsi jusqu'à obtention d'une eau-mère qui, évaporée à sec, donne un résidu absolument incolore.

Il faut opérer sur une quantité de produit assez grande, car à chaque dissolution il reste du sulfate de lanthane dans l'eau-mère, et le poids de produit pur obtenu est toujours très petit.

D'après Marignac, il y aurait avantage à opérer une première séparation imparfaite des oxydes en les dissolvant dans un grand excès d'acide azotique et en déterminant par addition d'acide oxalique dans cette solution plusieurs précipités successifs dont les premiers sont plus riches en didyme que les derniers.

Après avoir ainsi séparé le lanthane, les diverses eaux-mères contiennent la totalité du didyme mélangé à une quantité plus ou moins grande de sulfate de lanthane. Si on les évapore lentement, vers 40 ou 50° C. on obtient de gros cristaux d'un rose vif de sulfate de didyme mélangés d'une grande quantité de petits cristaux d'un rose plus pâle. On opère un triage et on répète plusieurs fois cette cristallisation.

Lorsque les deux sulfates sont en telles proportions que cette méthode ne donne plus de résultats, on convertit les sulfates en oxydes par précipitation à chaud au moyen du carbonate de sodium.

Les oxydes fortement calcinés sont mis en contact pendant longtemps, à la température ordinaire, avec une très grande quantité d'eau contenant moins d'acide azotique qu'il n'en faudrait pour la dissolution totale. On obtient ainsi une solution peu colorée, riche en lanthane. Le résidu dissous donne une dissolution plus colorée, riche en didyme.

Les deux oxydes peuvent être séparés par des précipitations fractionnées opérées à l'aide de l'ammoniaque ou par les oxalates.

Procédé Debray. — On mélange 500 grammes de cérite finement pulvérisée avec 500 grammes d'eau et on ajoute, en remuant, 375 grammes d'acide sulfurique concentré. Il se produit un échauffement considérable. On chauffe jusqu'à production de vapeurs sulfuriques. Après refroidissement on projette dans un vase contenant 5 à 6 litres d'eau à 0°. On filtre, on traite par un courant d'hydrogène sulfuré pour éliminer cuivre, molybdène, bismuth, etc. On filtre et on précipite par l'acide oxalique. On convertit ensuite les oxalates en nitrates.

Séparation de l'oxyde de cerium. — Le mélange des nitrates secs est additionné de huit à dix fois son poids de salpêtre en poudre, et le tout est maintenu pendant longtemps à une température un peu supérieure à celle de la fusion du salpêtre (330 à 350°) tant qu'il y a dégagement de vapeurs nitreuses.

Dans ces conditions, seul le nitrate de cérium se décompose, en donnant du bioxyde de cérium CeO^2, tandis que les nitrates de lanthane, de néodyme et de praséodyme restent avec le nitrate de potassium.

On laisse refroidir, on traite par l'eau acidulée à l'acide nitrique. On dissout le nitrate de potasse et les nitrates de lanthane, néodyme et praséodyme ; tout en transformant en nitrates neutres les nitrates basiques qui auraient pu se former.

On purifie l'oxyde de cérium obtenu en le retransformant en nitrate. On le traite par l'acide sulfurique étendu de son volume d'eau on étend d'eau et on le réduit par le gaz sulfureux. On précipite ensuite par l'acide oxalique. L'oxalate obtenu est traité par l'acide azotique, et l'azotate desséché est mélangé à huit ou dix fois son poids d'azotate de potasse. On fond vers 350°. On reprend par l'eau. Le résidu est du bioxyde de cérium pur.

La solution contenant les nitrates des trois autres oxydes avec un excès notable de nitrate de potasse est évaporée à sec. Le résidu est refondu à 350° afin d'éliminer les dernières traces de cérium, et le produit refroidi est traité par l'eau.

Séparation du lanthane, du néodyme et du praséodyme. — *Procédé Auer von Welsbach* [1]. — Cette méthode donne d'excellents résultats. Elle est basée sur les différences de solubilité, dans l'acide nitrique étendu, des nitrates doubles de didyme et d'ammoniaque et de lanthane et d'ammoniaque.

Le sel double lanthanique est beaucoup moins soluble que le sel double de didyme.

Le mélange des nitrates de lanthane et de didyme obtenus après élimination du cérium sert de point de départ.

La présence du lanthane *facilite* la séparation du néodyme et du praséodyme.

Il faut opérer sur des quantités suffisantes du mélange des nitrates.

Les nitrates étant en solution, on ajoute la quantité voulue de nitrate d'ammoniaque pour donner les sels doubles du type $(AzO^3)^6M^2 . 4AzH^4 . AzO^3 + 8H^2O$ et environ un dixième du poids des sels, d'acide azotique.

On évapore la liqueur jusqu'au moment où la surface refroidie par un courant d'air se recouvre de petits cristaux. A ce moment, on ajoute un peu d'eau pour retarder la cristallisation et obtenir par refroidisse-

---

[1] *Monatshefte für Chemie*. Vienne, t. VI, p. 477.

ment lent des cristaux aussi nets et aussi développés que possible. Après vingt-quatre heures de repos on décante l'eau-mère. On égoutte les cristaux et on les lave par un peu d'acide nitrique concentré. Le liquide de lavage est réuni à l'eau-mère, laquelle est concentrée à plusieurs reprises de manière à fournir une seconde, une troisième cristallisation, etc.

Quand le didyme commence à dominer (car c'est le lanthane dont le sel double se dépose d'abord), il est bon d'ajouter au liquide concentré et presque refroidi quelques cristaux provenant de la cristallisation immédiatement précédente, afin d'empêcher toute sursaturation.

Les évaporations successives, suivies de cristallisations par refroidissement lent, sont répétées six à huit fois, ce qui donne six à huit portions d'une première série et une eau-mère peu abondante.

Les premières fractions contiennent presque tout le lanthane et sont peu rosées, les dernières tout le didyme et sont de plus en plus rouges.

Cependant, les spectres d'absorption de ces diverses fractions ne présentent aucune différence marquée.

On procède ensuite à la recristallisation successive des fractions de la 1re série, en utilisant l'eau-mère de la cristallisation du n° 1 pour dissoudre le n° 2, et ainsi de suite jusqu'à une dernière eau-mère que l'on sépare.

On obtient ainsi la série 2 que l'on traite comme la série 1 pour arriver à la série 3 et aux suivantes.

Entre deux séries, on peut former une série intermédiaire, en soumettant la fraction moyenne d'une série à des cristallisations fractionnées, réparties méthodiquement entre les autres fractions de la même série.

Au bout d'un certain nombre de séries effectuées ainsi, on constate que la première recristallisation est formée de cristaux incolores, conséquemment presque entièrement formée de sel double de lanthane. On met ces cristaux à part. Au contraire, les dernières cristallisations ne renferment plus de lanthane.

Mais en même temps il se produit le fait curieux suivant : le praséodyme est en quelque sorte entraîné vers les fractions lanthanifères (têtes de séries), et le néodyme vers les queues de séries. Après quelques séries, les premières fractions lanthanifères prennent une teinte jaune verdâtre, tandis que les fractions de queue deviennent plus pâles, car ces dernières peuvent renfermer, outre le néodyme, les éléments étrangers du groupe de l'yttria existant dans le minéral employé (samarium, décipium, etc.).

Dès la 5e série les deux fractions extrêmes de tête et de queue donnent des spectres d'absorption très distincts et différents du spectre d'absorption du didyme ancien. Les sels des premières fractions ont une couleur jaune verdâtre, ceux des dernières une couleur rose superbe.

A mesure qu'on avance dans ce travail et qu'on se rapproche de la 18e série, les fractions lanthaniques pures observées au début des séries, deviennent de plus en plus rares, car on a déjà éliminé la majeure partie du lanthane primitif.

La coloration des fractions voisines de la partie lanthanique devient d'un vert de plus en plus pur ; il devient de plus en plus difficile d'en extraire des cristaux incolores.

Dans ces fractions, l'une des moitiés du spectre de l'ancien didyme a presque entièrement disparu. Les fractions moyennes ont une couleur mixte, jaune rougeâtre.

Le fractionnement de la queue des dernières séries a pour but d'augmenter la partie incristallisable. L'eau-mère sirupeuse est enlevée à la trompe chaque fois.

Les derniers dépôts cristallins ne se laissent plus laver à l'acide azotique concentré, comme les premiers;

ils se dissolvent facilement et sont fortement hygroscopiques. Examinés au spectroscope, ils ne donnent plus les bandes d'absorption des fractions de tête et l'on voit apparaître certaines bandes n'appartenant pas au didyme (samarium et autres métaux).

A partir de la 15ᵉ série, on met à part les fractions moyennes en y ajoutant les suivantes de même composition apparente.

La purification ultérieure des fractions de tête n'est poursuivie que jusqu'à la 20ᵉ série en éliminant les cristaux incolores avec soin. On arrive ainsi à une première fraction de couleur verte offrant un spectre d'absorption très intense dans le bleu et le violet. A la suite de cette première fraction, en existe une autre, de couleur jaune verdâtre, pour laquelle les bandes dans le bleu et le violet sont aussi et même plus intenses, mais présentent une faible trace de bande dans le vert.

L'oxyde correspondant à cette fraction verte est d'un noir brun très intense, c'est l'oxyde de praséodyme.

Le traitement de la seconde moitié des dernières séries conduit à séparer le second élément constituant l'ancien didyme.

En continuant après la 15ᵉ série le fractionnement des dernières cristallisations, on augmente peu à peu la quantité des produits de queue, renfermant les autres oxydes (samarium et autres).

Afin de les éliminer, on précipite la solution de cette portion par l'acide oxalique. Les oxalates desséchés sont calcinés dans une capsule de platine. On obtient un oxyde coloré en jaune sale ou en blanc grisâtre. On transforme en nitrate, que l'on décompose partiellement par la chaleur. On forme ainsi un sous-nitrate insoluble. Après trois ou quatre traitements semblables les oxydes yttriques ont été éliminés et l'eau-mère n'en renferme plus trace. Les précipités de sous-nitrates sont fractionnés de manière à récupérer la portion didymique entraînée, surtout dans le dernier précipité.

Les bandes d'absorption du samarium ont presque entièrement disparu, tandis que les bandes dans le jaune et le vert, caractéristiques du néodyme, ont gardé leur intensité.

On continue alors les séparations fractionnées, en employant le sel de soude au lieu du sel d'ammonium. On obtient des cristallisations formées de cristaux plus petits et plus nets que ceux d'ammonium et qu'on peut laver avec un peu d'acide azotique. Ils sont d'un beau rouge améthyste.

Ces cristallisations sont rangées en séries, que l'on traite pour former de nouvelles séries en opérant comme il a été indiqué précédemment.

Les dernières fractions de ces nouvelles séries produisent des résidus difficilement cristallisables. On y ajoute alors un tiers de leur poids de sel lanthanique, qui facilite la cristallisation et l'on reforme de nouvelles séries qui permettent de séparer de nouvelles quantités de néodyme.

Procédé Schützenberger (1). — La cérite pulvérisée est attaquée par l'acide sulfurique concentré. Après expulsion de l'acide sulfurique en excès, les sulfates sont dissous dans l'eau froide. La solution est filtrée, puis est précipitée par l'hydrogène sulfuré.

Le liquide est ensuite évaporé au bain-marie à l'ébullition.

Il se sépare des croûtes cristallines roses, formées d'un mélange de sulfates de cérium, de didyme et de lanthane.

Les cristaux séparés de l'eau-mère ferrugineuse sont déshydratés, redissous dans l'eau froide, et la solution réévaporée au bain-marie donne un dépôt plus pur que l'on redissout. La solution est précipitée par l'oxalate d'ammoniaque. Le mélange des oxalates lavés et séchés

(1) *Comptes rendus*, t. CXX, p. 663, 962, 1143 ; t. CXXIV, p. 481.

est dissous à chaud dans un excès d'acide nitrique pur et chauffé jusqu'à destruction complète de l'acide oxalique.

La solution des nitrates est évaporée à sec, le résidu est mélangé avec 8 parties de nitre. Il est fondu entre 310 et 325° jusqu'à cessation de dégagement de vapeurs nitreuses.

Le bioxyde de cérium jaune est isolé par lavage à l'eau chaude, puis avec une solution de nitrate d'ammoniaque pour éviter de filtrer trouble. Après calcination on retransforme ce bioxyde en sulfate, en oxalate et en nitrate, lequel est soumis à une fusion au salpêtre à 320°. On élimine ainsi le didyme, entraîné lors de la première fusion, et l'on obtient un bioxyde CeO^2 ne présentant plus de bandes d'absorption.

Après élimination du cérium, la masse saline, dissoute dans l'eau, est filtrée, évaporée à siccité, fondue à nouveau et maintenue à 350-360° jusqu'à fusion tranquille.

On dissout, on filtre et l'on évapore à sec pour procéder à des séparations fractionnées en chauffant à des températures de plus en plus élevées.

La méthode suivie est donc une extension du procédé Debray à la séparation du lanthane et du didyme.

Dans ces fusions fractionnées, le didyme se sépare d'abord.

La masse fondue perd de plus en plus sa couleur rose.

Après le huitième fractionnement, la masse fondue était incolore. Le nitrate résiduel non décomposé correspondant à la fraction n° 9 était donc du lanthane privé de didyme.

M. Schützenberger, notre regretté maître, était arrivé, dans une série de savants travaux sur les terres de la cérite ainsi que sur celles extraites de la monazite (en collaboration avec M. Boudouard), à démontrer que le cérium, le lanthane, etc., pouvaient être dédoublés en plusieurs éléments à poids atomiques différents.

Procédé Wyrouboff et Verneuil. — Les oxalates étant obtenus, on les calcine légèrement et on les traite par l'acide nitrique. Deux cas peuvent se présenter : 1° Si le mélange contient plus de 50 p. 100 de cérium, l'acide nitrique ne le dissout pas intégralement, même à l'aide de la chaleur. Le résidu insoluble d'après les auteurs n'est pas constitué par du bioxyde de cérium pur CeO^2, mais c'est une combinaison complexe de CeO^2 avec La^2O^3 et Di^2O^3.

Dans ce cas, on dissout les oxalates dans l'acide nitrique, on ajoute un excès d'eau oxygénée, de l'ammoniaque et on fait bouillir. Il se forme un précipité volumineux de peroxyde de cérium rouge brun, et de peroxydes de lanthane et de didyme. Il se dégage de l'oxygène et le précipité devient orangé, puis jaune.

A cet état, il constitue l'hydrate cérique $CeO^2, 3H^2O$ mélangé à Di^2O^3 et La^2O^3. On lave le précipité de façon à éliminer le nitrate d'ammoniaque, on le dissout dans l'acide nitrique chaud et continue comme en 2°.

2° Si les oxydes calcinés se dissolvent dans l'acide nitrique, on évapore la solution à consistance sirupeuse. Elle contient le cérium à l'état de sel de l'oxyde $CeO^2, 3Ce^2O^3$.

A cette masse demi-fluide on ajoute une solution à 5 p. 100 de nitrate d'ammoniaque (30 à 40 fois le poids des oxydes) et l'on fait bouillir. S'il ne se forme pas de précipité, c'est que la liqueur est trop acide, on ajoute alors goutte à goutte une solution étendue d'ammoniaque. Chaque goutte amène la formation d'un précipité floconneux violet, qui se redissout, par l'agitation, jusqu'au moment où apparait un précipité jaune pâle persistant. Ce précipité augmente par l'ébullition pendant quelques instants. Quand la liqueur surnageante n'a plus la moindre trace de couleur jaune, mais prend la couleur violette caractéristique des sels de didyme, la réaction est terminée. Le précipité se filtre et se lave facilement, et lorsque les eaux de lavage ne précipitent plus par addition d'oxalate d'ammoniaque, le précipité est absolument exempt de lanthane, didyme et de terres yttriques.

Le cérium ainsi obtenu est pur, mais ne représente qu'environ 75 p. 100 du cérium en solution.

Ce procédé permet d'obtenir du premier coup un cérium absolument pur, sauf le thorium, qui, s'il est présent dans la solution, se précipite entièrement avec lui.

Pour se débarrasser du thorium on traite les oxalates, ou mieux, les nitrates par du carbonate d'ammonium légèrement ammoniacal. Le thorium s'y dissout facilement, et après deux ou trois traitements semblables, il est éliminé presque entièrement.

Pour en enlever les dernières traces, on fait cristalliser le sulfate exempt d'acide sulfurique libre à 50-60° C.

Le thorium peut aussi être éliminé par la méthode de Chydenius (précipitation par l'hyposulfite de sodium), ou en précipitant le cérium par l'oxydule de cuivre (procédé Lecoq de Boisbaudran).

Le cérium ainsi obtenu donne un oxyde qui, calciné à haute température, est absolument blanc à froid. Toute teinte jaune, chamois ou rose, indiquerait une impureté.

Procédé Berzélius. — On dissout le mélange des trois oxydes dans l'acide nitrique, on évapore à sec, on calcine le résidu, puis on reprend par l'acide nitrique étendu d'environ 100 fois son poids d'eau, dans lequel les oxydes de didyme et de lanthane sont solubles. Il faut éviter absolument la présence de l'acide sulfurique.

Procédé Bunsen. — Les oxalates des trois terres sont mélangés avec la moitié de leur poids de carbonate de magnésie. Le mélange est chauffé au rouge faible jusqu'à destruction complète de l'acide oxalique.

Le résidu calciné est dissous à chaud dans l'acide nitrique et chauffé de manière à chasser l'excès d'acide. La masse cristalline est dissoute dans l'eau, puis versée dans l'eau chaude contenant un peu d'acide sulfurique. On obtient ainsi du sous-sulfate de cérium.

Procédé Czudnowicz. — Les nitrates sont chauffés avec précaution au bain de sable à 250-300° C. en agitant constamment. Il se dégage des vapeurs nitreuses. Quand l'oxyde brun commence à se séparer au fond de la capsule, on laisse refroidir et on reprend par beaucoup d'eau chaude et un peu d'eau légèrement acidulée par l'acide nitrique. Il se sépare du nitrate basique de cérium en grande quantité.

Procédé Mosander. — Les oxydes hydratés sont mélangés, encore humides, avec une solution concentrée de potasse caustique. On y fait passer ensuite un courant de chlore, en agitant continuellement jusqu'à saturation complète. Le sesquioxyde de cérium se transforme en bioxyde. On laisse ensuite digérer, pendant vingt-quatre heures, avec de l'eau de chlore. On lave ensuite à plusieurs reprises. On obtient ainsi du bioxyde de cérium exempt de didyme et de lanthane.

Procédé Brauner. — Les oxydes mélangés sont dissous dans l'acide nitrique peu concentré. On évapore pour chasser l'excès d'acide, et le liquide sirupeux est versé dans une grande quantité d'eau distillée bouillante. Le précipité de nitrate basique de cérium est lavé à l'eau bouillante acidulée d'acide nitrique. Le nitrate est redissous dans l'acide nitrique, l'excès d'acide est chassé et le liquide versé dans l'eau bouillante. Ce traitement est répété onze fois de suite. On obtient ainsi du nitrate basique de cérium pur, qui est ensuite converti en oxyde.

Procédé Popp. — La solution des chlorures est neutralisée, on dilue fortement et on traite par un mélange d'acétate et d'hypochlorite de sodium.

Le cérium se sépare sous forme d'oxyde cérique CeO^2.

L'acide mis en liberté pendant la réaction doit être neutralisé.

TRAITEMENT DE LA GADOLINITE

La gadolinite est attaquable par l'acide chlorhydrique concentré.

Le minéral porphyrisé est donc attaqué par un mélange d'acides chlorhydrique et nitrique. On évapore à sec et on reprend par l'eau acidulée. La solution filtrée est neutralisée par du carbonate de potasse, puis est saturée de sulfate de potasse.

Les oxydes de cérium, didyme et lanthane, se précipitent à l'état de sulfates doubles. On filtre, et les oxydes restés en solution sont précipités par une solution chaude d'acide oxalique Les oxalates sont filtrés, séchés et transformés en oxydes par calcination. On obtient donc ainsi les terres yttriques à peu près exemptes de métaux du groupe cérique. Les principaux procédés employés pour la séparation des oxydes du groupe yttrique reposent tous sur leur inégale basicité et sur la facilité relative avec laquelle les nitrates sont convertis, par une calcination modérée, en nitrates basiques solubles, ou insolubles, suivant le temps et le degré de la calcination.

Méthode Auer von Welsbach. — Lorsque l'on chauffe les nitrates fondus jusqu'à dégagement de vapeurs nitreuses, et que l'on reprend la masse fondue par l'eau bouillante, on obtient des nitrates basiques qui se séparent par refroidissement de la solution. La masse cristalline est plus riche en erbium que la liqueur mère. On évapore à nouveau l'eau-mère, on calcine et on reprend par l'eau. On obtient une nouvelle quantité de nitrates basiques riches en erbine. Cette opération est répétée jusqu'à obtention de cristaux incolores. Les diverses fractions sont réunies et soumises à un traitement identique.

Pour obtenir un rendement maximum, il faut répéter ce traitement une centaine de fois, en opérant la fusion jusqu'à apparition des premières bulles de vapeurs nitreuses, ce qui est quelquefois assez délicat à observer.

Pour séparer les dernières traces d'erbium, mélangées aux terres yttriques, on refond les nitrates en maintenant la fusion jusqu'à commencement de séparation d'oxydes. On reprend par l'eau, l'erbium est séparé par filtration et le liquide évaporé est soumis au même traitement, jusqu'à ce que le lessivage de la masse fondue fournisse une solution qui, concentrée, ne fournisse plus au spectroscope les raies de l'erbium. Le rendement est médiocre.

Pour arriver à une séparation plus complète des oxydes de la gadolinite, les méthodes ci-dessus ne sont plus d'aucun secours. Toutefois, si la fusion des nitrates est poussée au delà du point de précipitation de l'erbium, la masse s'épaissit graduellement et fournit par redissolution dans l'eau bouillante des nitrates extra-basiques plus riches en scandium et en ytterbium qu'en erbium. En opérant selon les indications de Marignac [1], on peut répéter la fusion sur les sels basiques mis à part, et obtenir une solution concentrée ne donnant plus les bandes d'absorption de l'erbium.

Cette méthode peut être appliquée directement au mélange des oxydes de la gadolinite, le cérium et les autres oxydes donnant aussi des nitrates basiques. On opère alors de la façon suivante :

---

(1) *Comptes rendus*, t. LXXXVII, p. 578.

On chauffe le mélange des nitrates comme précédemment; le nitrate de cérium se décompose le premier. Par ébullition avec de l'eau, il se dépose sous forme de nitrate basique. La liqueur mère filtrée contient les autres terres. Cette opération étant répétée un certain nombre de fois, l'eau-mère s'enrichit de terres cériques (autres que le cérium). On chauffe toujours jusqu'à obtention d'une masse pâteuse.

Cette série de fractionnements est la *série principale*. Les différentes fractions d'une même série sont réunies et fractionnées de la même façon. Après sept séries analogues, la solution principale ne contient plus de didyme

Les séries de huit à trente renferment la presque totalité du terbium et de l'ytterbium. Après soixante-huit séries principales, la solution sirupeuse des nitrates ne donne plus de bandes d'absorption. Quant aux terres résiduelles, elles sont surtout riches en ytterbium et en scandium.

M. Auer, dans ses expériences, a dû évaporer environ *500 fois* la solution et fondre le résidu, avant de pouvoir séparer une partie d'ytterbium et de scandium.

Nouvelle méthode Auer. — Ce traitement des nitrates basiques se prête bien à la séparation de l'yttrium et de l'erbium, mais il n'est pas nécessaire, comme le font Bahr et Bunsen, de fondre les nitrates, il suffit d'ajouter à la solution bouillante une certaine quantité d'oxyde.

En quelques secondes, la réaction s'effectue d'une façon complète, et par refroidissement on obtient un précipité de nitrate basique d'erbium, renfermant un peu d'yttrium.

Sur ce principe est basée la nouvelle méthode Auer.

Elle s'applique au mélange de toutes les terres de la gadolinite.

Comme matière première, on emploie les oxydes provenant de la méthode Bunsen, obtenus par calcination des oxalates.

Les oxydes sont additionnés d'eau et le mélange est traité par l'acide nitrique. Il y a ordinairement un assez fort dégagement d'acide carbonique. On ajoute une nouvelle quantité d'oxyde, puis de l'acide nitrique, et ainsi de suite jusqu'à emploi complet de l'oxyde. Le mélange final ne doit pas contenir d'acide libre, mais bien de l'*oxyde en suspension*. Cette séparation se fait à chaud, et chaque addition d'oxyde ou d'acide est suivie d'une *ébullition prolongée*.

La couleur du liquide, primitivement jaune, passe au gris rougeâtre. On laisse complètement refroidir. La majeure partie de l'erbium et une grande partie de l'yttrium sont précipitées sous forme de nitrates basiques.

On les décompose par l'acide nitrique concentré, en quantité exactement suffisante, et on agite constamment jusqu'à ce que la solution prenne une teinte rougeâtre. L'acide nitrique dissout les oxydes en excès, les carbonates, les sels basiques de cérium et les traces de fer. Il reste un précipité rose, qui se prend en masse compacte. On décante l'eau-mère. On ajoute de l'alcool, où les nitrates sont solubles et les nitrates basiques insolubles. On agite, on filtre à la trompe, on lave à l'alcool. Le précipité contient les nitrates basiques d'erbium et d'yttrium.

Après cette première séparation des terres yttriques il est préférable de traiter directement l'eau-mère, pour en extraire le cérium. On chauffe alors les nitrates dans une capsule de platine jusqu'à trouble de la masse. On verse dans l'eau froide en agitant constamment. On lave à l'eau bouillante, qu'on ajoute au premier liquide, et on porte à l'ébullition jusqu'à dissolution complète de tout ce qui est soluble. Outre les oxydes rares, le précipité contient un peu de fer, qu'il est impossible d'éliminer, même par des traitements répétés à l'acide oxalique en solution acide. Le précipité obtenu ne doit pas renfermer de cristaux aiguillés, ce qui indiquerait que l'on a trop chauffé.

Pour la séparation ultérieure des terres yttriques, on agit comme il a été décrit précédemment.

La solution suffisamment concentrée est versée dans une capsule de platine, chauffée jusqu'à l'ébullition, puis versée dans un mortier d'agate et agitée vivement. La réaction est terminée quand la solution, colorée en jaune par les oxydes, a repris sa teinte primitive. Telle est la méthode à suivre lorsque l'on ajoute au nitrate dissous environ 10 p. 100 de son poids d'oxyde. Si l'on en ajoute deux ou trois fois autant, la méthode est légèrement modifiée.

Après addition des oxydes, la solution se trouble. Dès que la teinte a passé du jaune au rouge, on porte à l'ébullition, un temps très court. Mais dans aucun cas il ne faut ajouter d'oxyde à la solution bouillante, la poudre se prendrait en masse et s'attacherait au fond de la capsule.

Les oxydes sont préparés, comme d'ordinaire, par calcination des oxalates, dans une capsule de platine. Après cinq opérations, six au plus, les terres yttriques sont entièrement séparées de la solution. La séparation du didyme et des autres terres de son groupe est si complète, que la solution concentrée des nitrates basiques ne donne rien au spectroscope.

Les diverses fractions ainsi obtenues sont classées par catégories. Les premières, possédant une teinte rosée, contiennent la majeure partie de l'erbium, ytterbium et scandium ; les dernières, qui sont incolores, renferment l'yttrium et le terbium. La moitié environ de la première fraction est dissoute dans l'acide azotique dilué. La deuxième moitié est cristallisée dans la solution obtenue. Dans toutes ces opérations, on doit amener d'abord le liquide à l'ébullition, puis on y ajoute les sels basiques. Plus la solution est riche en erbium, plus le précipité chargé d'erbium s'y dissout facilement. Par refroidissement, la totalité du sel se précipite à l'état de nitrate basique. On favorise la cristallisation en agitant continuellement le liquide. Lorsque la deuxième moitié du produit est également cristallisée, c'est-à-dire après deux opérations identiques, on ajoute à la masse du précipité quelques gouttes d'acide nitrique et une petite quantité d'eau-mère. On agite, on filtre à la trompe et on lave à l'alcool. Le produit ainsi obtenu est ajouté à l'eau-mère de la deuxième fraction, qui est traitée à son tour d'une même façon. L'opération se poursuit, jusqu'à obtention d'un liquide à teinte rose très pâle, ne renfermant presque exclusivement que du nitrate d'yttrium. Il suffit alors de recommencer sur de nouveaux oxydes pour obtenir une quantité suffisante de produits fractionnés.

Finalement, on a une série de produits dont le premier terme est coloré en rose, et le dernier incolore.

Les terres yttriques peuvent être considérées comme exemptes de terres cériques.

Les précipités de composition analogue sont réunis ; on obtient environ six fractions riches en erbium.

Pour achever la séparation de ces différents corps on a recours à la méthode des oxydes.

Après quatre ou cinq séries d'opérations de ce genre, la teneur en erbium des premières fractions paraît être la même. On peut alors déterminer l'équivalent de l'oxyde et étudier son spectre.

Pour différencier les unes des autres les diverses fractions, on se sert donc, ainsi que nous l'avons indiqué, de la détermination de l'équivalent, méthode employée la première fois par Bahr et Bunsen, et de l'étude du spectre d'étincelle et du spectre d'absorption.

TRAITEMENT DE L'ORTHITE

Méthode Bettendorff. — D'après les analyses d'Engström et de Cleve, les diverses variétés d'orthite renferment, outre la silice et l'alumine, des proportions assez notables de terres rares du groupe cérique et du groupe yttrique ; elles contiennent aussi quelquefois des quantités assez considérables de thorine (voir p. 31).

On attaque par l'acide sulfurique, comme pour la cérite ; on traite par l'hydrogène sulfuré, on filtre s'il y a lieu, puis on précipite les oxydes rares par l'acide oxalique. On calcine et on transforme les oxydes en nitrates. L'oxyde de cérium est éliminé par la méthode Debray, qui enlève du même coup la thorine. On sépare ensuite les oxydes du groupe cérique de ceux du groupe yttrique en utilisant les propriétés différentes des sulfates doubles dans une solution saturée de sulfate de potasse.

Bettendorff procède de la manière suivante : des flacons sont remplis avec une solution chaude et saturée de sulfate de potasse. On laisse refroidir. Lorsqu'il s'est formé au fond une croûte cristalline épaisse et adhérente, on décante une partie de l'eau-mère et l'on ajoute la solution des nitrates des bases, en ayant soin de ne point remplir le vase complètement. On ferme et on agite assez longtemps.

Les oxydes rares se scindent en deux portions, l'une, formée des sulfates potassiques doubles insolubles (groupe cérique) ; l'autre, des sulfates doubles solubles (groupe yttrique).

Les bases de ces deux groupes sont isolées en les précipitant sous forme d'oxalates insolubles et les convertissant en nitrates.

La séparation ultérieure des diverses bases d'un même groupe peut s'exécuter par la méthode de décomposition incomplète des nitrates par la chaleur, qui a déjà été décrite précédemment. Pour empêcher toute surchauffe ou décomposition partielle en certains points, avant la fusion totale des nitrates, on enferme le creuset en platine qui les contient dans un second creuset en porcelaine, en laissant entre eux un espace libre de 1 à 2 millimètres. On arrive ainsi à liquéfier, sans décomposition, de grandes quantités de nitrates. Dès qu'il se forme à la surface de la masse fondue de petits cristaux de sous-nitrates, on verse le contenu du creuset dans une grande capsule en platine. La masse refroidie se dissout entièrement dans dix fois son poids d'eau à la température ordinaire. La solution limpide, portée à l'ébullition, laisse déposer d'abondants flocons de nitrate basique, qu'on sépare par filtration.

Le liquide filtré est évaporé à sec et le résidu soumis à une nouvelle fusion, et ainsi de suite.

On arrive ainsi, avec les terres du groupe cérique, à éliminer tout le lanthane, après un nombre assez restreint de séries.

Le fractionnement est continué jusqu'à ce que le dernier précipité de sous-nitrate obtenu ne donne plus les raies du lanthane (par spectre d'étincelle sur chlorure).

Les nitrates basiques exempts de lanthane donnent un oxyde brun à poids atomique 145,8-147. Ils renferment les oxydes de didyme et de la samarskite et des proportions plus ou moins grandes des terres de la gadolinite et de terbine, suivant que la séparation des terres du groupe yttrique a été plus ou moins bien exécutée.

En prenant comme nouveau point de départ les fractions lanthaniques (PA = 139,14) pour les soumettre à de nouvelles purifications, il faut abandonner le procédé des décompositions partielles. Le nitrate peut être amené en fusion claire, avec formation de lamelles cristallines nageant à la surface, mais par refroidissement, la masse riche en lanthane se réduit brusquement en une poussière extrêmement fine et divisée, avec projection et perte d'une portion de la matière.

Ce phénomène est d'autant plus intense que le lanthane domine davantage. Il vaut mieux employer, dans ce cas, la méthode Auer von Welsbach, décrite plus haut (p. 258), modifiée en ce sens qu'au lieu d'opérer en liqueurs fortement acides, on fait cristalliser en liqueurs à peu près neutres, en combattant la sursaturation, par addition de cristaux.

Après quelques séries, méthodiquement dirigées, on obtient de volumineux cristaux de nitrate double de lanthane et d'ammonium, contenant encore une trace de didyme.

Pour arriver à une purification plus complète, les cristaux précédents sont soumis à une série de cristallisations fractionnées poussées jusqu'à séparation de la majeure partie du produit.

En enlevant l'eau-mère et en recommençant avec les nouveaux cristaux des séries de recristallisations, et séparant à chaque fois une eau-mère finale, on obtient une série d'eaux-mères dont les premières sont d'abord faiblement rosées, puis vert jaunâtre, enfin incolores.

Ces dernières fournissent du nitrate double lanthanique, absolument pur. Les eaux-mères contiennent les deux didymes dont la séparation a été ainsi réalisée.

TRAITEMENT DES SABLES MONAZITÉS

Procédé Schützenberger et Boudouard. — Extraction de l'oxyde de cérium.

Les sels monazités porphyrisés sont traités par l'acide sulfurique à chaud. On évapore l'excès d'acide et on traite par l'eau.

La solution est saturée par le sulfate de potassium, qui précipite le groupe cérique. On lave le précipité avec une solution saturée de sulfate de potassium, puis on le met en suspension dans l'eau et on le décompose par une lessive de soude caustique, en excès. Les oxydes lavés sont dissous dans l'acide nitrique et reprécipités par l'ammoniaque, relavés, redissous et enfin reprécipités par l'acide oxalique. Les oxalates, lavés et séchés, sont convertis en nitrates, qui sont séchés puis fondus à 320° avec 8 parties de nitre, jusqu'à fusion tranquille (procédé Debray).

L'oxyde de cérium insoluble est séparé par dissolution dans l'eau, du nitrate de potasse et des nitrates de didyme et de lanthane. On lave et on transforme l'oxyde de cérium en sulfate, que l'on dissout et qui est précipité par l'acide oxalique. L'oxalate lavé est transformé à nouveau en nitrate, et on répète l'opération précédente. On dissout dans l'acide sulfurique, on a $Ce^2(SO^4)^3$, on calcine modérément et on obtient du sulfate cérique $Ce(SO^4)^2$.

Le sulfate céreux blanc est dissous à froid, dans l'eau, et la solution est chauffée dans une capsule au bain-marie. Entre 75° et 80°, on a une abondante cristallisation. Quand les cristaux cessent de se produire, on décante l'eau-mère. Les cristaux sont déshydratés, dissous dans l'eau et la solution concentrée à chaud comme la première fois ; on obtient ainsi un sulfate parfaitement cristallisé, incolore. On le déshydrate et on le dissout dans l'eau, puis on précipite par un grand excès d'oxalate neutre d'ammoniaque. On laisse refroidir et on filtre. MM. Schutzenberger et Boudouard, en examinant les cristaux et les eaux-mères ainsi obtenus, sont arrivés à séparer : un cérium à poids atomique voisin de 138 ; un cérium à poids atomique voisin de 148 et un de 157.

Pour l'étude des terres yttriques contenues dans les sables monazités après attaque du minerai pulvérisé par l'acide sulfurique concentré et élimination de l'excès d'acide, la solution aqueuse des sulfates est concentrée au bain-marie. A chaud, il se forme des croûtes cristallines roses, en majeure partie formées par les sulfates du groupe cérique. Les eaux-mères de ces cristaux sont saturées par du sulfate de potassium. Le reste des bases cériques se précipite, entraînant un peu des oxydes yttriques.

Les terres yttriques sont précipitées à plusieurs

reprises par de l'ammoniaque et lavage subséquent. Puis on précipite sous forme d'oxalates, qui sont ensuite transformés en nitrates.

Le mélange des nitrates est soumis à des décompositions partielles de 310 à 315° C. Cette opération se fait dans une capsule cylindrique en platine, à fond plat, plongée dans un bain de nitrate de potassium et de sodium à équivalents égaux. Le nitrate fondu commence par dégager des vapeurs nitreuses, puis s'épaissit et finit par se transformer en un verre solide à 310°. Quand toute décomposition paraît arrêtée, on laisse refroidir et on reprend par l'eau chaude. On obtient un sous-nitrate insoluble et une partie soluble de nitrate neutre. Ce dernier est évaporé à sec et soumis au même traitement.

Les diverses fractions de sous-nitrates obtenus sont séparées à nouveau par cristallisation fractionnée des sulfates.

Méthode Drossbach. — *Traitement de la monazite.* — La monazite très finement pulvérisée est attaquée par l'acide sulfurique. La masse est épuisée par l'eau froide, et après séparation du sulfate de thorium faiblement basique de la liqueur, on ajoute un grand excès d'acide sulfurique concentré ; la liqueur s'échauffant, les sulfates de cérium, lanthane et didyme se déposent, tandis que les sulfates d'erbium, etc., restent en solution. On neutralise partiellement par du carbonate de sodium. Le reste des terres cériques se précipite entièrement sous forme de sulfates doubles.

Séparation du cérium, lanthane et didyme. — Les sulfates de Ce, La, Di étant redissous dans l'eau et la liqueur neutralisée par un alcali, on ajoute du permanganate de potassium en léger excès ; tout l'oxyde cérique se précipite ; avec lui, une petite quantité de praséodyme, ainsi que du bioxyde de manganèse.

$$3Ce^2O^3 + 2KMnO^4 + H^2O = 6CeO^2 + 2KOH + 2MnO^2$$

Le résidu est traité par une petite quantité d'acide nitrique étendu, qui enlève la plus grande partie du didyme; par l'acide azotique plus concentré, on enlève le cérium et on laisse un résidu de peroxyde de manganèse. Par addition d'azotate d'ammoniaque à la solution de cérium et évaporation, on fait cristalliser l'azotate ammoniaco-cérique.

Le lanthane et le didyme se séparent par la méthode Auer (p. 249), ou par précipitation fractionnée de la solution des nitrates par une lessive de soude.

Séparation des terres yttriques. — La liqueur provenant de la précipitation par le sulfate de sodium est précipitée par l'acide oxalique, qui élimine le fer, l'acide phosphorique, etc.

Les oxalates sont décomposés par la lessive de potasse, les hydrates d'oxydes redissous dans l'acide azotique et la liqueur précipitée par la magnésie. La liqueur filtrée renferme tout l'yttrium et le précipité contient tout l'ytterbium, l'erbium et vraisemblablement un autre oxyde. En répétant une seconde fois cette opération, la séparation est *parfaite*. Les oxydes précipités sont fractionnés soit par le procédé primitif d'Auer, soit par les nitrates basiques ; les premières portions exemptes de spectre d'absorption renferment l'ytterbium.

La solution restante, d'une belle couleur orangée et renfermant l'erbium, est elle-même soumise à une précipitation fractionnée par la soude (en liqueur très étendue et très graduellement), jusqu'à ce que la liqueur surnageante n'offre plus de bandes d'absorption. L'hydrate d'erbium bien lavé est dissous dans l'acide sulfurique, et la solution, évaporée lentement, fournit du sulfate d'erbium pur.

Les eaux-mères renferment de notables quantités de l'oxyde incolore décrit précédemment (Lucium). (V. p. 167.)

La solution incolore d'où on a séparé l'erbium est

précipitée par l'acide oxalique, et les oxalates transformés en oxydes, puis en azotates. On fait une précipitation fractionnée par la soude et on trouve que, à l'exception des portions extrêmes, le nouvel élément offre un poids atomique très voisin de 100 (98-100,5) ?

TRAITEMENT DE LA MONAZITE

Séparation du néodyme et du praséodyme. — *Procédé Dennis et Chamot.* — Les oxydes provenaient du traitement des sables monazités brésiliens.

On décompose par l'acide sulfurique et on sépare les éléments étrangers, des terres rares, par les procédés ordinaires.

Le cérium est séparé par la méthode Mosander, qui permet de procéder plus rapidement que par la méthode de fusion des nitrates. Le bioxyde de cérium est lavé, redissous dans l'acide chlorhydrique et traité de nouveau par un courant de chlore (Mosander).

Les oxydes (autres que le cérium) sont transformés en oxalates, séchés, calcinés et transformés en nitrates. La solution rose obtenue ne montre pas trace de cérium par l'essai à l'eau oxygénée et à l'ammoniaque. Les terres du groupe yttrique sont ensuite séparées par le moyen des sulfates doubles potassiques. Le précipité obtenu contient les sulfates doubles du groupe du didyme. On le lave avecu ne solution saturée de sulfate de potasse, puis on l'essore à la trompe. Les sulfates insolubles sont dissous dans une solution d'acétate d'ammonium diluée. On filtre, et le liquideclair est précipité par l'ammoniaque, après addition préalable d'une quantité suffisante d'acide chlorhydrique pour décomposer l'acétate d'ammonium. Les hydrates sont lavés jusqu'à élimination complète d'acide sulfurique. On les dissout ensuite dans l'acide nitrique.

Les auteurs ont essayé d'abord la méthode Auer, mais n'ont pas obtenu de résultats satisfaisants, puis la méthode Bettendorff, qui sépare rapidement le samarium, mais n'a pas grand effet sur les deux composants de l'ancien didyme. Pendant l'étude de cette dernière méthode, une série de fractions obtenue d'après le procédé Auer, ayant été mise de côté pendant plusieurs jours, les auteurs constatèrent qu'une croûte cristalline rose foncé s'était déposée sur les parois des capsules correspondant aux parties moyennes de cette série, tandis que les cristaux qui s'étaient formés dans la solution étaient d'une teinte rose absolument différente. Les deux espèces de cristaux furent triées avec soin et examinées séparément, au point de vue des bandes d'absorption. Les croûtes formées sur les parois montraient surtout les bandes du néodyme et celles du samarium, tandis que les autres cristaux offraient surtout les caractères spectroscopiques du praséodyme.

Ces observations firent abandonner le procédé habituel de concentration par la chaleur et de cristallisation rapide, et dès lors les solutions furent soumises à l'évaporation spontanée et à une lente cristallisation. Les résultats obtenus sont excellents, et dans une série de fractionnements on peut déjà constater des changements spectroscopiques remarquables.

La méthode de fractionnement est donc la suivante : A une solution modérément concentrée de nitrates de terres rares, ne contenant plus de cérium et riche en lanthane, on ajoute du nitrate d'ammonium dans la proportion de 4 molécules d'$AzH^4.AzO^3$ pour une molécule R^2O^3 (R étant supposé avoir le poids atomique moyen de 142). On ajoute une quantité suffisante d'acide nitrique, de manière à avoir une partie d'acide pour quatre parties d'eau en volume. La solution, après agitation, est évaporée à un point tel que presque tous les sels cristalliseront dans un espace de temps oscillant entre 24 et 36 heures (dépôt n° 1).

La petite quantité d'eau-mère est mise de côté jusqu'à formation d'un nouveau dépôt de cristaux. L'eau-mère de cette nouvelle fraction est décantée et mise à cristalliser spontanément comme précédemment.

Le dépôt original (n° 1) est dissous dans une certaine quantité d'acide nitrique dilué (1 : 4) et concentré de façon à ce que les cristaux commencent à se former au bout de cinq à dix heures.

Lorsqu'une grande proportion des sels des terres a été séparée, l'eau-mère est décantée et mise à cristalliser spontanément.

Les cristaux sont dissous comme précédemment dans l'acide nitrique (1 : 4). Les autres cristaux et eaux-mères obtenus sont soumis au même traitement. De temps en temps quelques cristallisations ou quelques eaux-mères, dont le spectre d'absorption et la coloration sont approximativement semblables, sont réunis et servent de point de départ de nouvelles séries de fractionnement qui sont ensuite réunies à leur tour.

Le spectre d'absorption des différentes fractions sera constamment comparé, car la rapidité de la méthode dépend surtout du jugement de l'opérateur, en ce qui concerne la réunion des différentes fractions des diverses séries.

Le spectre d'absorption peut s'observer aisément par réflexion de la lumière sur le liquide des capsules, à l'aide d'un spectroscope de poche.

On devra se souvenir cependant, dans la comparaison des spectres, que le spectre d'un cristal est généralement très différent de celui de sa solution.

Il est souvent nécessaire d'enlever les cristaux des capsules afin de les priver suffisamment complètement d'eau-mère.

Lorsque les séries de la fin du néodyme approchent, le nitrate ammoniaco-lanthanique qui a été obtenu dans les premières fractions est ajouté aux divers fractionnements avec un peu d'acide nitrique dilué (1 : 4), puis on chauffe doucement, on agite et on laisse cristalliser lentement.

La quantité de sel de lanthane ajouté dépend du volume de la solution et de la proportion des oxydes du didyme qui s'y trouve.

Un des inconvénients de cette méthode est la facile déliquescence des nitrates ammoniaco-didymiques et par suite la difficulté de leur cristallisation.

Lorsque le lanthane a été en majeure partie éliminé, la cristallisation se fait beaucoup plus difficilement.

Les oxydes riches en praséodyme se séparent dans les premières fractions, tandis que les dernières n'accusent cet élément que par des bandes d'absorption extrêmement faibles.

La plus grande partie du samarium semble rester dans la dernière eau-mère.

Méthode Lecoq de Boisbaudran. — A la liqueur assez étendue qui renferme les terres, on ajoute une certaine quantité de solution saturée de sulfate de potasse. S'il se forme un dépôt de sel double, on le recueille, puis on ajoute successivement, par petites portions, de l'alcool dilué, qui chaque fois, produit un nouveau précipité de sel double. On arrive ainsi à pousser jusqu'au bout le fractionnement des oxydes les plus solubles dans la solution de sulfate de potasse.

Procédé G. Urbain et Budischowsky. — Ces chimistes ont tenté les premiers d'arriver à isoler et à caractériser facilement les oxydes rares, à l'aide de méthodes de fractionnement basées sur les propriétés des sels organiques des métaux rares.

Ils appliquèrent ainsi la méthode des acétylacétonates à l'étude des terres du groupe yttrique contenues dans les sables monazités. La méthode d'attaque est toujours la même et l'ensemble des oxydes est d'abord traité par la méthode au sulfate de potasse jusqu'à disparition du spectre d'absorption du didyme.

Les sels sont transformés en nitrates, puis en sulfates, et ces derniers sont introduits dans de petits tubes et chauffés dans la vapeur de soufre jusqu'à poids constant. Puis on transforme en oxydes par calcination au four Leclerc-Forquignon.

Les acétylacétonates se préparent ainsi : les nitrates en solution aqueuse très diluée (5 gr. par litre) sont précipités par l'ammoniaque, lavés par décantation, puis on ajoute la quantité théorique d'acétylacétone. On filtre et les cristaux obtenus sont fractionnés dans des dissolvants appropriés (alcool, benzine) dans lesquels les acétylacétonates yttriques sont solubles et se déposent en aiguilles par refroidissement.

Procédé G. Urbain. — M. G. Urbain a fractionné dernièrement, par une méthode basée sur l'emploi des éthylsulfates des Terres rares, l'ensemble des terres yttriques provenant de l'æschynite ainsi que des sables monazités. Ces éthylsulfates, qui forment de magnifiques cristaux, s'obtiennent facilement par double décomposition entre les sulfates yttriques et l'éthylsulfate de baryum.

Les cristaux qui se déposent en premier ont des poids atomiques métalliques plus faibles que les eaux-mères. Si le produit renferme du didyme, ce dernier s'y accumule et disparaît entièrement du reste du fractionnement. L'holmium s'accumule dans les têtes.

Les éthylsulfates yttriques se déposent dans l'ordre suivant : yttrium, terbium, holmium-dysprosium, erbium, ytterbium. M. Urbain a appliqué cette méthode à la séparation du néodyme et du praséodyme et a obtenu de très heureux résultats, le fractionnement s'opérant en sens inverse que dans la méthode Auer.

Procédé Boudouard. — M. Boudouard a pu baser une méthode de séparation rapide du néodyme, sur ce que ce dernier donne un sulfate double potassique, plus soluble que celui de praséodyme. Le thorium, qui peut quelquefois se présenter comme impureté, s'élimine facilement, en traitant la solution des sulfates par le sulfate de soude ; le sulfate double de thorium étant soluble, tandis que celui de néodyme est insoluble.

BIBLIOGRAPHIE DES MÉTHODES DE SÉPARATION ET DE FRACTIONNEMENT DES OXYDES RARES

AUER VON WELSBACH. — *Monat. für Chem.* Sur les terres de la gadolinite (vol. IV, n° 7 ; vol. V, n° 1, 1884). — Sur les terres de la cérite (vol. V, n° 8, 1884).

BAHR ET BUNSEN. — Sur l'erbine et l'yttria (*Ann. der Chem. und Pharm.*, t. CXXXVII (1), 1866).

BETTENDORFF. — Traitement de l'orthite d'Hitteroë (*Liebig's Ann.*, t. CCLVI, p. 159).

BOUDOUARD. — Sur les terres du groupe yttrique (*Bull. Soc. Chim.* (3), t, XIX p. 227-236. — Sur le néodyme (*Bull. Soc. Chim.* (3), t. XIX, p. 382).

BUNSEN. — Séparation des oxydes de Di et La (*Ann. der Chem. und Phar.*, t. LXXXVI, p. 285 ; t. CV, p. 40).

BERLIN. — Séparation des oxydes de la cérite (thèse). Göttingen, 1864.

BRAUNER. — Contribution à la chimie des métaux de la cérite (*Journ. of the Chem. Soc.*, 1882, p. 68, et 1883, p. 278).

CLEVE. — Contribution à la chimie des métaux rares. Lanthane, didyme (*Bull. Soc. Chim.*, série 2, t. XXI, p. 196 et 246 ; t. XXIX, p. 492 ; t. XXXIX, p. 151 et 289). — Yttrium et erbium (série 2, t. XXI, p. 344 ; t. XXXIX, p. 121. — *Comptes rendus*, t. XCIV, p. 1528 ; t. XCV, p. 33).

CLEVE ET HŒGLUND. — Contribution à la chimie des métaux rares. Yttrium-Erbium (*Bull. Soc. Chim.*, série 2, t. XVIII, p. 193 et 289).

CZUDNOWICZ. — Contribution à la connaissance du cérium (*Journ. für prak. Chem.*, t. LXXX, p. 16).

DAMOUR ET SAINTE-CLAIRE DEVILLE. — Analyse de la parisite (*Comptes rendus*, t. LIX, p. 272 ; t. LXXXII, p. 277).

DEBRAY. — Préparation de l'oxyde de cérium (*Comptes rendus*, t. XCVI, p. 828).

DELAFONTAINE. — Sur les métaux de la cérite et de la gadolinite (*Arch. des Sci. phy. et nat.*, t. XXI, p. 97 ; t. XXII, p. 38. — *Comptes rendus*, t. LXXXVII, p. 559. — *Chem. News*, t. CLXXV, p. 229, 1897).

DENNIS ET CHAMOT. — Contribution à l'histoire du didyme (*Journ. of Amer. Chem. Soc.*, 1897).

DROSSBACH. — Sur les éléments constitutifs de la monazite (*Deut. chem. Gesells.*, t. XXIX, p. 2452. — *Journ. für Gasbeleuchtung* t. XXXVIII, p. 581).

ERK. — Sur les métaux de la cérite (*Zeits. für Chem.* (2), t. VII, p. 100).

FRERICHS. — Séparation du lanthane et du didyme (*Zeits. für analy. Chem.*, t. XII, p. 217).

GIBBS. — Séparation du Ce, La, Di (*Zeitsch. für analy. Chem.*, t. III, p. 396).

HOLZMANN. — Sur quelques sels de Ce et La (*Journ. für prakt. Chem.*, t. LXXV, p. 321).

JOLIN. — Le Cérium et ses composés (*Bull. Soc. Chim* (2), t. XXI, p. 533).

MARIGNAC. — Recherches sur le Ce, La, Di (*Ann. Chim. Phy.* (3), t. XXVII, p. 209; t. XXXVIII, p. 148; t. XLVI, p. 193).

MOSANDER. — Recherches sur le cérium (*Ann. de Poggendorff*, t. XLVI, p. 207; t. LVI, p. 503).

PATTINSON ET CLARKE. — Séparation du Ce, La, Di (*Chem. News*, t. XVI, p. 259).

POPP. — Séparation du Ce, La, Di (*Ann. der Chem. und Pharm.*, t. CXXXI, p. 360).

SCHUTZENBERGER. — Sur les métaux de la cérite (*Comptes rendus*, t. CXX, p. 1143).

SCHUTZENBERGER ET BOUDOUARD. — Sur les terres contenues dans les sables monazités (*Comptes rendus*, t. CXXII et CXXIII).

G. URBAIN. — Nouvelle méthode de fractionnement des terres yttriques (*Comptes Rendus*, t. CVII, p. 835).

URBAIN ET BUDISCHOWSKY. — Sur les terres du groupe yttrique contenues dans les sables monazités (*Comptes rendus*, t. CXXIII).

WATTS. — Séparation du Ce, La, Di (*Journ. of Chem. Soc.*, t. II, p. 131.

WINKLER (CL.). — Séparation du Ce, La, Di (*Zeitsch. für analy. Chem.*, t. IV, p. 417).

WYROUBOFF ET VERNEUIL. — Sur la purification et le poids atomique du cerium (*Bull. Soc. Chim.* (3), t. XVII, p. 679.

ZSCHIESCHE. — Expérience sur les sels de la cérite (*Zeitsch. für analy. Chem.*, t. IX, p. 841).

CHAPITRE III

Réactions caractéristiques des Terres Rares

RÉACTIONS CARACTÉRISTIQUES DES SELS DE GLUCINIUM

Les sels de glucinium sont ordinairement incolores, à saveur sucrée accentuée.

La *glucine* GlO, chauffée au rouge, se dissout lentement dans les acides. Après avoir été fondue au bisulfate de potasse elle se dissout facilement.

L'hydrate de glucinium est facilement soluble dans les acides.

Les silicates de glucine naturels s'attaquent complètement par fusion avec quatre parties de carbonate de potasse.

Hydrogène sulfuré. — Ne produit rien.

Sulfhydrate d'ammoniaque. — Précipité blanc d'hydrate $Gl(OH)^2$.

Floconneux, insoluble dans l'ammoniaque, facilement soluble dans la potasse et dans la soude. Le chlorhydrate d'ammoniaque le précipite de cette solution.

Les dissolutions alcalines concentrées ne se troublent pas à l'ébullition, tandis que les solutions étendues déposent toute la glucine par une ébullition prolongée.

La *potasse*, la *soude*, l'*ammoniaque* offrent les mêmes caractères, l'acide tartrique empêche la précipitation par les alcalis. Certaines substances organiques agissent de même.

Maintenu pendant longtemps à l'ébullition, avec du chlorure d'ammonium, l'hydrate se dissout, en formant du chlorure de glucinium, et dégageant de l'ammoniaque.

L'*eau de baryte* précipite de l'hydrate, soluble dans un excès de réactif. La solution reste limpide à l'ébullition.

Les *carbonates alcalins* donnent un précipité de carbonate de glucinium, blanc, soluble dans un excès de réactif, surtout dans le carbonate d'ammonium (différence principale avec l'alumine). Ces solutions à l'ébullition, en particulier le carbonate d'ammonium, déposent facilement du carbonate basique de glucinium, plus difficilement avec les sels de potassium et de sodium.

Le *carbonate de baryum* précipite complètement la glucine à l'ébullition.

Le *sulfate de potassium* ne donne aucun précipité.

L'*acide oxalique* et les *oxalates* ne donnent rien.

L'*acétate de soude* donne un précipité blanc.

L'*hyposulfite de soude* ne précipite pas les sels de glucinium.

Dosage électrolytique de la glucine. — Les oxydes sont transformés en oxalates doubles d'ammoniaque et de glucine et la solution est ensuite électrolysée par un courant faible. Le fer et l'alumine se déposent seuls.

Il faut éviter une élévation de température par suite d'un courant trop intense, ce qui déposerait la glucine.

RÉACTIONS CARACTÉRISTIQUES DES SELS DE ZIRCONIUM

Les sels de zirconium sont en général blancs ou incolores, en partie solubles, quelquefois insolubles, mais décomposables par les acides.

La saveur des sels solubles est astringente et métallique.

L'oxyde de zirconium est insoluble dans l'acide chlorhydrique.

On peut le dissoudre par fusion avec les bisulfates.

L'hydrate récemment précipité est facilement soluble, plus difficilement après dessiccation.

Les silicates naturels s'attaquent par fusion au carbonate de soude (4 p.) à haute température, ou par fusion à l'acide borique. Dans le premier cas on obtient du silicate de soude soluble dans l'eau et du zirconate de soude sableux, insoluble dans l'eau et soluble dans l'acide chlorhydrique. Le silicate de zircone s'attaque aussi très bien par fusion avec du fluorhydrate de fluorure de potassium ; on obtient du fluosilicate de potassium et du fluozirconate de potassium.

Hydrogène sulfuré. — Ne produit rien.

Sulfhydrate d'ammonium. — Précipité d'hydrate, volumineux et gélatineux, insoluble dans un excès de réactif.

A l'ébullition, le sel ammoniac ne le dissout pas.

Potasse, soude, ammoniaque. — Mêmes caractères que le précédent; l'acide tartrique empêche la précipitation. Le précipité d'hydrate entraîne toujours une certaine quantité du réactif alcalin, que les lavages ne peuvent enlever.

Carbonate de potasse, soude et ammoniaque. — Précipité floconneux de carbonate basique de zirconium. Soluble dans un grand excès de carbonate de potassium, plus facilement dans le bicarbonate de potasse et très facilement dans le carbonate d'ammonium, d'où l'ébullition précipite l'hydrate gélatineux.

Carbonate de baryum. — Précipité incomplet, même à l'ébullition.

Sulfate de sodium. — Ne précipite pas.

Sulfate de potassium. — Précipité blanc de sulfate basique, *insoluble dans un excès de précipitant.* Obtenu à froid, est soluble dans l'acide chlorhydrique, tandis que, formé à chaud, il est presque insoluble dans l'eau et l'acide chlorhydrique.

Ferrocyanure de potassium. — Précipité jaune verdâtre en solution neutre.

Hyposulfite de soude. — A chaud précipité blanc d'hydrate, mélangé de soufre.

Acide phosphorique et phosphates. — Précipité blanc de phosphate de zirconium

Acide oxalique et oxalates alcalins. — Précipité blanc volumineux, insoluble dans l'acide oxalique, soluble dans un grand excès d'oxalate d'ammoniaque.

Succinates et benzoates alcalins. — Précipité blanc de succinate et de benzoate de zirconium.

Eau oxygénée. — Une solution concentrée d'H^2O^2 précipite des sels de zirconium, toute la zircone sous forme de Zr^2O^5. Précipité blanc, volumineux, insoluble dans l'acide sulfurique à 5 p. 100 et acide acétique étendu.

Iodate de potassium. — Précipite des solutions neutres ou faiblement acides, la zircone à l'état d'iodate de zirconium.

RÉACTIONS CARACTÉRISTIQUES DES SELS DE THORIUM

Les sels de thorium sont généralement incolores, à saveur astringente.

L'oxyde de thorium ThO^2 calciné ne se dissout que dans l'acide sulfurique aqueux (1 : I) et chaud. Il ne se dissout pas dans les autres acides, même après fusion avec les alcalis.

L'oxyde obtenu par calcination de l'oxalate, évaporé avec l'acide chlorhydrique ou l'acide nitrique, donne des sels ayant l'aspect d'un vernis et facilement solubles.

L'hydrate humide se dissout facilement dans les acides, plus difficilement après dessiccation.

La thorine s'attaque généralement par l'acide sulfurique concentré.

Hydrogène sulfuré. — Ne produit rien.

Sulfhydrate d'ammoniaque. — Précipité blanc, gélatineux, d'hydrate, insoluble dans un excès. L'acide tartrique empêche la précipitation.

Potasse, soude, ammoniaque. — Offrent les mêmes caractères que le précédent réactif. Le précipité ne se dissout pas dans la potasse.

L'ammoniaque précipite la thorine avant le groupe cérique.

Carbonate de potasse, d'ammoniaque. — Précipité blanc, soluble dans un excès du précipitant, surtout lorsqu'il est concentré. La dissolution dans le carbonate d'ammonium se trouble déjà à la température de 50-60°, mais redevient claire en se refroidissant.

Carbonate de baryum. — Précipite complètement l'oxyde de thorium.

Sulfate de sodium. — Donne un précipité aiguillé dans les solutions concentrées. Soluble dans l'eau et dans une solution saturée de sulfate de sodium.

Sulfate de potassium. — Une dissolution concentrée de sulfate de potassium précipite lentement, mais complètement, les sels de thorium. Insoluble dans un excès du précipitant et soluble dans l'eau, lentement à froid, facilement à chaud.

Si l'on chauffe une solution aqueuse de sulfate de thorium, l'oxyde de thorium se sépare, puis se redissout dans l'eau froide, contrairement à l'acide titanique qui reste insoluble.

Hyposulfite de soude. — Dans une dissolution neutre ou faiblement acide, l'oxyde de thorium est précipité partiellement à l'ébullition. Le précipité est mélangé de soufre.

Ferrocyanure de potassium. — Précipité blanc.

Acide oxalique et oxalates alcalins. — Précipité blanc, lourd, insoluble dans l'acide oxalique et les autres acides minéraux étendus. Soluble dans un excès d'oxalate d'ammonium, surtout à chaud, et reprécipite partiellement à froid. L'acétate d'ammoniaque empêche partiellement la précipitation par l'oxalate d'ammoniaque.

Azoture de potassium. — Précipite intégralement l'oxyde de thorium en solution exactement neutralisée par l'ammoniaque et après une ébullition d'une minute. Les autres oxydes rares ne sont pas précipités. (Réactif très sensible.)

RÉACTIONS CARACTÉRISTIQUES DES SELS DE GERMANIUM

La réaction la plus caractéristique des sels de germanium est la production du sulfure blanc GeS^2 lorsqu'on sature une solution alcaline de germanium avec du sulfhydrate d'ammoniaque et qu'on ajoute ensuite un excès d'un acide minéral.

Le sulfure de germanium est facilement soluble dans la potasse et dans l'ammoniaque. L'eau régale le dissout avec séparation de soufre. L'acide azotique le transforme en bioxyde. Le zinc précipite le germanium de ses solutions.

RÉACTIONS CARACTÉRISTIQUES DES SELS DE CÉRIUM

Sels céreux (Ce^2O^3). — Le sesquioxyde de cérium donne des sels blancs ou incolores à saveur douce et astringente et ne possèdent pas de spectre d'absorption.

Hydrogène sulfuré. — Ne produit rien.

Sulfhydrate d'ammoniaque. Potasse, soude, ammoniaque. — Précipité blanc d'hydrate, volumineux, jaunissant à l'air par absorption d'oxygène. Insoluble dans un excès d'alcali, presque insoluble dans les carbonates. Contenant *souvent* des sels basiques.

Lorsqu'on précipite un sel céreux par la soude, en présence de sel ammoniac, l'hydrate reste blanc mais absorbe l'acide carbonique de l'air (Zschiesche). L'ammoniaque ne précipite pas en présence d'acide tartrique.

Carbonates alcalins. — Précipité blanc, amorphe, puis devenant cristallin (carbonate d'ammonium). Peu solubles dans un excès de réactif.

Carbonate de baryum.— Ne précipite pas à froid, mais complètement à chaud.

Sulfate de sodium. — Précipité blanc, dense, de sel double, insoluble dans la solution saturée de sulfate de soude. Difficilement soluble dans l'eau froide, soluble à chaud.

Sulfate de potassium. — Comme sulfate de sodium.

Hyposulfite de soude. — Ne précipite pas les sels céreux.

Hypochlorites alcalins. — Précipité jaune clair d'hydrate de bioxyde de cérium.

Acide oxalique et oxalates alcalins. — Précipité d'oxalate volumineux, amorphe, puis devenant cristallin et dense.

La précipitation est complète même dans les solutions faiblement acides. Insoluble dans l'acide oxalique. Soluble dans beaucoup d'acide chlorhydrique. Un peu soluble dans la solution concentrée et bouillante d'oxalate d'ammoniaque, mais se dépose entièrement à froid.

Eau oxygénée. — La solution neutre ou faiblement acide d'un sel de cérium, mélangée avec de l'acétate d'ammonium, donne avec l'eau oxygénée, une coloration brun rougeâtre, puis un précipité gélatineux.

Ce réactif permet de déceler une partie de cérium dans 100.000 parties d'eau (Hartley).

Les sels de cérium donnent, avec l'ammoniaque et l'eau oxygénée, un précipité orangé caractéristique d'hydrate cérique. On peut ainsi déceler 1 milligramme d'oxyde dans un litre d'eau.

Cette réaction, due à M. Lecoq de Boisbaudran, est la meilleure actuellement connue.

Réaction de Plugge.— Les sels de cérium se colorent en violet-bleu lorsqu'on les humecte avec une solution diluée de sulfate de strychnine. La solution doit être privée d'acides volatils, puis additionnée de potasse jusqu'à alcalinité.

Permanganate de potassium. — A la température ordinaire les sels céreux ne sont pas oxydés. L'oxydation a lieu lorsqu'on chauffe la solution. M. Brauner a fondé un procédé de dosage sur cette réaction.

Sels cériques. — Les sels cériques sont généralement rouges ou orangés et se transforment facilement en sels céreux, par l'action des réducteurs. Leurs solutions sont de couleur orangée très accentuée.

Les *alcalis* précipitent l'hydrate cérique jaune, insoluble dans un excès.

Les *carbonates alcalins* donnent un précipité jaune, un peu soluble dans un excès de réactif.

Le *carbonate de baryum* précipite complètement, mais lentement les sels cériques.

L'*acide sulfureux* décolore instantanément les solutions de sels cériques.

Caractères pyrognostiques. — Dans la flamme oxydante le borax et le sel de phosphore donnent une perle rouge, qui devient jaune clair par le refroidissement.

Dans la flamme réductrice, la perle est incolore.

RÉACTIONS CARACTÉRISTIQUES DES SELS DE LANTHANE

Les sels de lanthane sont incolores, à saveur astringente et sans spectre d'absorption.

L'oxyde de lanthane anhydre et l'hydrate, bleuissent le papier de tournesol rouge et se dissolvent dans le sel ammoniac et dans les acides étendus.

Hydrogène sulfuré. — Ne produit rien.

Sulfhydrate d'ammonium. — Comme les alcalis.

Les *alcalis* précipitent l'hydrate, gélatineux, insoluble dans un excès. Le précipité est mélangé de sels basiques. Il attire l'acide carbonique de l'air. En présence d'ammoniaque on obtient un sel basique, qui passe à travers les filtres, en donnant une solution opalescente.

Carbonates alcalins. — Précipitent du carbonate de lanthane blanc, insoluble dans un excès.

Sulfates de potasse et de soude. — Donnent les mêmes réactions qu'avec les sels céreux.

Acide oxalique et oxalates. — Comme avec les sels céreux.

Hyposulfite de soude. — Ne précipite pas les sels de lanthane. La solution saturée de sulfate de lanthane dans l'eau froide, laisse déjà déposer à 30° une partie de ce sel.

Caractères pyrognostiques. — Les sels de lanthane donnent avec le sel de phosphore et avec le borax des perles incolores, qui deviennent opaques par saturation.

RÉACTIONS CARACTÉRISTIQUES DES SELS DE DIDYME (ancien)

Les sels de didyme (ancien) sont de couleur rouge violacé ou lilas, à saveur sucrée et astringente (pour les sels solubles) et possèdent un spectre d'absorption intense et caractéristique.

Hydrogène sulfuré. — Ne produit rien.

Sulfhydrate d'ammoniaque. — Comme les alcalis.

Potasse. — Précipite un hydrate insoluble dans un excès de réactif.

Ammoniaque. — Donne des précipités d'hydrate mélangés de sels basiques, insolubles dans l'ammoniaque, un peu solubles dans le chlorure d'ammonium.

Carbonates alcalins. — Comme pour le cérium et le lanthane. L'acide tartrique empêche la précipitation.

Sulfate de potasse. — En solution concentrée précipite les sels de didyme. Précipité insoluble dans un excès de réactif et dans l'eau. Soluble difficilement dans l'acide chlorhydrique chaud.

Acide oxalique et oxalates. — Précipité plus difficilement soluble dans l'acide azotique chaud, que le sel correspondant de lanthane. Soluble dans l'oxalate d'ammonium bouillant. Se sépare complètement par refroidissement.

Hyposulfite de soude. — Ne produit rien.

La solution saturée de sulfate ne dépose pas de sel

à 30°, mais à l'ébullition, ce qui permet de séparer partiellement du lanthane.

Caractères pyrognostiques. — Le *borax* donne avec les sels de didyme une perle presque incolore prenant une faible teinte rouge améthyste pour de grandes quantités d'oxyde.

Dans la flamme oxydante, le *sel de phosphore* donne une perle améthyste, incolore au feu de réduction.

RÉACTIONS CARACTÉRISTIQUES DES SELS DE SAMARIUM

Les sels de samarium sont jaunes et possèdent un spectre d'absorption. Ils ont une saveur sucrée.

RÉACTIONS CARACTÉRISTIQUES DES SELS DE SCANDIUM

Les sels de scandium sont en général incolores, à saveur fortement astringente et sans spectre d'absorption.

Hydrogène sulfuré. — Ne produit rien.

Sulfhydrate d'ammoniaque. — Précipité d'hydrate insoluble dans un excès.

Alcalis. — Précipité volumineux d'hydrate, insoluble dans un excès de précipitant. En présence d'ammoniaque et à la température ordinaire, l'acide tartrique empêche la précipitation. A chaud, la précipitation a lieu complètement.

Carbonates alcalins. — Précipité volumineux, soluble dans un excès.

Phosphate de sodium. — Précipité volumineux.

Sulfate de potasse. — Précipité de sulfate double, insoluble dans une solution neutre et saturée de sulfate de potassium.

Hyposulfate de sodium. — Précipite à l'ébullition, mais incomplètement.

Acide oxalique. — Volumineux précipité, devenant cristallin. Plus soluble dans les acides que les oxalates insolubles des autres terres.

Acétate de sodium. — Dans les solutions neutres et étendues, précipite incomplètement à l'ébullition.

RÉACTIONS CARACTÉRISTIQUES DES SELS D'YTTRIUM

Les dissolutions des sels d'yttrium sont incolores, ont une saveur sucrée et astringente et ne possèdent pas de spectre d'absorption.

Hydrogène sulfuré. — Ne produit rien.

Sulfhydrate d'ammoniaque. — Mêmes réactions que les alcalis.

Alcalis. — Précipité d'hydrate blanc, insoluble dans un excès de réactif. Avec l'ammoniaque l'acide tartrique empêche momentanément la précipitation.

Carbonates alcalins. — Précipité de carbonate, peu soluble dans un excès. Plus facilement dans le carbonate d'ammonium. La dissolution de l'hydrate pur dans le carbonate d'ammonium, dépose à l'ébullition tout l'oxyde d'yttrium. Mais en présence de chlorure d'ammonium, celui-ci se dissocie et l'oxyde d'yttrium se dissout de nouveau à l'état de chlorure. Cette dissolution laisse facilement déposer du carbonate double d'yttrium et d'ammoniaque.

Carbonate de baryum. — Précipite l'yttria complètement à l'ébullition.

Sulfates de potassium et de sodium. — Donnent des sels doubles facilement solubles dans l'eau et dans la solution saturée de sulfate de potassium. En solution concentrée, les sels doubles se séparent lorsque l'on chauffe la liqueur. Dans les solutions diluées, aucun précipité ne se produit, même en saturant complètement la solution avec le sulfate de potasse.

Acide oxalique. — Donne un précipité d'oxalate d'yttrium, même avec les solutions un peu acides. Masse blanche qui devient bientôt cristalline. Soluble dans les acides concentrés. Très peu soluble dans une dissolution bouillante d'oxalate d'ammoniaque.

Oxalates alcalins. — Précipité pulvérulent de sels doubles donnant à la calcination un résidu d'oxyde retenant beaucoup d'alcalis.

Acide fluorhydrique. — Précipité gélatineux, insoluble dans l'eau et dans l'acide fluorhydrique. Soluble dans les acides minéraux. Calciné, ne se dissout plus que dans l'acide sulfurique concentré.

La solution saturée à froid de sulfate d'yttrium, se trouble de 30 à 40° C., et presque tout le sulfate se dépose à l'ébullition.

Caractères pyrognostiques. — Les sels d'yttrium donnent avec le borax ou le sel de phosphore une perle transparente incolore, à chaud ou à froid, dans la flamme oxydante ou au feu de réduction.

CHAPITRE IV

Dosage et séparation des Terres Rares.

DOSAGE ET SÉPARATION DU GLUCINIUM

Le glucinium se dose à l'état d'*oxyde*, comme presque toutes les Terres Rares. (Voir *Caractères de l'oxyde*, p. 56.)

Dosage. — Les sels de glucinium sont précipités par le sulfhydrate d'ammoniaque, car l'ammoniaque employée en excès dissout un peu de glucine. Il est donc indispensable de ne point l'employer en trop grande quantité.

Méthodes de séparation. — *Séparation du glucinium :* 1° *Des métaux alcalins.* — La solution est précipitée par le sulfhydrate d'ammoniaque.

2° *Des métaux alcalino-terreux et du magnésium.* — La solution est précipitée en présence de chlorhydrate d'ammoniaque par l'ammoniaque, ou par le sulfhydrate d'ammoniaque. Le baryte et la strontiane peuvent être séparés par l'acide sulfurique.

3° *De l'alumine et de l'oxyde de fer.* — La solution est additionnée d'ammoniaque qui précipite l'alumine, l'oxyde de fer et la glucine. Les hydrates sont ensuite chauffés avec une solution tiède de carbonate d'ammonium qui dissout la glucine, en laissant l'oxyde de fer et l'alumine. L'opération doit être répétée plusieurs fois, pour avoir une séparation complète.

4° *Des terres cériques et yttriques.* — La solution est précipitée par l'acide oxalique. Les oxalates des oxydes rares sont redissous dans l'acide chlorhydrique dilué, puis reprécipités. La glucine reste dans la solution.

DOSAGE ET SÉPARATION DU ZIRCONIUM

Le zirconium se dose à l'état d oxyde. (Voir *Caractères de l'oxyde*, p. 175.)

Dosage : 1° Toutes les combinaisons à acides volatils donnent, par calcination, l'oxyde ;

2° Les combinaisons à acides fixes sont décomposées :

a. Par un excès de soude (phosphate) ;

b. Par les acides ou par fusion avec les alcalis et traitement ultérieur à l'acide chlorhydrique (silicates).

Méthodes de séparation. — *Séparation de la zircone.*

1° *Des alcalis et alcalino-terreux.*

Par précipitation de la zircone par l'ammoniaque ou le sulfhydrate d'ammoniaque.

2° *Des alcalino-terreux.*

Par précipitation de ces derniers par l'acide sulfurique.

3° *Des oxydes des groupes cériques et yttriques.*

a. Par précipitation en présence d'un excès d'acide oxalique qui ne précipite pas la zircone ;

b. Par précipitation à l'état de fluorure de zirconium et de potassium.

4° *De la glucine et de l'alumine.*

Par fusion avec les alcalis caustiques, qui dissolvent la glucine et l'alumine et laissent un résidu de zircone.

5° *Du peroxyde de fer.*

a. En précipitant la zircone par l'hyposulfite de soude à l'ébullition.

b. En précipitant le fer à l'état de sulfure par le sulfhydrate d'ammoniaque, en présence d'acide tartrique.

6° *De l'acide titanique*.

Par fusion avec du fluorure acide de potassium, la masse fondue est reprise par l'eau chaude. On traite par l'eau oxygénée qui sépare l'acide titanique.

7° *Des métaux du 6e groupe*.

En traitant la solution par un courant d'hydrogène sulfuré.

DOSAGE ET SÉPARATION DU THORIUM

Le thorium se dose à l'état d'oxyde. (Voir *Caractères de l'oxyde*, p. 196.)

Dosage : 1° La plupart des sels de thorium se transforment en oxyde par calcination ;

2° En précipitant sous forme d'hydrate ou d'oxalate et calcinant ;

3° En fondant avec du carbonate de sodium (phosphate) et traitant la masse fondue par l'eau, additionnée de sel ammoniac.

Méthodes de séparation. — *Séparation de la thorine* :

1° *Des alcalis*.

a. Par précipitation par l'ammoniaque. Cette précipitation doit être répétée plusieurs fois, car l'hydrate obtenu entraîne des alcalis et contient des sels basiques.

b. Par précipitation avec l'azoture de potassium (Dennis).

c. Par précipitation par l'oxydule de cuivre, redissolution du précipité. Traitement de la liqueur par un courant d'acide sulfhydrique pour éliminer le cuivre et reprécipitation du thorium par l'acide oxalique ou l'ammoniaque (Lecoq de Boisbaudran).

Cette méthode peut s'appliquer dans la plupart des cas.

2° *Des alcalino-terreux.*

a. Par précipitation de la thorine, par l'ammoniaque, en présence de sel ammoniac.

b. Par précipitation de la baryte ou de la strontiane par l'acide sulfurique.

3° *De l'alumine, de la glucine et de la zircone.*

Par précipitation en présence d'un excès d'acide oxalique, dans lequel la thorine est insoluble.

4° *Des oxydes du groupe cérique.*

a. En précipitant la thorine à plusieurs reprises par l'hyposulfite de soude.

b. Par la méthode Dennis (azoture de potassium).

c. Par la méthode Lecoq de Boisbaudran (oxydule de cuivre).

5° *Des oxydes du groupe yttrique :*

a. Par précipitation du sulfate double de thorium et de potassium, dans une solution saturée de sulfate de potasse dans laquelle les oxydes yttriques sont solubles.

b. Par les méthodes Dennis ou Lecoq de Boisbaudran.

6° *De la zircone.*

Le mélange des oxydes pulvérisés est fondu dans un creuset de platine avec deux fois son poids de fluorure acide de potassium (KHF^2). La zircone se sépare sous forme de fluozirconate de potassium $K^2.ZrF^6$ en reprenant la masse par l'eau bouillante acidulée de quelques gouttes d'acide fluorhydrique. Les autres fluorures insolubles sont décomposés par l'acide sulfurique. La zircone est précipitée du fluozirconate par l'ammoniaque (Delafontaine).

DOSAGE ET SÉPARATION DU GERMANIUM

Dosage du germanium. — La solution du sel de germanium étant rendue alcaline, on ajoute un excès de sulfure d'ammonium, puis un grand excès d'acide sulfurique dilué ; la liqueur est ensuite traitée à saturation par un courant d'hydrogène sulfuré. On laisse reposer douze heures. Le sulfure de germanium est recueilli et lavé à l'acide sulfurique dilué, saturé d'hydrogène sulfuré. Le précipité est alors enlevé du filtre et ce qui reste sur le filtre est dissous dans l'ammoniaque. La solution ainsi obtenue et l'eau employée à enlever le précipité sont évaporées à sec dans un creuset de porcelaine taré.

Cette opération effectuée, on y introduit la portion principale du précipité et le tout est évaporé afin de chasser l'acide sulfurique. Le résidu est ensuite chauffé en présence d'acide nitrique, puis évaporé de nouveau et chauffé fortement. On fait ensuite digérer avec de l'ammoniaque, on évapore et on calcine fortement, puis on pèse l'oxyde GeO^2 obtenu.

Séparation de l'arsenic, de l'étain et de l'antimoine. — Si le germanium est obtenu comme sulfosel, mélangé à des sulfosels d'antimoine, d'arsenic et d'étain, ou de l'un ou l'autre de ces trois éléments, la solution est diluée à un volume déterminé. On en prélève une portion mesurée que l'on fait bouillir avec un excès d'acide sulfurique normal ; puis l'acide sulfurique résiduel est dosé volumétriquement.

On détermine ainsi la quantité exacte d'acide nécessaire à la neutralisation. On prélève alors une nouvelle portion à laquelle on ajoute la quantité juste nécessaire pour la neutralisation et on laisse reposer douze heures. On filtre et on évapore le filtrat à un petit volume. On ajoute de l'ammoniaque et du sulfure d'ammonium, puis un excès d'acide sulfurique et on précipite le germanium sous forme de GeS^2 par un courant d'hydrogène sulfuré. On termine comme il a été indiqué plus haut.

DOSAGE ET SÉPARATION DU CÉRIUM

Le cérium se dose soit à l'état de bioxyde, soit sous forme de sulfate céreux anhydre.

Dosage : 1° *A l'état de bioxyde.* — *a.* Les sels de cérium à acides volatils donnent du bioxyde de cérium par calcination.

b. Par précipitation répétée par la potasse caustique à chaud, lavage et calcination.

Dans le cas où le cérium serait au maximum d'oxydation, on réduit par l'acide sulfureux ou par un autre moyen à l'état de sel céreux.

2° *A l'état de sulfate céreux anhydre.* — Lorsqu'on précipite le sulfate de cérium avec des sels de baryum, le sulfate de baryum obtenu renferme beaucoup de cérium. Il en est de même pour les sulfates des autres oxydes des groupes cériques et yttriques.

3° Par la méthode volumétrique (Brauner).

Méthodes de séparation : 1° *Des alcalis et alcalino-terreux.* — On précipite la solution par l'ammoniaque à plusieurs reprises.

2° *De l'alumine, de la glucine, de l'oxyde de fer, de la zircone.* — On précipite par l'acide oxalique en excès dans la solution qui ne doit pas contenir d'acides libres plus énergiques.

3° *De la thorine.* — *a.* On précipite par l'hyposulfite de soude à l'ébullition ; la précipitation est incomplète.

b. Par la méthode Lecoq de Boisbaudran.

On ajoute à la solution quelques gouttes d'acide chlorhydrique, et on chauffe à l'ébullition avec de la limaille de cuivre.

Puis on ajoute du protoxyde de cuivre et on fait

bouillir modérément pendant trois quarts d'heure à une heure. La thorine mélangée d'un peu de cérium se précipite. On répète le traitement.

c. Par la méthode Dennis à l'azoture de potassium.

4° *Des oxydes du groupe yttrique*.— *a*. Par la méthode des sulfates doubles de potasse. Les oxydes yttriques sont en solution. L'opération est répétée plusieurs fois.

b. Par la méthode à l'hypochlorite de sodium en solution alcaline; le cérium se sépare à l'état de bioxyde.

5° *Du lanthane et du didyme*. — Les méthodes de séparation du cérium, du lanthane et du didyme, qui sont très délicates et extrêmement longues, ont été décrites aux méthodes de fractionnement.

Détermination du degré d'oxydation. — 1° Le sel à analyser est traité par l'acide chlorhydrique en présence d'iodure de potassium. L'iode mis en liberté est dosé ensuite en présence d'amidon, par l'hyposulfite de sodium.

2° On ajoute la solution à titrer à une solution de chlorure ferreux de force connue et on titre l'excès de sel ferreux par le permanganate de potassium (Marignac).

3° On titre la quantité de sel céreux par le permanganate de potassium (Brauner).

DOSAGE ET SÉPARATION DU LANTHANE

Le lanthane se dose à l'état d'oxyde (voir *Caractères*, p. 102) ou sous forme de sulfate anhydre.

Dosage : *A l'état d'oxyde*.— *a*. Par précipitation à l'état d'hydrate ou d'oxalate et calcination à forte température. Il faut chauffer au rouge blanc.

Lorsqu'on précipite à l'état d'oxalate, l'opération doit se faire en solution assez concentrée.

La précipitation par l'ammoniaque, à cause de la présence de sels basiques mélangés à l'hydrate, doit être répétée plusieurs fois. Les lavages se font à l'eau ammoniacale et aussi rapidement que possible, à cause de la rapidité avec laquelle l'hydrate se carbonate au contact de l'air.

b. A l'état de sulfate. — Le sulfate de lanthane supporte la température du rouge naissant sans décomposition.

Méthodes de séparation. — Les procédés de séparation employés sont les mêmes que pour le cérium.

Pour la séparation du cérium et du didyme, voir *Méthodes de fractionnement*, p. 246-258.

DOSAGE ET SÉPARATION DU DIDYME

Le didyme se dose à l'état d'oxyde.

Les méthodes de dosage et de séparation employées sont les mêmes que pour le cérium et le lanthane.

Pour la séparation de ces deux derniers éléments, voir les diverses méthodes de fractionnement.

Dans la séparation du didyme et du lanthane, on s'appuie surtout sur leur basicité différente et sur l'intensité du spectre d'absorption des solutions.

La quantité de didyme peut s'apprécier en comparant l'intensité du spectre d'absorption avec l'intensité du spectre d'une solution contenant un poids de didyme pur.

Séparation du néodyme et du praséodyme. — Consulter, pour cette séparation, les travaux d'Auer von Welsbach, ceux de Bettendorff et de Dennis d'Urbain, etc., aux *Méthodes de fractionnement.*

DOSAGE ET SÉPARATION DE L'YTTRIUM

L'yttrium se dose à l'état d'oxyde (voir *Caractères de l'oxyde*, p. 138).

Dosage : 1° A l'état d'oxyde.

a. On précipite sous forme d'hydrate, par l'ammoniaque ou la soude caustique. La précipitation doit être répétée un certain nombre de fois, car le précipité renferme des sels basiques.

b. On précipite sous forme d'oxalate, en additionnant d'acide oxalique la solution concentrée, exempte de sels alcalins et presque neutralisée.

Dans l'un et l'autre cas, on lave, on sèche et on calcine fortement.

Méthodes de séparation. — Les méthodes de séparation utilisées sont à peu près les mêmes que pour le cérium et autres métaux du groupe cérique.

Séparation de l'oxyde d'yttrium.

1° *De l'alumine, de l'oxyde de fer, de la glucine et de la zircone.*

La séparation a lieu par l'acide oxalique.

2° *Des oxydes du groupe cérique.*

Par les sulfates doubles potassiques.

3° *Des autres oxydes du groupe yttrique.*

Pour la séparation de ces autres oxydes, il n'y a pas de méthodes proprement dites et il faudra se reporter, dans tous les cas, à la description des diverses méthodes de fractionnement décrites précédemment.

Séparation de l'erbium. — Pour séparer de petites quantités d'erbium, on se base sur la propriété que possèdent les différents nitrates de se transformer en sels basiques. On peut employer la méthode des oxydes (voir p. 260).

Séparation de l'ytterbium et du scandium. — On peut employer la même méthode.

La solution yttrique contenant un peu d'erbium est traitée par les oxydes. Quand la réaction est achevée, la solution claire est additionnée d'eau et on fait bouillir, jusqu'à ce que le précipité blanc ne semble plus augmenter. On filtre et on évapore la liqueur-mère. Cette opération est répétée jusqu'à la disparition des bandes de l'erbium.

L'ytterbium et le terbium se séparent de la même façon.

Séparation de l'ytterbium, du scandium et de l'erbium. — La solution suffisamment concentrée est rendue basique par les procédés ordinaires, puis étendue d'eau. On chauffe ensuite, sans pousser jusqu'à l'ébullition, autant que possible. Si la liqueur, au bout de quelques instants, ne change pas d'aspect, on ajoute une nouvelle quantité d'eau et on continue à chauffer. On répète l'addition d'eau, jusqu'à commencement de trouble. On baisse alors le feu et au bout de quelques minutes la séparation est achevée. La majeure partie de l'erbium reste dans l'eau-mère. Après un certain nombre d'opérations semblables, la solution d'ytterbium est incolore. L'erbium est complètement éliminé.

CHAPITRE V

Analyses spéciales

L'oxyde de thorium qui forme actuellement la base des manchons à incandescence Auer von Welsbach, lesquels sont étudiés dans un second ouvrage [1], fut d'abord extrait de deux minéraux norvégiens, la *thorite* et l'*orangite* dont nous avons décrit les caractères et la composition p. 33. En 1872 l'exportation de ces minerais était si restreinte qu'il était difficile de s'en procurer, même au prix de 1.000 francs le kilog. ! De nouveaux gisements ont été depuis découverts, et actuellement la thorite vaut environ 300 francs le kilog. Les minéraux actuellement employés dans cette fabrication sont la tscheffkinite, la gadolinite, l'orthite et surtout la monazite contenue dans les sables monazités.

Les principaux produits commerciaux sont actuellement :

1° La monazite et les sables monazités ;

2° Le nitrate de thorium ;

3° Le précipité de thorium ;

4° Les manchons incandescents de toutes marques.

Nous allons donc étudier successivement les diverses méthodes employées dans l'analyse de ces produits, lesquelles sont toutes basées sur les divers procédés de fractionnement étudiés précédemment.

Dans ce genre d'analyses, ce n'est que par des opé-

---

[1] P. Truchot. *L'Éclairage par l'incandescence*. Carré et Naud, éditeurs.

rations répétées (cristallisations, précipitations), que l'on arrive à isoler un corps présentant des caractères de pureté assez grands. C'est pourquoi ces recherches et ces analyses étant extrêmement délicates, il faut opérer avec autant de soin que possible, en s'aidant à chaque instant du spectroscope pour confirmer ou élucider les propriétés des précipités ; car malheureusement il n'existe pas actuellement de méthodes assez précises pour le dosage de ces corps, dont les caractéristiques chimiques, comme nous avons pu le voir, sont encore trop souvent vagues et indéterminées.

ANALYSE DES SABLES MONAZITÉS

Essai des sables monazités. — L'essai commercial consisterait, d'après M. Drossbach, à trier, dans un échantillon du sable, les grains de couleur jaunâtre qu'il renferme. Il est inutile d'insister sur la grossièreté d'une pareille méthode.

Méthode Drossbach. — On opère sur 20 à 50 gr. de minerai.

Le mélange des oxydes précipités, séchés et calcinés, est pétri avec du noir de fumée, de la farine ou de la colophane. On façonne sous forme de boulettes, puis on chauffe dans un courant de chlore. Le chlorure de thorium, $ThCl^4$ volatil, distille, tandis que les métaux du groupe cérique restent dans la cornue, sous forme de chlorures peu volatils.

Le chlorure de thorium est dissous dans l'acide chlorhydrique, puis on neutralise. On précipite ensuite le thorium par la méthode Lecoq de Boisbaudran. On filtre, on lave, on redissout dans l'acide chlorhydrique. On traite par l'hydrogène sulfuré afin d'éliminer le cuivre, puis on précipite par l'acide oxalique.

On filtre, on lave et on calcine. On obtient l'oxyde de thorium ThO^2, qui doit être absolument blanc.

Les autres terres restées en solution sont précipitées par l'acide oxalique. On pèse le précipité d'oxydes.

Les oxydes cériques peuvent être séparés des terres yttriques par précipitation au moyen d'une solution concentrée de sulfate de potasse, quoique Popp ait démontré que cette séparation est imparfaite, le précipitant entraînant une forte proportion de terres yttriques. La presque totalité de l'erbium est ainsi entraînée et dosée avec le didyme. De même pour le scandium et le terbium.

Les oxalates sont donc filtrés et lavés soigneusement. Puis on traite par une solution *saturée et bouillante* d'acétate d'ammoniaque, renfermant un excès de sel non dissous. On filtre à chaud et on recommence plusieurs fois ce traitement. Les solutions sont réunies, acidulées par l'acide chlorhydrique et précipitées par l'acide oxalique, après addition d'une grande quantité d'eau. Les oxalates ainsi précipités renferment les éléments à spectre d'absorption, tandis que les oxalates insolubles dans l'acétate n'ont pas de spectre d'absorption. Ces derniers renferment le cérium et un peu de didyme et toute la série des oxydes yttriques sans spectre d'absorption.

ANALYSE DES NITRATES DE THORIUM COMMERCIAUX

Le nitrate de thorium pur doit être incolore. La solution évaporée à sec doit donner un résidu d'oxyde de thorium parfaitement blanc.

Il présente quelquefois une coloration jaunâtre due à des matières organiques des oxydes (fer, cérium, uranium).

La solution aqueuse, traitée par un courant d'hydrogène sulfuré, ne doit pas donner de coloration.

Il doit être entièrement soluble dans les carbonates alcalins et se reprécipiter par addition d'eau ou d'ammoniaque.

Le nitrate de thorium cristallise avec 12 molécules d'eau et séché à 100° C., il retient $4H^2O$. D'après cela, le sel à $4H^2O$ doit donner par la calcination un résidu égal à 47,83 p. 100 de son poids d'oxyde de thorium ThO^2.

Si le résidu obtenu par calcination est supérieur à 47,83, on peut en conclure qu'il est souillé de terres rares à poids moléculaire plus faible que celui de la thorine.

Méthode Drossbach. — La solution de nitrate de thorium fortement diluée est soumise à des précipitations fractionnées par l'ammoniaque, de manière à séparer seulement 80 p. 100 des oxydes dissous. On laisse le précipité en contact avec le liquide pendant dix heures à froid, en agitant de temps en temps. Tous les oxydes de l'yttria restent en solution s'il en existe moins de 10 p. 100 de la totalité des oxydes.

Ces derniers sont caractérisés soit par le spectre d'absorption pour les métaux du groupe de l'erbium, soit par le spectre d'étincelle pour l'yttrium, ytterbium, scandium, terbium, etc.

Le zirconium peut se séparer en se fondant sur la solubilité de son fluorure dans l'eau, tandis que ceux de tous les autres oxydes sont insolubles.

Méthode Lecoq de Boisbaudran. — Cette méthode a été décrite à l'article *Oxyde de thorium*, p. 194.

Méthode Popp. — Permet de séparer dans le nitrate de thorium le cérium qui peut s'y trouver, en le transformant en bioxyde.

Ces deux dernières méthodes appliquées successivement à une solution de nitrate de thorium, permettent de doser les terres yttriques dans le résidu.

Essai des nitrates de thorium commerciaux (1). — On dissout 20 grammes de nitrate de thorium dans l'eau.

(1) R. Fresenius et E. Hintz. *Zeitsch. für analyt. Chem.*, t. XXXV, p. 525.

La solution est diluée à 3 litres et traitée à l'ébullition par l'hyposulfite de soude. On filtre, on lave soigneusement à l'eau distillée et on redissout dans l'acide chlorhydrique. Le soufre insoluble est incinéré et les cendres fondues au bisulfate de potasse. Le produit de la fusion est dissous dans l'eau additionnée d'acide chlorhrydrique et ajouté à la première solution. On évapore le tout et on reprend par l'eau acidulée de quelques gouttes d'acide chlorhydrique, et on précipite de nouveau par l'hyposulfite de soude. On filtre et on lave. Les filtratums des première et deuxième précipitations sont précipités par l'ammoniaque; on filtre, on lave, on redissout dans l'acide chlorhydrique et on évapore ensemble. Le résidu obtenu est repris par l'eau additionnée de quelques gouttes d'acide chlorhydrique et la liqueur résultant précipitée à l'ébullition par l'hyposulfite de soude. Le faible précipité recueilli sur le filtre est lavé, redissous dans l'acide chlorhydrique et reprécipité par l'hyposulfite. Les deux filtratums obtenus sont précipités par l'ammoniaque. On filtre, on lave et on dissout dans l'acide nitrique, puis l'ensemble des solutions est encore une fois précipité par le même réactif. Le filtratum est précipité par l'ammoniaque, filtré, lavé et dissous dans l'acide nitrique. On évapore la solution à siccité, le résidu est repris par l'eau et précipité à chaud par l'acide oxalique. On filtre ce précipité, qui, dans les expériences des auteurs, était teinté légèrement en violet, puis on le lave. On constate par le spectroscope la présence du néodyme. On calcine et on pèse. On le fond ensuite avec du bisulfate de potasse. La solution de la masse fondue est précipitée par l'ammoniaque, on filtre, on lave et on dissout dans l'acide chlorhydrique. On neutralise par du carbonate de sodium et on additionne d'un peu d'acétate de sodium et de quelques gouttes d'acide acétique. On traite ensuite par l'hypochlorite de soude et on fait bouillir. On filtre le précipité, on le lave et on le redissout dans l'acide chlorhydrique. La solution obtenue est soumise au même traitement. Le précipité formé est filtré, lavé et redissous dans l'acide nitrique, puis on précipite par l'ammoniaque, on filtre, on lave, on calcine et on pèse.

On a ainsi obtenu 0,0186 de CeO^2.

Pour établir l'identité du cérium, l'oxyde fut fondu avec du bisulfate de potassse. On obtient une masse jaunâtre que l'on dissout. On traite par l'eau oxygénée additionnée d'ammoniaque, ce qui donne un précipité brunâtre. On filtre, on lave et on dissout dans l'acide nitrique. On évapore à sec et on reprend par un peu d'eau. Une partie de la solution est traitée par l'acide nitrique et un peu de bioxyde de plomb. Elle donne un précipité jaune. Une autre est traitée par l'hypochlorite de soude ; on obtient un précipité jaune pâle. La solution d'oxyde de cérium, colorée en jaune est décolorée par l'acide sulfureux.

Le filtratum obtenu du traitement à l'hypochlorite de sodium est acidulé à l'acide chlorhydrique, amené à l'ébullition et précipité par l'ammoniaque. On filtre, on lave et on dissout dans l'acide chlorhydrique. On évapore à sec. Le résidu est repris par quelques gouttes d'eau et traité par une solution saturée de sulfate de potassium. Le filtratum est précipité par l'ammoniaque, lavé, redissous dans l'acide nitrique, et de nouveau précipité par l'ammoniaque. On filtre, on lave, on calcine et on pèse. Ce précipité a été envisagé comme de l'oxyde d'yttrium (0,0286).

Caractérisation de l'oxyde d'yttrium. — Le précipité est dissous dans l'acide chlorhydrique et la solution est additionnée d'acide tartrique et d'ammoniaque. Après un court repos, on obtient un précipité. Cette réaction, ainsi que la solubilité du sulfate double d'yttrium et de potassium, dans la solution saturée de sulfate de potassium, caractérise l'oxyde d'yttrium.

Le précipité formé avec le sulfate de potasse est dissous dans quelques gouttes d'acide chlorhydrique, après lavage préalable. On précipite par l'ammoniaque, on filtre, on lave et on dissout dans l'acide nitrique. On évapore, on reprend par l'eau. La dissolution obtenue est précipitée par l'acide oxalique. On filtre, on lave, on calcine et on pèse (0,0188). Ce précipité peut contenir les oxydes de néodyme et de lanthane. Mais, en tenant compte de la prédominance du spectre du néodyme, on peut considérer ce précipité comme formé d'oxyde de néodyme.

Le résidu de la calcination du nitrate de thorium a donné 47,59.

Si on déduit de ce chiffre les quantités d'oxydes étrangers (oxydes de cérium, néodyme, yttrium, lanthane).

100 grammes de nitrate de thorium commercial contenaient donc :

Oxyde de thorium.	47,2600 (+ CaO + MgO).
— de cérium	0,0885
— de néodyme (et lanthane).	0,0940
— d'yttrium.	0,1430
Acide nitrique, eau et acides non déterminés	52,4145
Total	100,0000

MM. Frésenius et Hintz ont analysé un autre nitrate de thorium du commerce, par une méthode à peu près semblable et qui contenait :

Oxyde de thorium	46,2066
— de cérium.	0,0463
— de néodyme et lanthane. .	0,0521
— d'yttrium	0,0373
— de zirconium	traces
Chaux	0,0110
Magnésie	0,0113
Oxyde de fer	0,0123
Silice.	0,0508
Acide azotique, eau et autres acides non déterminés	53,5823
Total.	100,0000

D'après les travaux de ces deux chimistes, il est prouvé que l'on peut séparer complètement l'oxyde de cérium de l'oxyde de thorium, par des précipitations répétées à l'hyposulfite de sodium.

Un échantillon de nitrate de thorium commercial, analysé par M. Drossbach a donné 49,2 p. 100 de résidu à la calcination.

Il contenait 5 p. 100 de nitrate d'yttrium et à peu près autant de nitrate d'erbium.

Dosage de l'oxyde de thorium dans les sables monazités. — *Procédé Dennis.* — Les terres rares contenues dans les sables monazités, sont transformées en oxalates, par les procédés connus. Les oxalates sont ensuite mis en digestion avec une solution chaude et concentrée d'oxalate d'ammoniaque. Le précipité d'oxalate ainsi obtenu est transformé en chlorure, dissous dans l'eau, puis neutralisé exactement par l'ammoniaque diluée. On ajoute enfin un léger excès de solution d'azoture de potassium (contenant $0^{gr},2$ à $0^{gr},3$ de KAz^3 par litre).

On fait bouillir pendant une minute. Le précipité obtenu est lavé par décantation avec de l'eau chaude, filtré, calciné et pesé à l'état d'oxyde de thorium (ThO^2).

Les quantités relatives de l'oxyde de thorium et des autres terres n'influent pas sur le dosage. Selon l'auteur, le thorium se précipite seul à cause de sa faible basicité. C'est en effet l'élément le moins basique du groupe entier des terres rares, à part le bioxyde de cérium.

Ce procédé est un des meilleurs modes de séparation actuellement connus.

Analyse complète des sables monazités. — *Méthode Glaser.* — Le minerai de sable monazité est extrêmement bien pulvérisé et porphyrisé au mortier d'agate. La dissolution a lieu, soit par chauffage prolongé avec l'acide sulfurique concentré, soit par fusion au bisulfate de potassium. Dans ce dernier cas la masse refroidie est chauffée avec assez d'acide sulfurique pour la rendre liquide après refroidissement.

La première méthode, plus longue que la seconde, a l'avantage de ne pas introduire de sels de potasse. Dans ce dernier cas, seules les parties insolubles dans l'acide sulfurique, sont traitées par le bisulfate. Pour le dosage de la silice, le traitement par l'acide sulfurique est préférable. Dans ce cas, on évapore au bain de sable pour rendre la silice insoluble, et on ajoute ensuite l'acide. Le mélange résultant est versé extrêmement lentement et par très petites portions dans de l'eau glacée, qui dissout la masse, excepté la silice et l'acide tantalique, qui restent avec des traces d'acide titanique, de thorine et de zircone.

Après filtration, le résidu est calciné et pesé. On élimine la silice par des traitementsrépétés à l'acide fluorhydrique. Le résidu est humecté d'acide sulfurique, afin de convertir les fluorures en sulfates, lesquels après calcination à haute température, sont pesés à l'état d'oxyde. On détermine ainsi la *silice* par perte de poids.

Le résidu d'acide tantalique et des traces d'oxydes est traité par l'acide sulfurique et l'acide fluorhydrique. L'*acide tantalique* reste insoluble, on le filtre et on le pèse. La partie dissoute est ajoutée à la dissolution principale.

Cette dissolution est traitée par l'hydrogène sulfuré, d'abord à l'ébullition, ensuite à la température ordinaire. L'acide titanique est précipité avec les métaux du cinquième groupe. On laisse déposer et on filtre. On chasse l'hydrogène sulfuré par l'ébullition. On neutralise par l'ammoniaque, on ajoute ensuite au liquide bouillant, un excès de solution bouillante d'oxalate d'ammoniaque (100 centimètres cubes de solution saturée à froid pour 2 grammes de sable monazité). Il doit y avoir *un grand excès* d'oxalate d'ammoniaque. On laisse refroidir pendant une nuit entière. La solution contient l'acide phosphorique, les oxydes de fer, de manganèse, d'aluminium, de glucinium, d'yttrium, de zirconium et de calcium.

Le précipité contient la thorine et les oxydes du groupe cérique.

Si les corps en solution doivent être dosés, on ajoute de l'ammoniaque. Les métaux sont précipités à l'état de phosphates. On filtre et on lave. Le filtratum sert au dosage de l'*alumine* et de l'*acide phosphorique*.

On calcine le précipité et on le fond avec un mélange de carbonate de potasse et de soude. La masse fondue est épuisée par l'eau chaude, filtrée et le résidu est bien lavé à l'eau chaude.

Le liquide filtré est ajouté à celui contenant l'acide phosphorique et l'alumine.

Les oxydes et les carbonates restants sont dissous dans l'acide sulfurique et précipités par l'ammoniaque.

La *chaux* est dosée dans le liquide filtré. Il est difficile de dissoudre les hydrates précipités sur le filtre. Il vaut mieux incinérer le filtre et dissoudre ensuite dans l'acide chlorhydrique dilué. On neutralise la solution par l'ammoniaque, puis on la verse lentement, en agitant constamment dans un mélange de carbonate et de sulfhydrate d'ammoniaque [1].

Les métaux du quatrième groupe sont précipités pendant que la zircone, l'yttria et la glucine restent en solution.

Le *fer* et le *manganèse* sont dosés par les méthodes ordinaires.

Les oxydes sont précipités de la solution carbonatée, par une ébullition d'une heure. On filtre et on redissout dans l'acide chlorhydrique. La solution peut aussi être traitée directement par l'acide. On fait bouillir, on refroidit et on traite par un excès de soude caustique.

---

(1) A une solution contenant une quantité de carbonate d'ammoniaque plus que suffisante pour neutraliser le peu d'acide libre et maintenir les oxydes en solution, on ajoute assez de sulfhydrate d'ammoniaque (ordinairement quelques centimètres cubes) pour précipiter les métaux du 4ᵉ groupe.

La zircone et l'yttria sont complètement précipitées, tandis que la *glucine* reste en solution. On précipite cette dernière, en faisant bouillir la liqueur pendant une heure.

Pour séparer la zircone de l'yttria, on dissout les hydrates dans l'acide chlorhydrique. On chauffe et on sature la solution avec du sulfate de soude. La *zircone* se sépare après refroidissement. L'*yttria* est précipitée en traitant la liqueur filtrée par l'ammoniaque.

Comme ces oxydes retiennent facilement des sels alcalins, il est mieux de les redissoudre et de les reprécipiter par l'ammoniaque avant de les calciner et de les peser.

La séparation des oxalates de thorium et du groupe cérium, se fait de la manière suivante : les oxalates sont transformés en oxydes par la calcination, puis convertis en sulfates, la plus grande partie de l'acide libre est neutralisée par l'ammoniaque. On fait ensuite bouillir la solution et on ajoute un excès de solution d'oxalate d'ammonium bouillante. Après un court repos (aussitôt que les oxalates du groupe cérique se sont formés, mais avant que le liquide soit refroidi), on ajoute quelques centimètres cubes de solution d'acétate d'ammoniaque. Après refroidissement, les métaux du groupe cérique sont précipités à l'état d'oxalates, tandis que la thorine reste en solution. On laisse reposer pendant une nuit et les oxalates insolubles sont filtrés.

Dans le liquide filtré, la *thorine* est précipitée par l'ammoniaque en excès, filtrée, calcinée et pesée.

La séparation du cérium, lanthane et didyme se fait par la méthode connue, en faisant passer un courant de chlore dans la solution alcaline.

Les analyses de sables monazités, décrites pages 24 et 25, ont été faites par la méthode décrite ci-dessus.

TABLE DES MATIÈRES

Préface 1

PREMIÈRE PARTIE

MINÉRALOGIE

CHAPITRE PREMIER

Tableau minéralogique des minéraux des Terres rares. 2

CHAPITRE II

Description des minéraux des Terres rares.

Aeschynite. Cérite. 6
Émeraude. Beryl. Aigue-marine. 9
Eucolyte. Fergusonite 12
Euxénite 14
Gadolinite. 14
Monazite. Sables monazités. 16
Mosandrite. 30
Orthite 31
Samarskite. 32
Thorite 33
Xénotime. Zircon. 34
Situation géographique des principaux gisements. 37

DEUXIÈME PARTIE

CHIMIE GÉNÉRALE

CHAPITRE PREMIER

Tableau des constantes physiques des métaux rares. 41

CHAPITRE II

Métaux diatomiques.

GLUCINIUM. — Historique 46
Sels à radicaux halogénés 57
Sels à radicaux oxygénés. 63
Sels à radicaux organiques. 68

CHAPITRE III

Métaux triatomiques. Groupe cérique.

CÉRIUM. — Historique. État naturel. 71
Sels céreux. 79
Sels à radicaux halogénés. 79
Sels à radicaux oxygénés. 87
Sels cériques 97
Sels céreux à radicaux organiques. 98
LANTHANE. — Historique. État naturel. 100
Sels à radicaux halogénés 103
Sels à radicaux oxygénés. 107
Sels à radicaux organiques. 111
DIDYME (ancien). — Historique. Néodyme. Praséodyme 113
Sels à radicaux halogénés 120
Sels à radicaux oxygénés. 122
Sels à radicaux organiques. 128
SAMARIUM. — Historique. État naturel. Propriétés. 129
Sels à radicaux halogénés 130
Sels à radicaux oxygénés. 131
Sels à radicaux organiques. 132
DÉCIPIUM. — Historique. État naturel. 132
GADOLINIUM. — Historique. État naturel 133

GROUPE YTTRIQUE

YTTRIUM. — Historique. État naturel. Propriétés 134
Sels à radicaux halogénés 138
Sels à radicaux oxygénés. 142
Sels à radicaux organiques. 145
TERBIUM. — Historique. État naturel. Propriétés. 147
ERBIUM. — Historique. État naturel. Propriétés. 149
Sels à radicaux oxygénés. 151
Sels à radicaux organiques. 152
YTTERBIUM. — Historique. État naturel. 153

SCANDIUM. — Historique. État naturel. Propriétés 157
Sels à radicaux halogénés 158
Sels à radicaux oxygénés 158
Sels à radicaux organiques 159

THULIUM. — Historique. État naturel. Propriétés 160

HOLMIUM. — Historique. État naturel. Propriétés 161

DYSPROSIUM. — Historique. État naturel. Propriétés 161

PHILIPPIUM. — Historique. État naturel. Propriétés 162
Sels à radicaux oxygénés 165

MÉTAL Σ. — Historique. État naturel. Propriétés 166

LUCIUM. — Historique. État naturel. Propriétés 167

CHAPITRE IV

Métaux tétratomiques.

ZIRCONIUM. — Historique. État naturel. Propriétés 170
Sels à radicaux halogénés 179
Sels à radicaux oxygénés 183
Sels à radicaux organiques 189

THORIUM. — Historique. État naturel. Propriétés 190
Sels à radicaux halogénés 197
Sels à radicaux oxygénés 204
Sels à radicaux organiques 210

GERMANIUM. — Historique. État naturel. Propriétés 211
Sels à radicaux halogénés 214
Sels à radicaux oxygénés 217
Sels à radicaux organiques 217

TROISIÈME PARTIE

ANALYSE

CHAPITRE PREMIER

Analyse spectrale. Mode opératoire.

Spectres d'étincelle et spectres d'absorption 219
Observation et identification des spectres 225
Longueurs d'onde des raies du spectre solaire 228

SPECTRES D'ÉTINCELLE . . . .
1° *Groupe thorique*. — Thorium. Zirconium 229

2° *Groupe cérique.* — Cérium. Lanthane. Didyme. Samarium 229
3° *Groupe yttrique.* — Yttrium. Erbium. Ytterbium. Thulium. Scandium. Gadolinium. 232

Spectres d'absorption. — Didyme (ancien). Néodyme. Praséodyme. 236
Samarium. 237
Erbium. Holmium. Dysprosium. Thulium 238
Bibliographie spectroscopique. 239

CHAPITRE II

Méthodes de fractionnement des Terres rares.

Généralités. 241
Traitement de la cérite. 245
Procédé Marignac 245
Procédé Mosander 246
Procédé Debray. 248
Procédé Auer von Welsbach 249
Procédé Schützenberger. 253
Procédé Wyrouboff et Verneuil. 255
Procédés Berzélius, Bunsen, Czudnowicz 256
Procédé Mosander, Brauner, Popp 257

Traitement de la gadolinite. 258
Procédé Auer von Welsbach. 258

Traitement de l'orthite. 263
Procédé Bettendorff 263

Traitement des sables monazités. 266
Procédé Schützenberger et Boudouard. 266
Méthode Drossbach 268
Procédé Dennis et Chamot 270
Méthode Lecoq de Boisbaudran 273
Procédé G. Urbain et Budischowsky. 273
Procédé G. Urbain. 274
Bibliographie des méthodes de fractionnement 275

CHAPITRE III

Réactions caractéristiques des sels.

Glucinium. 277
Zirconium. 278
Thorium. 280
Germanium 282
Cérium 282
Lanthane. 285
Didyme 285

Scandium 287
Yttrium 288

CHAPITRE IV

Dosage et séparation du glucinium 290
— du zirconium 291
— du thorium 292
— du germanium 293
— du cérium 295
— du lanthane 296
— du didyme 297
— de l'yttrium 298

CHAPITRE V

Analyses spéciales.

Analyse des Sables monazités 301
Analyse des nitrates de thorium commerciaux 302
Méthode Drossbach 303
Dosage de l'oxyde de thorium, dans les sables monazités 307
Méthode Dennis 307
Méthode Glaser. Analyse complète des sables monazités 307

ÉVREUX, IMPRIMERIE DE CHARLES HÉRISSEY

www.ingramcontent.com/pod-product-compliance
Lightning Source LLC
Chambersburg PA
CBHW060406200326
41518CB00009B/1270

* 9 7 8 2 0 1 2 6 9 8 8 4 0 *